# 宠物疾病防治

CHONGWU JIBING FANGZHI

韩和祥　邱贤猛　尹皑　　主编

四川大学出版社

项目策划：梁　平
责任编辑：梁　平
责任校对：龚娇梅
封面设计：璞信文化
责任印制：王　炜

图书在版编目（CIP）数据

宠物疾病防治 / 韩和祥，邱贤猛，尹皑主编. — 成都：四川大学出版社，2019.2（2023.7 重印）
ISBN 978-7-5690-2797-6

Ⅰ. ①宠… Ⅱ. ①韩… ②邱… ③尹… Ⅲ. ①宠物－动物疾病－防治－高等职业教育－教材 Ⅳ. ①S858.93

中国版本图书馆 CIP 数据核字（2019）第 035949 号

书名　宠物疾病防治

| | |
|---|---|
| 主　编 | 韩和祥　邱贤猛　尹　皑 |
| 出　版 | 四川大学出版社 |
| 地　址 | 成都市一环路南一段 24 号（610065） |
| 发　行 | 四川大学出版社 |
| 书　号 | ISBN 978-7-5690-2797-6 |
| 印前制作 | 四川胜翔数码印务设计有限公司 |
| 印　刷 | 成都新恒川印务有限公司 |
| 成品尺寸 | 185mm×260mm |
| 插　页 | 4 |
| 印　张 | 13 |
| 字　数 | 336 千字 |
| 版　次 | 2019 年 6 月第 1 版 |
| 印　次 | 2023 年 7 月第 2 次印刷 |
| 定　价 | 40.00 元 |



◆ 读者邮购本书，请与本社发行科联系。
电话：(028)85408408/(028)85401670/
(028)86408023　邮政编码：610065
◆ 本社图书如有印装质量问题，请寄回出版社调换。
◆ 网址：http://press.scu.edu.cn

四川大学出版社
微信公众号

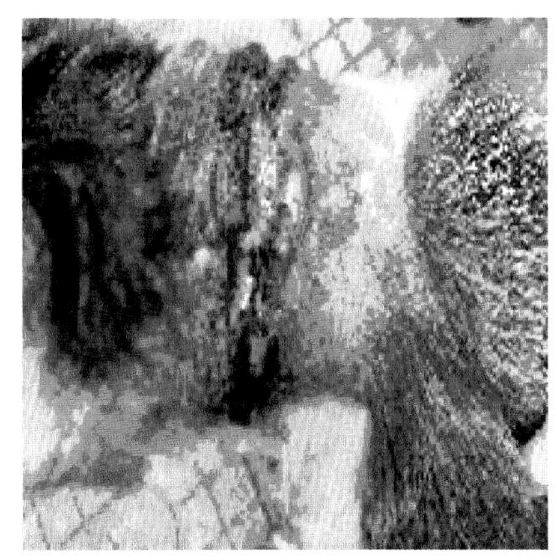

颈部外伤

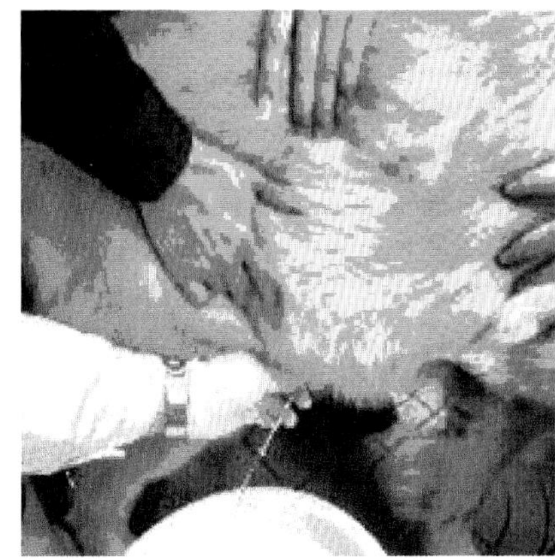

腹水穿刺

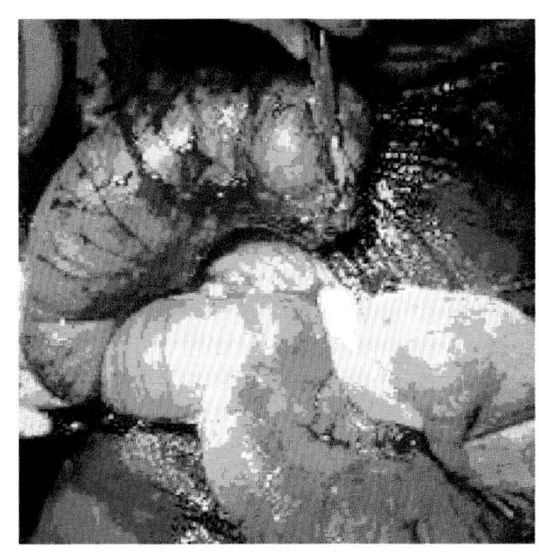

蓄脓子宫（初期）

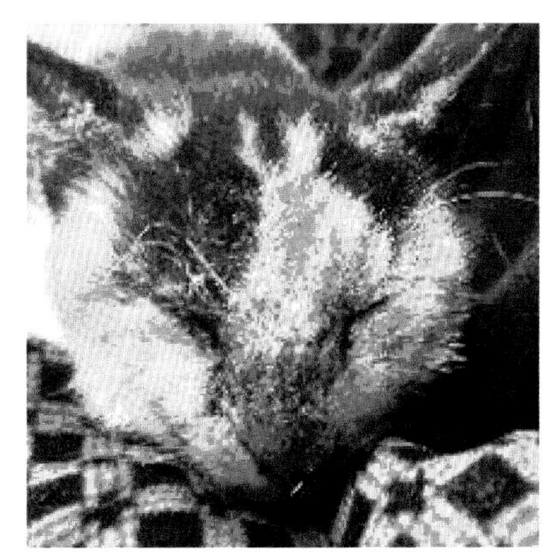

猫皮肤病

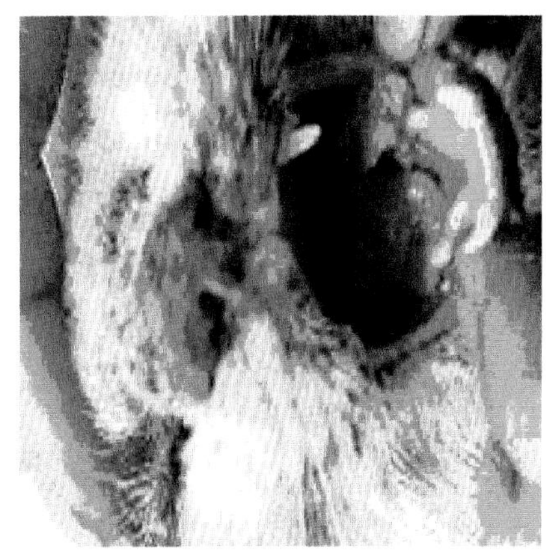

口腔异物

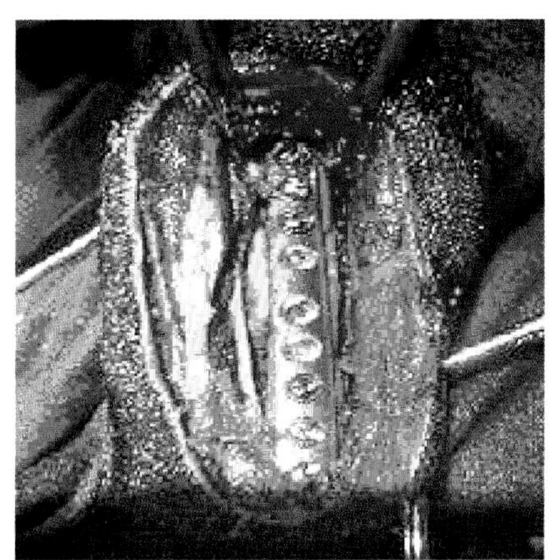

骨折内固定

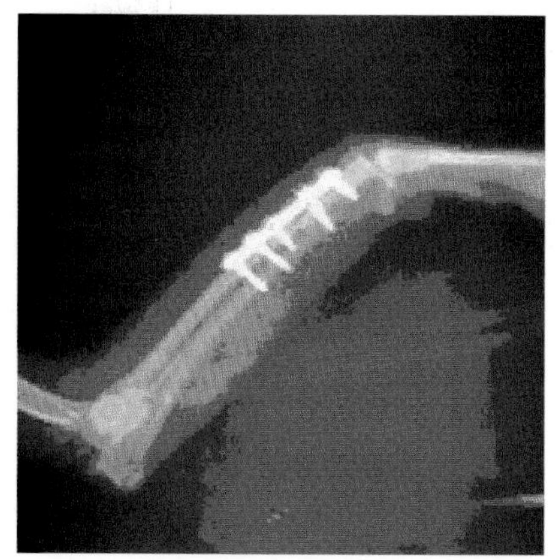
前肢内固定影像

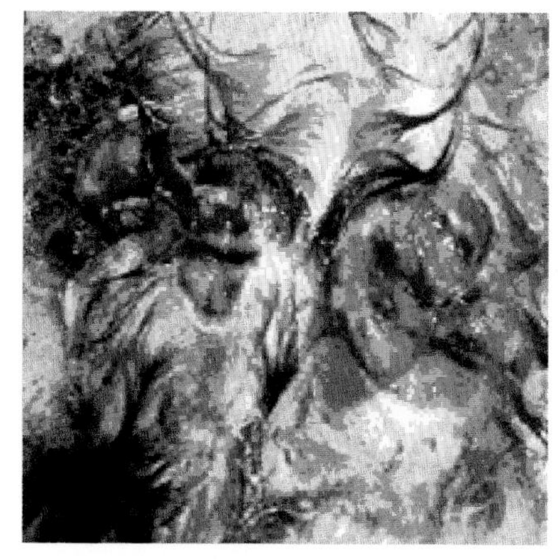
外伤感染

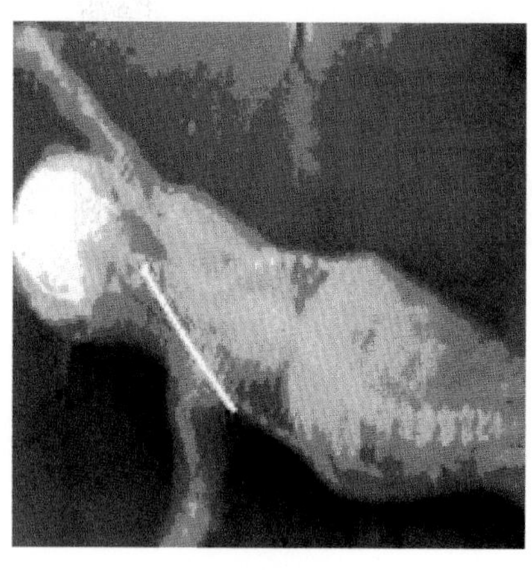
异物贯穿食道

犬疥螨

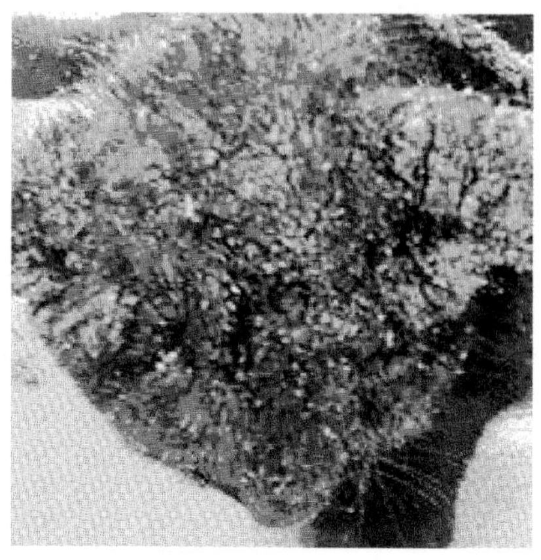
猫疥螨

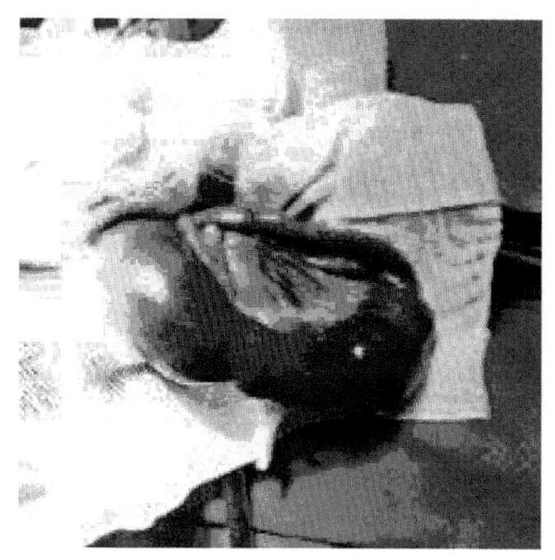
梗阻肠道

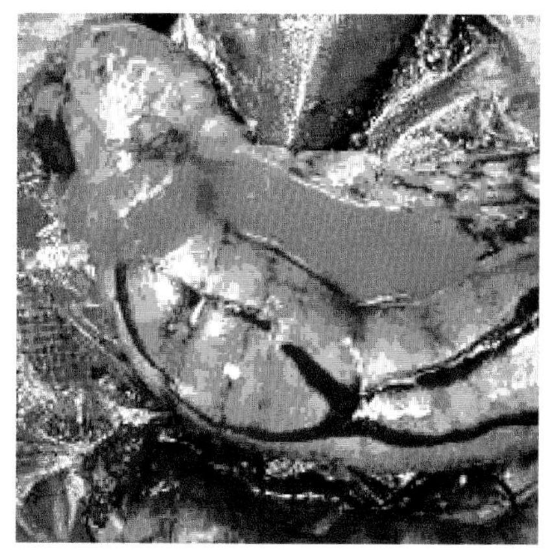

切除的蓄脓子宫

直肠脱出

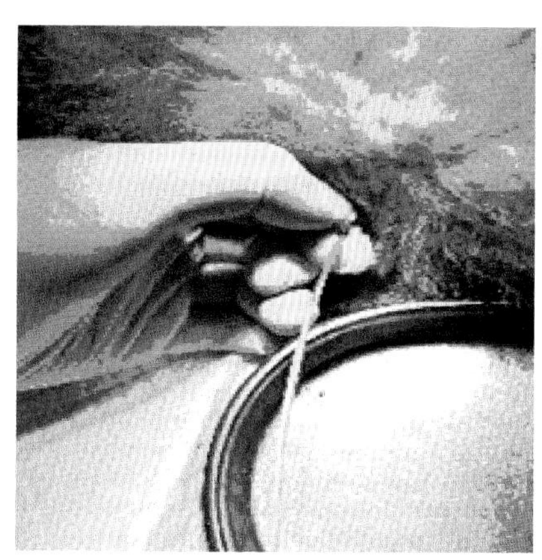

导尿

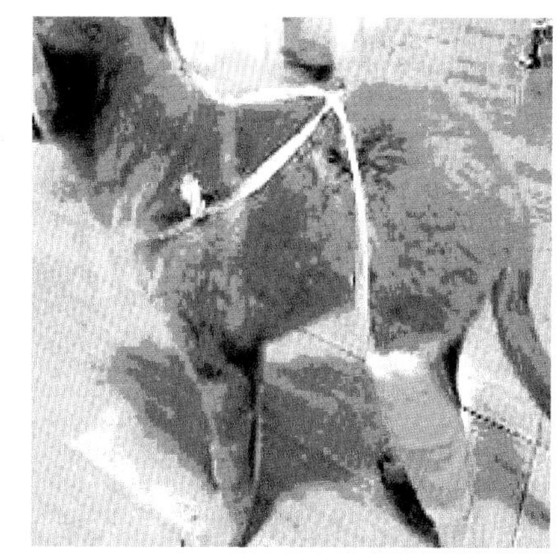

骨折外固定

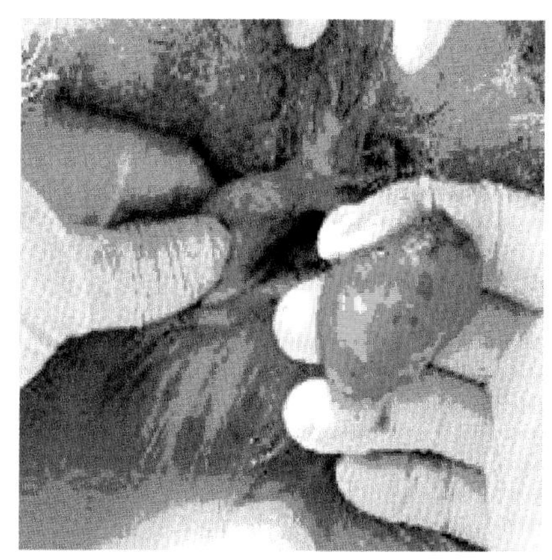

阴道肿瘤

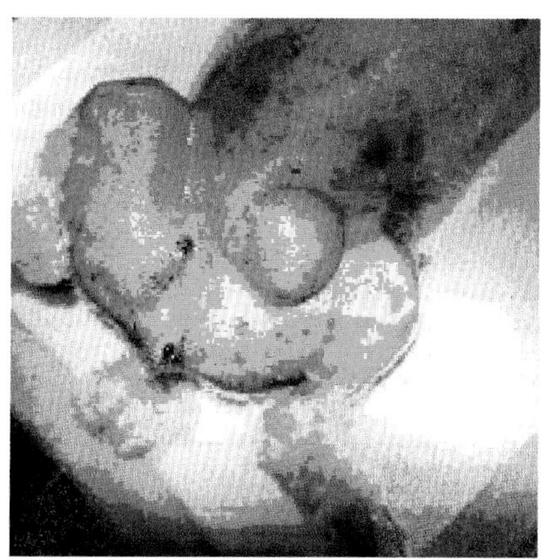

腹股沟疝

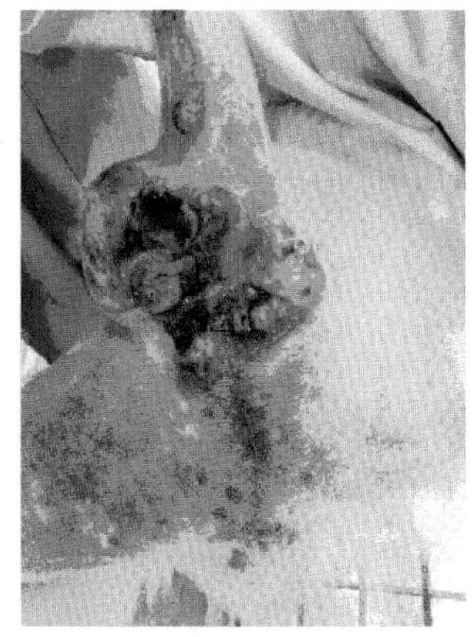

犬肛固肿瘤

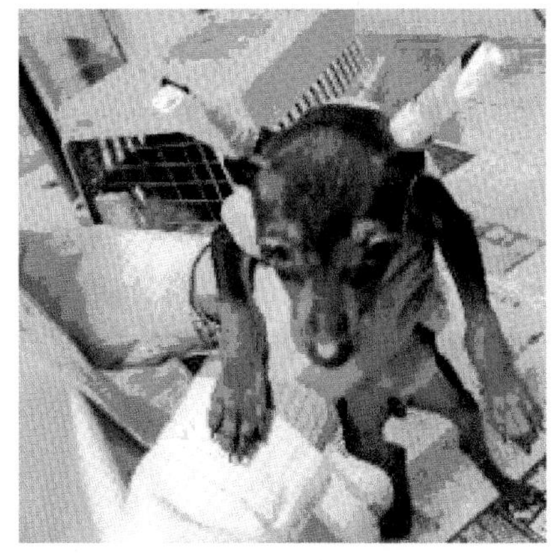

竖耳

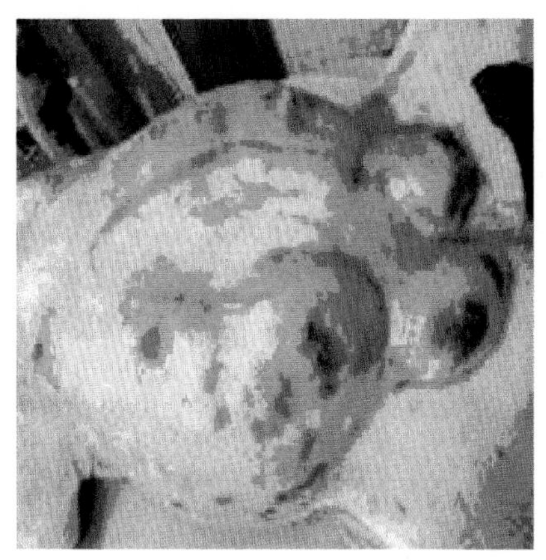

怀孕母犬

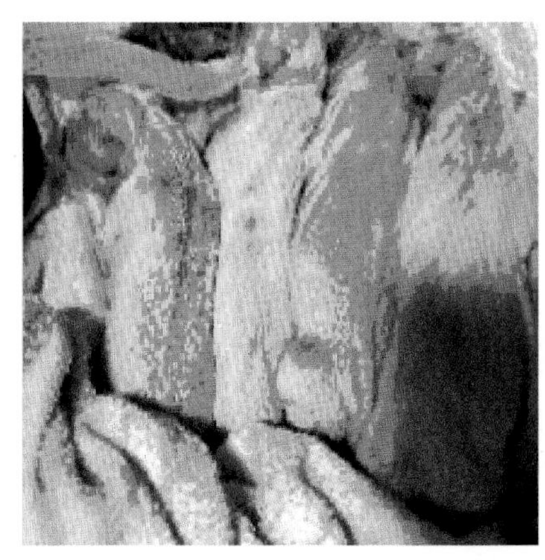

初生幼犬

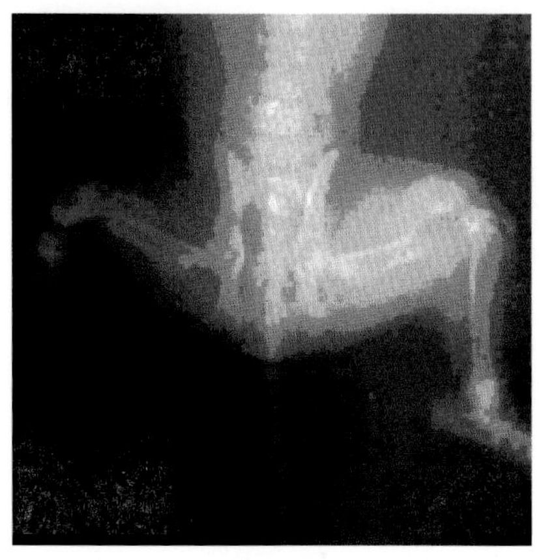

骨折影像

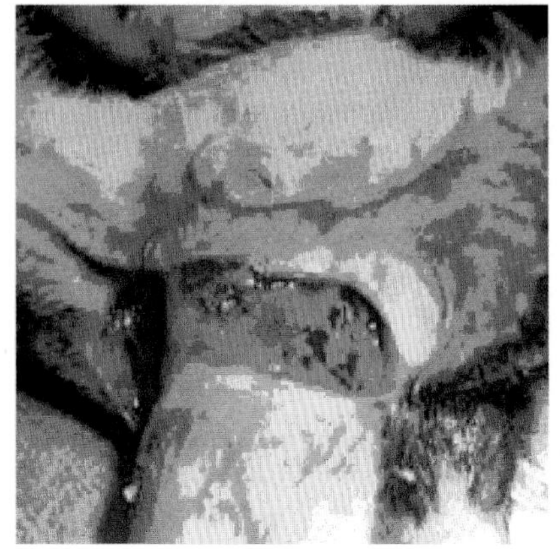

胸部外伤

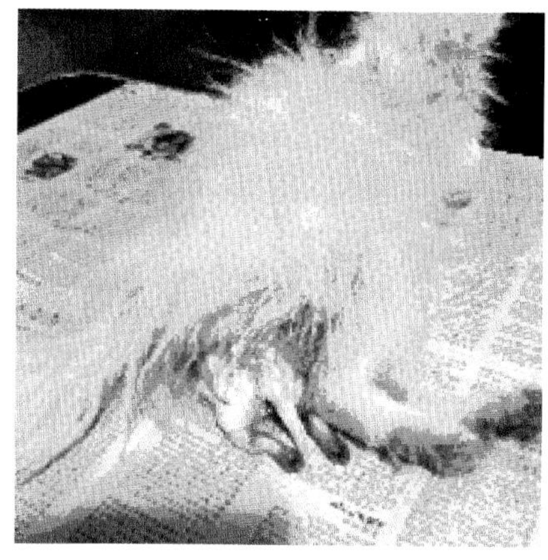

犬难产

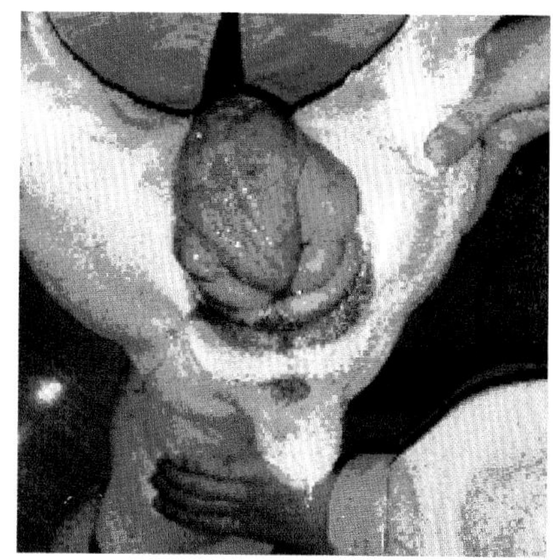

阴道脱出

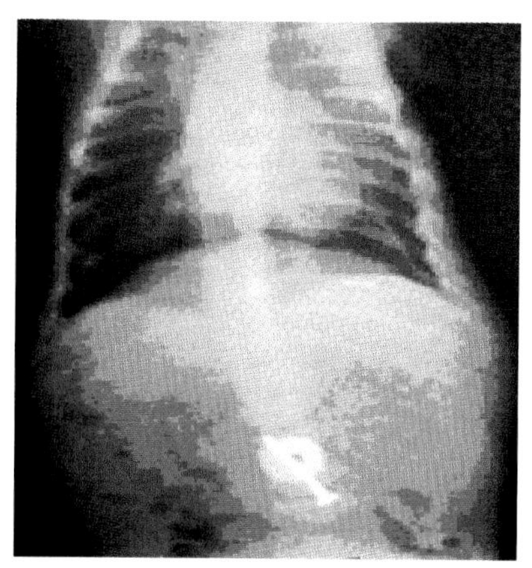

胃内异物影像

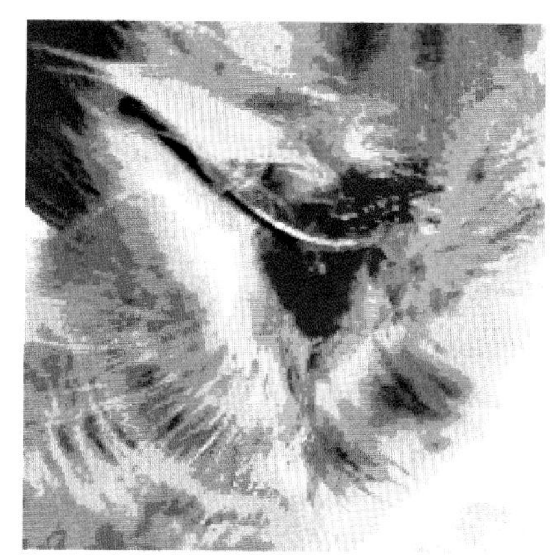

异物刺伤

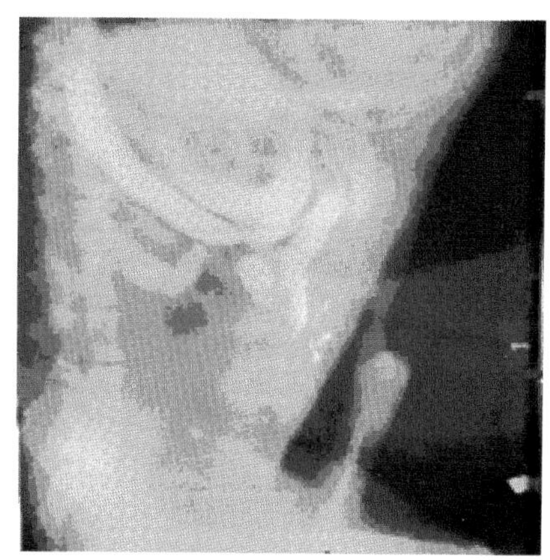

肠梗阻影像（左侧位）

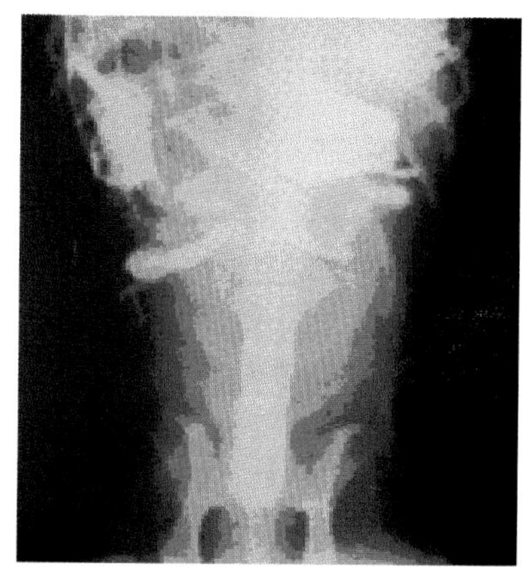

肠梗阻影像（腹背位）

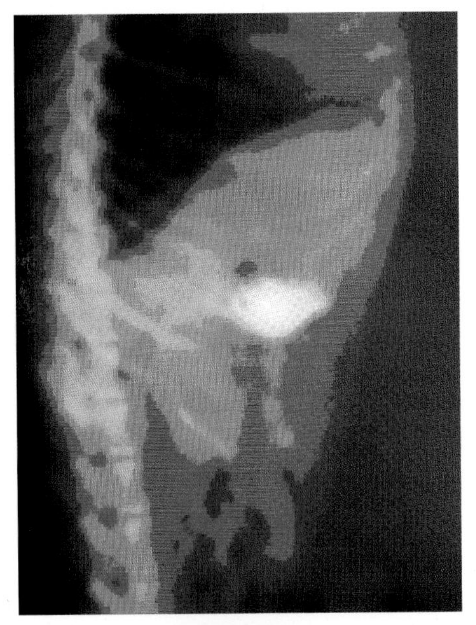

胃造影影像

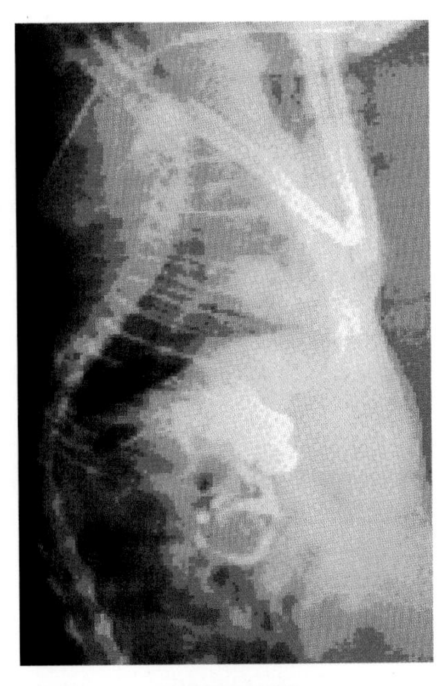

肠道造影影像

瞬膜腺增生

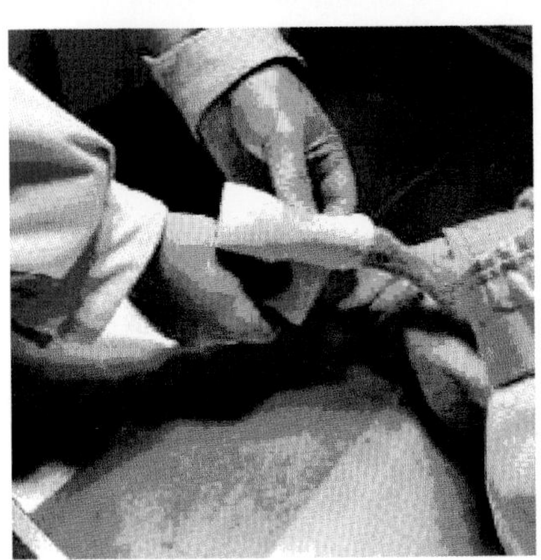

外伤包扎

外固定

隐睾摘除

# 编委会

主　编　韩和祥　眉山职业技术学院

邱贤猛　瑞鹏宠物医疗集团

尹　皑　眉山职业技术学院

副主编　黄文清　眉山职业技术学院

邹译林　贝康宠物医院

参　编　黄　毅　眉山职业技术学院

方和俊　眉山职业技术学院

黄小娇　眉山职业技术学院

# 前　言

随着市场经济的繁荣以及人们物质与文化生活水平的提高，宠物的集约化养殖和家庭经济性养殖已广泛地被人们所接受，在给人们带来经济收益的同时，也满足了个人的兴趣和爱好。但随着宠物交易和运输活动的愈发频繁，宠物疾病的发生率也日益增加。宠物疾病的发生，一方面可造成个体动物的死亡，给饲养者造成经济损失和心灵创伤；另一方面，宠物的某些传染病是多种动物共患病，不仅会危害其他养殖业，甚至有的会传染给人，如布鲁氏菌病、狂犬病等人畜共患病，将威胁人类的健康和安全。因此，全面认识和掌握宠物疾病，并积极做好防制工作，对宠物的养殖和人们的健康都具有重要的意义。

## 一、宠物传染病的诊断与治疗

准确地诊断有利于治疗疾病，挽救患病动物的生命，减少损失；同时也是消除病原体，搞好综合防治措施的重要部分。

【诊断】

1. 疫情调查：主要包括种类、性别、年龄、发病时间、发病率、死亡率、临床症状、免疫情况的调查记录。

2. 病理变化：首先应对患病动物的外貌、体表、营养状况进行观察记录，然后进行解剖观察，并注意无菌采取病料，以备实验室检测用。对活体解剖的动物应放血致死，并观察血液的颜色、黏稠度。对于内脏器官和组织的病变，主要观察色泽、形状、纹理、淤血、出血、坏死、脓肿、肿大、菌斑、渗出性变化、尿酸盐沉积、肿瘤等。

3. 实验室诊断：用病料涂片、染色，镜检病原体，必要时进行病理组织切片，观察组织病变，进行细菌和病毒的分离培养和鉴定，进行易感动物、实验动物试验等。免疫学试验是可检测病原体或特异性抗体的相关试验，如血凝、血凝抑制、补体结合、中和、电泳、琼脂扩散等试验。近年来逐渐应用于兽医临床的 PCR 诊断，极大地提高了实验室诊断的准确率。如无条件进行实验室诊断，仅靠流行病学、临床症状诊断时，应注意对有相似症状的疾病进行鉴别诊断，为有效治疗提供依据。

【治疗】

疾病的治疗原则是加强饲养管理，标本兼治，以利于动物尽快恢复。同时还要考虑传染病的种类和有无治疗价值，如对于禽流感、布鲁氏菌病、狂犬病等病的患病动物应予捕杀，以减少其作为传染源的危害。能够治疗但治疗费用超过动物本身利用价值时，可建议放弃治疗。

1. 对症治疗：为了消除或减轻某些严重症状，调节和恢复机体的生理功能而进行的内外科疗法称为对症治疗，如清热、解毒、镇静、止血、止泻、利尿等。对于某些症状如腹泻不止，还应补液，纠正水、电解质及酸碱平衡，补充维生素和能量。

2. 对因治疗：

(1)特异性疗法：应用针对某种病原体的高免血清、痊愈动物的血清或全血等特异性生物制品进行的治疗称为特异性疗法。用异种动物血清治疗时应注意预防发生过敏反应。

(2)药物性疗法：利用抗生素或化学药物帮助机体消灭或抑制病原体的治疗方式称为药物性疗法。如青霉素、链霉素、磺胺类、呋喃类、诺氟沙星等多种药物均可抑制或杀灭病原微生物。

在治疗过程中，注意病原体对药物的敏感性，必要时进行药敏试验，还要考虑药物的用量、给药途径（皮下或肌内、静脉推注或输液、口服）、给药次数、给药间隔、不良反应、经济价值，以及是否可能引起药物中毒等问题。临床多种药物联合使用或交叉使用，以及多种途径给药，有利于快速抑制或杀灭病原体、促进机体恢复，此时应注意耐药性的产生，以及药物的配伍禁忌，以免产生不良反应。病毒性疾病通常采用特异性疗法和支持疗法。有的病毒性疾病可以进行群体性紧急疫苗接种。大多数抗菌药物对病毒无抑制和杀灭作用，可用于防止继发感染和混合感染，尽可能控制病情，减少损失。

## 二、宠物疾病的预防控制措施

第一，场地选择。对于在家中饲养的宠物，只要有一个通风向阳、干净卫生的场所，并置一个适宜的笼舍即可进行养殖。作为养殖场，其场地的选择，除应满足水电、交通等条件外，最重要的是远离公路及其他养殖场，避免多种动物共患病的传播。

第二，做好检疫工作。无论是购入还是输出的动物，都要进行严格的疫病检查，确认无传染病后才可购入或输出。发现传染病后应严格执行检疫和防疫制度，根据传染病的性质确定治疗、隔离、封锁或进行无害化处理等措施。

第三，购入动物时要清楚动物的免疫情况，未进行有关免疫接种的，要针对本地的疫病流行情况制订相应的免疫接种计划。

第四，加强饲养管理，搞好环境卫生，定期消毒，并进行杀虫灭鼠工作，减少病原体的传播。

第五，平时注意动物的活动情况，尤其在疾病流行期，要备好相应的疫苗和药品，发现传染病后，要立即进行诊断并进行隔离和消毒，确诊为烈性传染病的应进行封锁，同时提交详细的疫情报告送达有关部门请示处理意见。如为非烈性传染病，在隔离消毒的同时，可进行紧急免疫接种或药物治疗，待病情得到控制、确认患病动物康复后，方可解除隔离。

本书前言、项目一犬猫传染病（任务 1）由邱贤猛编写，项目一犬猫传染病（任务 2 至任务 4）由尹皑编写，项目二犬猫寄生虫病（任务 5 至任务 7 ）由黄文清编写，项目三犬猫内科病（任务 8 至任务 12）由邹译林编写，项目三犬猫内科病（任务 13 至任务 15）、项目五犬猫外科及产科疾病（任务 19 的技能 132 至技能 140）由方和俊编写，项目四犬猫外科手术（任务 16 至任务 18）、项目六实训指导由韩和祥编写，项目五犬猫外科及产科疾病（任务 19 的技能 141 至技能 146）由黄毅编写，项目五犬猫外科及产科疾病（任务 20）、附录由黄小娇编写，全书由韩和祥统稿。

**邱贤猛**

**2019 年 1 月**

# 目　录

# 项目一　犬猫传染病

【知识目标】

1. 掌握犬常见传染病的病原体、流行病学、病理变化、症状、诊断治疗及防制的理论知识。

2. 掌握猫常见传染病的病原体、流行病学、病理变化、症状、诊断治疗及防制的理论知识。

【技能目标】

1. 能诊断犬的常见传染病。
2. 能诊断猫的常见传染病。
3. 能治疗犬的常见传染病。
4. 能治疗猫的常见传染病。

## 任务1　病毒性传染病

### ［技能1］犬瘟热

犬瘟热（CD）是由犬瘟热病毒（CDV）引起的一种急性、高度接触性传染病，以早期双相热型、急性鼻卡他症状及随后的支气管炎、卡他性肺炎、严重的胃肠炎和神经症状为特征，有些患病动物的鼻和足垫还表现为过度角化。该病传染性强，发病率高，临床症状多样，容易继发其他细菌、病毒的混合感染，死亡率高达80%以上。患病动物在康复后还易出现麻痹、抽搐、癫痫发作等后遗症。本病分布于世界各地。

【病原体】犬瘟热病毒属于单股不分节段的RNA病毒，在分类学上属于副黏病毒科麻疹病毒属。该属的病毒都有特定的哺乳动物作为宿主，多通过呼吸道传染，对上、下呼吸道产生的影响有差异。病毒会通过感染性的淋巴细胞和单核－巨噬细胞散播到中枢神经系统。犬瘟热病毒具有淋巴细胞亲嗜性和神经侵蚀性，会引发易感动物的持续性感染。

【流行病学】各种年龄和性别的犬均可感染此病，但以断奶后2～3月龄的幼犬最为常见。尤其是断奶后出售、离开母犬异地饲养的小犬发病率、死亡率最高。一年四季此病都可发生，特别是在犬繁殖的春冬季节呈大的流行趋势。同窝的幼犬一旦有一个发病，一般

情况下全窝均被感染。病犬和病犬的眼屎、唾液，及被眼屎、唾液污染的食盆、笼具是本病的传染源。接触过病犬的饲喂人员是本病的主要传播者。在冬季和初春季节，本病发病率高达85%以上，死亡率可达80%以上。

【致病机制】犬瘟热病毒是一种泛嗜性病毒，可感染多种细胞与组织，但亲嗜性最强的是淋巴细胞和上皮细胞。感染后病毒主要从呼吸道散布到支气管淋巴结和扁桃体。病毒首先在上呼吸道及结膜上皮细胞里复制，经2～4 d的增殖，在局部淋巴结复制后随淋巴进入血液，产生初始病毒血症，从而可产生体温升高等临床症状，随后病毒散播到网状内皮系统。在淋巴器官增殖的病毒被淋巴细胞及单核细胞携带进入血液，产生二次病毒血症，伴有第二次体温升高，即为双相热。

【症状】犬瘟热的临床症状决定于毒株的毒力、环境、宿主的年龄及免疫水平等各种因素。

1. 多系统症状：温和型的临床症状比较常见，病犬出现精神沉郁、厌食、双相热和呼吸道症状。双相热表现为开始体温升高至40℃左右，持续8～18 h，经1～2 d无热期后，体温再度升高至40℃左右。呼吸道症状最初表现为浆液性鼻汁，以后发展为黏液脓性鼻液并伴随咳嗽和呼吸困难。一些患病较轻的犬的临床症状和犬窝咳不易区别。康复犬可能出现顽固性嗅觉缺失后遗症。

严重症状者，最初的发热反应可能被忽视，最先被发现的症状为浆液性、黏液脓性结膜炎。干咳很快发展为湿咳和排痰性咳，喉部听诊到呼吸音。精神沉郁、厌食、呕吐，强行灌入食物或饮水后，常发生呕吐。一般呕吐不影响采食。初期粪便正常，或便秘，不久发生下痢，出现从水状到血状、黏液状的腹泻，里急后重，可能出现肠套叠。由于饮水减少和水分丢失会出现严重的脱水和消瘦，部分动物死亡。

2. 皮肤损伤：可见到水疱性和化脓性皮炎，腹下皮肤常见有米粒大小的红色丘疹或化脓性丘疹，皮屑大量脱落，唇、眼、肛门皮肤增厚，鼻镜龟裂，母犬外阴肿胀。病程稍长者，足垫增厚、变硬甚至干裂，这是临床诊断的重要指征之一。

3. 神经症状：神经症状是该病的特点之一，通常在该病的恢复期后7～21 d出现，但也有部分犬刚开始发热就表现出神经症状，或者在严重的全身症状出现后伴随出现神经症状。

癫痫发作、四肢轻瘫或后躯轻瘫、肌痉挛、共济失调是临床上经常看到的神经症状。神经症状的变化决定于病毒侵害神经系统的部位。大脑受损表现为癫痫、好动、转圈和精神异常，中脑、小脑、前庭和延髓受损表现为运动或站立姿势异常，脊髓受损表现为共济失调、反射异常，脑脊膜发炎表现为感觉过敏、颈背部肌肉强直。痉挛多见于颜面部、唇部和眼睑。

4. 视觉症状：犬明显的眼科损伤发生在视神经和视网膜。患视神经炎时会突然失明，同时伴有瞳孔散大，刺激瞳孔无反应。视网膜可退化或坏死，发生部分或完全的视网膜脱落。

5. 胎盘感染：母犬怀孕期间感染犬瘟热病毒，可能出现流产、死胎或生弱仔。胎儿在子宫内感染犬瘟热病毒后，原始的免疫因子被损伤，可能出现永久性免疫缺陷。

6. 新生期感染：幼犬在恒齿萌发前感染犬瘟热病毒，可能损伤牙釉质、牙本质和牙根。幼犬长出的牙釉质、牙本质可能有不规则现象，另外也可能出现少牙、阻生牙现象。

稍大些的犬可能出现牙釉质发育不全，并同时伴有或不伴有神经症状。

7. 混合感染：继发细菌或病毒感染使犬瘟热的症状复杂化。大肠埃希菌（大肠杆菌）、葡萄球菌、沙门氏菌、败血杆菌、腺病毒、冠状病毒等致病微生物可能和犬瘟热病毒混合感染，导致的动物死亡率有差异。

【病理变化】部分病犬皮肤可出现水疱性或脓包性皮炎；有些病犬足底表皮角质增生；呼吸道黏膜有卡他性或脓性渗出液；消化道可见卡他性肠炎、胃黏膜出血、小肠前段出血；部分病犬脾和膀胱黏膜出血；在无并发症的情况下，胸腺萎缩且可能呈胶冻状；肾上腺皮质变性；死于神经症状的病犬，脑膜充血、出血，脑室扩张，脑脊髓液增多。

【诊断】

1. 临床症状：诊断典型症状为眼、鼻出现浆液性或脓性分泌物，体温呈双相热型。体温升高至 39.5℃ 以上，且持续不降，眼无神，精神、食欲时好时坏。

2. 实验室诊断：

（1）包涵体检查：包涵体是犬瘟热病毒感染的重要标志之一，可通过病理学进行检查 。

（2）免疫学检测方法：包括琼脂扩散试验（AGP）、SPA 协同凝集试验、免疫电子显微镜技术、免疫荧光技术、免疫组化技术、血清中和试验、酶联免疫吸附试验、胶体金试纸条法等。

3. 分子生物学技术：近年来，随着核酸杂交、聚合酶链式反应（PCR）等技术的应用，犬瘟热病毒的诊断也进入了分子生物学阶段。

【治疗】治疗原则：对症治疗，控制细菌或病毒继发感染，维持体液平衡，增强抵抗力，控制神经症状。良好的护理是治疗成功的关键。

病犬及早应用大剂量犬瘟热单克隆抗体、犬瘟热抑制蛋白（一般用 2～5 ml/kg），配合应用抗病毒注射剂，如静脉滴注球蛋白、利巴韦林、干扰素等。

犬感染犬瘟热病毒后常继发细菌感染，因此发病后配合使用抗生素可以减少死亡、缓解病情，首选的广谱抗生素包括三代头孢、恩诺沙星等，最好通过药敏试验选择合适的抗生素。

根据病犬的病症表现给予支持疗法和对症疗法，加强饲养管理和注意饮食，结合强心、补液、解毒等措施，具有一定的治疗作用。有上呼吸道症状的犬应放在清洁、温暖、通风的环境中，擦掉眼、鼻的分泌物。有呕吐和腹泻的犬，应停止饮食、饮水和经口投药，可经非肠道给予止吐药。根据脱水状况，静脉或皮下给予含多离子的等渗液，如乳酸林格氏液。给予维生素 B 以补充丢失的维生素，并可刺激食欲。对幼犬可给予一定量的维生素 A。在癫痫持续状态最好经非胃肠给予地西泮治疗（ 5～10 mg，直肠给药或缓慢地静脉输入）。

中药治疗以安神清热、镇咳平喘、扶正祛邪为原则。方用麻杏石甘汤和朱砂散加减，麻黄 10 g、杏 15 g、炙甘草 15 g、石膏 50 g（打碎先煎）、朱砂 30 g、党参 15 g、茯神 15 g、黄连 15 g，体温高时加黄芩、栀子、连翘、金银花。根据病犬体重不同掌握好给药量。只有咳嗽症状的用麻杏石甘汤加减即可；如出现咳嗽并且出现神经症状，按以上处方给药。

【防制】

1. 定期接种疫苗：临床上常用进口二联苗、四联苗、六联苗、八联苗等。通过实践，幼犬在6~8周龄进行首免，2周后进行二免，二免后2周进行三免，以后每年免疫1~2次即可。

2. 加强消毒：对已发生犬瘟热的地区，为了防止疫情继续蔓延，应迅速将病犬隔离，用漂白粉、氯仿、氢氧化钠、紫外线等对犬舍及其四周环境进行消毒。

3. 加强兽医卫生制度：养殖场尽量做到自繁自养，严防外来犬只到场内；各犬类交易市场必需严格把好免疫入口关。对未发病但可疑的犬可用犬瘟热高免血清，待疫情稳定后可再注射犬瘟热疫苗。值得一提的是，幼犬出生后其体内含有母源抗体，一般不宜做免疫接种，需待母源抗体水平下降或消失后再进行免疫。

4. 加强饲养管理，定期进行健康检查：畜主平时应注意观察犬只食欲、饮水、粪便及身体健康状况，发现病犬要及时隔离治疗。新引入的犬只，隔离15 d左右，确定无病时注射疫苗后，才可与其他犬只混养。

## [技能2] 犬细小病毒感染

犬细小病毒是1977年首先在美国被发现的，至今，世界各地均有流行。犬细小病毒感染是危害犬类的主要的烈性传染病之一。

【病原体】犬细小病毒（CPV）属细小病毒科，细小病毒属。犬细小病毒对多种理化因素和常用消毒剂具有较强的抵抗力，在4~10℃可存活6个月，37℃可存活2周，56℃可存活24 h，80℃可存活15 min，在室温下保存3个月感染性仅轻度下降，在粪便中可存活数月至数年。该病毒对乙醚、氯仿、醇类有抵抗力，对紫外线、甲醛（福尔马林）、次氯酸钠等敏感。

【流行病学】犬细小病毒主要感染犬，尤其对幼犬传染性极强，死亡率也高。一年四季均可发病，以冬、春季节多发。饲养管理条件骤变、长途运输、寒冷、拥挤均可促使本病发生。病犬和康复带毒犬是本病的传染源。病犬经粪便、尿液、唾液和呕吐物向外界排毒，康复带毒犬可能经粪尿长期排毒，污染饲料、饮水、食具及周边环境。病犬通常在感染后7~8 d通过粪便排毒达到高峰，10~11 d急剧降低。一般认为该病的传染途径是消化道，易感动物主要通过直接或间接接触而被感染。有证据表明：人、虱、苍蝇和蟑螂可成为犬细小病毒的机械携带者。

犬感染犬细小病毒时发病急，死亡率高，常呈暴发性流行；不同年龄、性别、品种的犬均可感染。临床表现以呕吐、腹泻（或出血性腹泻）为主，其中6月龄以下犬最易感，占犬细小病毒感染总数的比例可高达75%，且此月龄段感染犬死亡率较大于6月龄患病犬高；大于12月龄犬发病率则相对较低。

【发病机制】健康犬经消化道感染病毒后，病毒主要攻击两种细胞，一种是肠上皮细胞，一种是心肌细胞，分别表现为胃肠道症状和心肌炎症状，胃肠道症状最为常见，心肌炎症状常见于幼犬。

【症状】该病潜伏期为7~14 d，多发生在刚换环境后（如新买的幼犬），洗澡、过食是诱因。该病多表现为肠炎综合征，少数呈现心肌炎综合征。

肠炎病犬初期精神沉郁、厌食，偶见发热、轻微腹泻或呕吐，随后发展成频繁呕吐和剧烈腹泻。起初粪便呈灰色、黄色或乳白色混合果冻状黏液，其后排出恶臭的酱油样或番茄汁样血便。病犬迅速脱水，消瘦、眼窝深陷、被毛凌乱、皮肤无弹性，耳鼻、四肢发凉，精神高度沉郁，休克、死亡。从病初症状轻微到严重一般不超过 2 d，整个病程一般不超过一周。

心肌炎型多见于 4～6 周龄幼犬，常无先兆性症状，或仅表现出轻微腹泻，继而突然衰弱，呻吟，黏膜发绀，呼吸极度困难，脉搏快而弱，心脏听诊出现杂音，常在数小时内死亡。

【诊断】根据流行症状和血清学反应，可作出诊断。该病发病迅速，传染性强，往往呈局部暴发性，出现呕吐、腹泻、脱水等肠炎综合征表现，死亡率高。血清学反应多用酶联免疫吸附试验，国内外都有相关检测试剂盒，该技术成熟，检出率高。

【防制】

1. 平时应做好免疫接种。国内生产的犬细小病毒灭活疫苗都与其他疫苗联合作用。使用犬五联弱毒疫苗时，对 30～90 日龄的犬应注射 3 次，90 日龄以上的犬注射 2 次即可，每次间隔为 2～4 周。以后每半年加强免疫 1 次。但仔犬体内的母源抗体能影响疫苗的免疫效果。

2. 当犬群暴发本病后，应及时隔离，对犬舍和饲具，用 2%～4%氯化钠液、1%甲醛、0.5%过氧乙酸或 5%～6%次氯酸钠反复消毒。对无治愈可能的犬，应尽早扑杀，焚烧深埋。

3. 病犬的治疗。心肌炎型病犬病程短，迅速恶化，常来不及救治即已死亡。

肠炎型病犬若能进行及时合理治疗，可明显降低死亡率。发病早期，在应用高免血清的同时，进行强心、补液、抗菌、消炎、抗休克和加强护理等措施，可提高治愈率。

（1）犬群中一旦确诊本病，应立即给其他犬应用细小病毒单克隆抗体、细小病毒抑制蛋白，用量为每天 2～5 ml/kg。

（2）补液：病犬常因脱水而死，因此补液是治疗本病的主要措施。应根据犬的脱水程度与全身状况，确定所需添加的成分和补液量，一般静脉补液量为每天 60～80 ml/kg。必要时 24 h 静脉补液，液体以 5%葡萄糖氯化钠注射液、0.9%氯化钠注射液、乳酸林格氏液为主。

当病犬表现为严重呕吐，需要纠正电解质紊乱和维持酸碱平衡时，可静脉注射乳酸林格氏液，加碳酸氢钠、氯化钾、奥美拉唑。

口服补液法：病犬表现不食，心率加快，如无呕吐，具有食欲或饮欲时，可给予口服用补液盐（氯化钠 3.5 g、碳酸氢钠 2.5 g、氯化钾 1.5 g、葡萄糖 20 g，加水 1 000 ml），由犬自由饮用。

如病犬静脉滴注困难，可行皮下补液，用量为每天 60～80 ml/kg。

（3）抗菌消炎：可应用各类广谱抗生素，但不要长时间使用，以防肠道菌群失调。

（4）抗休克：休克症状明显者可肌注地塞米松 2～5 mg。

（5）加强护理：注意对病犬保暖，腹泻期间应停喂牛奶、鸡蛋、肉类等高蛋白、高脂肪性饲料。

## ［技能 3］犬传染性肝炎

犬传染性肝炎是由犬腺病毒Ⅰ型（ICHV）引起的一种急性高度接触性、败血性的传染病，主要发生于犬，也见于其他犬科动物，犬主要表现为肝炎和眼睛疾病，狐狸则表现为脑炎。

【流行病学】各种年龄、性别、品种的犬都可发生犬传染性肝炎，以幼犬多发，死亡率也高。本病一年四季均可发生，世界各地均有发生。病犬和带毒犬是本病的主要传染源。一般不能通过呼吸道传染，主要通过消化道传染，呕吐物、唾液、粪便均可传染，也可经胎盘感染胎儿。体外寄生虫也有媒介传染可能。

【临床症状】潜伏期 6～8 d，多发于初生至 1 岁的幼犬。开始体温升高，持续 1 d，然后降至接近正常，1 d 后，第二次升温（40～41℃），持续 2～6 d。初期白细胞减少，常低于每立方毫米 5 000 个，低的仅每立方毫米 2 500 个。时有呕吐，常腹泻，间或带血。按压剑状软骨部位，右腹部触诊疼痛、呻吟。厌食，饮欲增加，眼和鼻开始时分泌浆液性分泌物，逐渐变为浆液脓性分泌物。有的病犬头颈躯干发生水肿，但很少出现黄疸。在急性症状消失7～10 d后，约有 25％的康复犬一眼或双眼呈现暂时性角膜混浊，角膜常在 1～2 d内被蓝色膜覆盖，称之为肝炎性蓝眼病。有的病犬乳齿周围出血或血肿，如有出血，常出血不止，凝血时间延长，这种病例预后不良。病程较犬瘟热短，2 周内恢复或死亡，死亡率为 10％～25％。

【病理变化】常见皮下水肿，腹腔积液，常含有血液，暴露于空气中易凝固。肝脏肿大，呈淡棕色或血红色，表面呈颗粒状，小叶界限明显，质脆易碎。胆囊浆膜出血，胆囊壁增厚（其他犬病很少增厚），水肿出血，呈黑红色，黏膜有纤维蛋白沉着。脾脏轻度充血、肿胀。肠系膜淋巴肿胀出血，肠黏膜出血，内容物呈果酱样。

组织学检验，肝实质有不同程度的变化、坏死，窦状隙淤血，肝细胞和肝窦状隙内皮细胞核内有包涵体，有包涵体的核膜肥厚、浓染，包涵体和核膜之间有透明带。脾小体核崩解、出血，小血管坏死，在膨大的网状细胞内可见核内有包涵体。

【实验室诊断】将感染的脏器做成乳剂，离心沉淀，取上清液，以甲醛做变态反应原，将其接种于犬的皮下，如局部有红、肿、热、痛症状即为阳性。用荧光抗体检查扁桃体涂片，可作为早期诊断依据。

【类症鉴别】

1. 犬传染性肝炎应与犬瘟热、犬细小病毒性肠炎、犬冠状病毒感染、犬沙门氏菌病相鉴别。

2. 急性肝炎类似症状：体温升高持续 4～6 d，厌食，精神沉郁，时有腹泻。触诊肝区疼痛。区别：单个发病，肝区叩诊浊音区扩大，有的有神经症状，如兴奋、惊厥、昏迷，甚至嗜睡。肌肉震颤，皮肤发痒，可视黏膜黄染。病初尿中尿胆红素含量明显增加，尿胆原含量也明显增加，血清中的胆红素呈两相反应。

3. 肝硬化类似症状：活动性肝硬化表现精神沉郁，食欲减少，体温升高，触诊肝区敏感。腹泻，呕吐。区别：多呈慢性经过，不具传染性，可视黏膜黄染，腹腔积液，下腹部触诊有波动感和移动性浊音。

4. 钩端螺旋体病类似症状：精神沉郁，厌食，呕吐，体温升高，眼睛、口腔黏膜充血、出血。区别：可视黏膜黄疸明显，血便，血尿（尿呈豆油状），肌肉疼痛性反应。

【治疗】支持疗法，纠正脱水，注意电解质和酸碱平衡。5%葡萄糖注射液加谷胱甘肽、多烯磷脂酰胆碱、肝力新白蛋白、维生素C、三磷酸腺苷、肌苷、能量合剂，静脉注射，1天1次。用三代头孢控制继发感染。

【防制】定期进行免疫接种和实施常规卫生防疫措施，每年用犬七联苗进行预防接种。一般于6周龄首免，8周龄二免，以后每半年加强免疫1次。发现病犬要进行隔离治疗。同时，饲料中添加足够的维生素A、维生素D和维生素E，消毒犬舍及被污染的环境和用具。本病肝脏的病理变化严重，必须早期确诊，早期施治，后期治疗效果常不理想。

## [技能4] 犬腺病毒Ⅱ型感染

犬腺病毒Ⅱ型可引起犬的传染性喉气管炎及肺炎症状。临床特征表现为持续高热、咳嗽、浆液性至黏液性鼻漏、扁桃体炎、喉气管炎和肺炎。从临床发病情况统计看，该病多见于4个月以下的幼犬，可以造成全窝或全群咳嗽。

【症状】犬腺病毒Ⅱ型的感染潜伏期为5～6 d。持续性发热（体温在39.5℃左右）。鼻涕呈浆液性，随呼吸呈向外喷水样。6～7 d阵发性干咳，后表现湿咳并有痰液，喘促，人工压迫气管即可出现咳嗽。听诊气管有啰音，口腔咽部检查可见扁桃体肿大，咽部红肿。病情继续发展可引起坏死性肺炎。病犬可表现精神沉郁、不食，并有呕吐和腹泻症状出现。犬腺病毒Ⅱ型往往易和犬瘟热病毒、犬副流感病毒及支气管败血波氏杆菌混合感染。混合感染的犬预后大多不良。

【治疗】采取对症支持疗法，用抗生素控制继发感染，干扰素、静脉输球蛋白抗病毒治疗，并使用镇咳药、祛痰剂等。

【预防】

1. 发现病犬应立即隔离，犬舍及环境用2%氢氧化钠溶液、3%来苏水消毒。

2. 预防接种：现在多种疫苗含有腺病毒Ⅱ型。

## [技能5] 犬冠状病毒感染

犬冠状病毒病是由犬冠状病毒引起的一种急性肠道传染病。该病毒既可单独致病，也可与犬细小病毒、轮状病毒和魏氏梭菌等病原体混合感染，呈急性胃肠炎综合征表现，以剧烈呕吐、腹泻、精神沉郁及厌食为特征。

【病原体】犬冠状病毒属于冠状病毒科冠状病毒属，呈圆形或椭圆形，有囊膜，囊膜表面有纤突，病毒核酸为单链RNA。

犬冠状病毒主要存在于感染犬的粪便、肠内容物和肠上皮细胞内。但在健康犬的心、肺、肝、脾、肾及淋巴结中也发现有冠状病毒样粒子。

犬冠状病毒不耐热，对乙醚、氯仿及去氧胆酸盐敏感，易被甲醛、紫外线等灭活；反复冻融和长期存放易导致纤突脱落，使病毒感染性丧失。但在 pH 值 3.0，温度 20～22℃的酸性环境中其不会被灭活。在冬季其传染性可维持数月。

【流行病学】

1. 易感动物：各种年龄、品种和性别的犬均对犬冠状病毒易感，但以 2～4 月龄发病率最高，常成窝死亡。其中幼龄犬感染可出现明显临床症状，而成年犬的临床症状较轻或只呈现隐性感染。

2. 传染源：病犬和携带病毒犬。其粪便中含有大量犬冠状病毒，由此造成的环境污染是易感犬的主要感染源。

3. 传播途径：犬冠状病毒的主要传染途径是消化道，消化道排出的粪便及呕吐物、分泌物和尿液等对环境造成污染。犬冠状病毒存在垂直传播的可能性。

4. 流行特点：犬冠状病毒感染一年四季均可发生，但冬季多发。犬冠状病毒感染的发病率较低，约 30%，其发生和严重程度常与断乳、运输、气温骤变、饲养条件恶化、机体虚弱、营养不良等应激因素及年龄和混合感染有关。

【病理变化】尸体严重脱水，肠壁变薄，肠管扩张，肠内充满白色或黄绿色液体，肠黏膜充血、出血，肠系膜淋巴结肿大，小肠绒毛萎缩变短并可发生融合，隐窝变深，黏膜固有层的细胞成分增多，上皮细胞变平，杯状细胞排空。

【症状】本病的潜伏期与感染犬年龄、体质等关系密切，犬冠状病毒人工感染的潜伏期为 1～3 d。本病传播迅速，数日之内可蔓延全群，临床症状轻重不一，可能呈致死性水样腹泻，也可能无临床症状。幼犬受害严重，主要表现为胃肠炎症状。病犬嗜睡，不喜欢活动，采食量减少或不吃，衰弱，呕吐，排出恶臭稀软带黏液的粪便。一般先持续4 d的呕吐，呕吐次数从腹泻的第 1 d 开始减少。病犬因腹泻而迅速脱水，体重减轻，多数病犬不发热。如无继发感染，则白细胞数减少。多数病犬 7～10 d 恢复，但有些犬特别是幼犬常在发病后 24～36 h 死亡，死亡率通常随日龄增长而降低。成年犬几乎没有死亡。

【诊断】本病在临床上与犬细小病毒性肠炎、犬轮状病毒感染等引起的腹泻具有相类似的症状，因此根据流行病学、临床症状和病理变化往往只能进行初步诊断。确诊需要结合实验室的电镜观察、病毒分离、荧光抗体和血清学检查。冠状病毒病胶体金诊断试纸是目前普遍应用的确诊本病的方法。

【防制】犬发病后立即进行隔离治疗，停止喂食，主要采取支持疗法，及时补液，对症治疗。

1. 预防：对于冠状病毒病的预防，国内主要是用弱毒苗，国外多用灭活苗。常应用犬六联苗或七联苗接种。

2. 治疗：

（1）抗病毒疗法：特异性抗病毒疗法目前普遍使用冠状病毒病单克隆抗体、冠状病毒抑制蛋白、干扰素、球蛋白等；联合应用一些广谱抗病毒药物如利巴韦林进行治疗。

（2）输液疗法：纠正电解质和酸碱失衡对本病治疗意义重大。输液时应注意离子平衡和酸碱平衡。首选林格液或乳酸钠林格液与 5%葡萄糖溶液/注射液，以 1∶1 的比例静脉注射。呕吐严重的犬，丢失大量钾离子，应补钾；腹泻的犬，碳酸氢根离子丢失得多，初期可用乳酸林格氏液，持续腹泻应补给碳酸氢钠液。心肌炎型的病犬，可用三磷酸腺苷、肌苷或细胞色素 C，肌内或静脉注射。连续补液至症状消失。为提供能量还要配合输入 5%葡萄糖溶液、能量合剂等。输入白蛋白或血浆对缓解脱水、支持机体抗病力有重要意义。

（3）抗菌消炎，预防继发感染：可根据病情使用药物，如头孢类等抗生素，配合使用地塞米松。

（4）止血：可用巴曲酶、酚磺乙胺、维生素 K 等，但止血效果并不理想。

（5）止吐：呕吐剧烈时，给予舒必利。呕吐轻微者，不必止吐。

## ［技能 6］犬副流感病毒感染

犬副流感病毒（PCIV）在分类上属副黏病毒科中 2 型副流感病毒亚型，犬副流感病毒可感染各种年龄和品种的犬，但幼犬较严重。自然感染途径主要是呼吸道，呼吸道分泌物通过空气尘埃传染其他犬，也可通过直接接触传染。感染期间犬因抵抗力降低可继发其他细菌感染。

**【症状】** 犬副流感病毒感染常为突然发病，出现不同频率和程度的咳嗽，以及不同程度的食欲降低和发热，随后出现浆液性、黏液性甚至脓性鼻液。继发感染后咳嗽可持续数周，甚至死亡。犬的呼吸道除出现分泌物外，扁桃体、气管、支气管有炎症改变，肺部有时可见出血点。当与支原体或支气管败血波氏杆菌混合感染时，病情加重。犬感染副流感病毒后可引起急性脑脊髓炎和脑内积水，可表现出后躯麻痹和运动失调等症状。

**【治疗】** 犬副流感病毒感染目前尚无特异性疗法，可采用抗病毒感染、抗继发感染、补充体液等方法进行对症治疗。

1. 抗病毒感染及抗炎：采用胸腺素、犬用干扰素、球蛋白、利巴韦林等抗病毒药物，使用抗生素抗继发感染。

2. 补充体液：对长期高热、厌食的病犬应及时补液，并适当补充维生素 C 等。

3. 对症治疗：呼吸困难者采用氨茶碱等，心力衰竭者采用毛花苷 C 等，咳嗽剧烈者采用镇咳药物。

**【预防】** 预防本病可以利用副流感疫苗，加强护理，提供舒适、清洁、干燥、温暖的饲养环境是减少本病发生的重要措施。

## ［技能 7］犬疱疹病毒感染

本病是多发于仔犬的一种急性致死性传染病，影响犬的繁殖，常可引起严重的经济损失。仔犬感染后呈现全身性的出血和坏死，3 周龄以上的犬感染时，则主要呈现上呼吸道感染的症状。

**【病原体】** 本病的病原体是犬疱疹病毒Ⅰ型，它对高温的抵抗力较弱，56℃经 4 min 就可将该病毒杀死；但对低温的抵抗力较强。在 pH 值低于 4.5 的环境中，经 30 min 病毒即可失去致病力。病毒可通过唾液、鼻汁和尿液向外排出。本病主要经飞沫感染，分娩过程中胎儿接触了带毒母犬的阴道分泌物也可感染。

【诊断要点】

1. 流行特点：犬疱疹病毒只感染犬，而且主要引起2周龄以内仔犬的致死性感染，3周龄以上的仔犬及成年犬，症状轻微，主要呈不显性感染。

2. 临床特征：2周龄以内的仔犬感染本病后，体温常不升高，精神迟钝，食欲不良或停止吃奶。呼吸困难，腹痛，呕吐，排黄绿色粪便。病犬常连续嚎叫，多在出现临床症状后24小时内死亡。个别耐过的仔犬，常遗留共济失调，向一侧做圆周运动等神经症状和失明。3～5周龄的仔犬及成年犬感染后，常不呈现全身症状，只引起轻度鼻炎和咽炎，主要呈现流鼻涕、喷嚏、干咳等上呼吸道症状。

3. 病理剖检特征：仔犬的典型病理改变是在实质性器官表面散布多量直径2～3 mm的灰白色坏死灶和小出血点，尤其是肾和肺脏的变化更明显。胸、腹腔内积留带血的浆液性液体。脾肿大，肠黏膜有点状出血。通常根据上述临床特征和病理剖检变化，结合流行特点，可作出初步诊断。最后确诊要靠分离病毒或血清学试验。

【防制】本病目前尚无特效疫苗。因此，预防本病主要采取综合性措施，如不要从经常发生呼吸系统疾病的犬群中买入犬只；发现病犬及时隔离，应用广谱抗生素，以防继发感染；加强消毒；加强饲养管理等。

## [技能8] 犬传染性气管支气管炎

犬传染性气管支气管炎，即犬窝咳，是一种具有高度接触传染性、局限于气道的急性疾病。引起感染的因素可以是一种或多种，包括犬腺病毒Ⅱ型、犬副流感病毒和支气管败血性博德特氏菌。其他微生物也可能作为继发病原体存在。几乎所有患有本病的犬都为自限性，不管是否给予特异性治疗，约2周时间临床症状可消失。

【临床特征】病犬病初表现为突然出现的严重干咳或湿咳，通常在运动、兴奋或颈部项圈施压时加重，人工诱咳阳性，还可能出现呕吐、干呕和流鼻涕的症状。病犬通常近期（2周内）有以下经历：运输、住院治疗或者与有相似症状的幼犬或成犬接触。

单纯患传染性气管支气管炎的病犬不表现全身症状。因此，当病犬出现体重减轻、持续厌食或者其他器官症状，如腹泻、脉络膜视网膜炎或抽搐时，提示可能有一些其他更为严重的疾病，如犬瘟热或真菌感染。传染性气管支气管炎还可能导致呼吸系统综合征，虽然这并不常见。

对于年龄非常小的犬、有免疫缺陷的成犬以及先前有肺部异常（如慢性支气管炎）的成犬，传染性气管支气管炎还可能引起继发性细菌性肺炎。而对于有慢性气道疾病或气管塌陷的犬，传染性气管支气管炎的出现可能使原有的慢性病急性加重。对这样的犬，要想消除感染症状，进一步展开治疗是很必要的。此外，博德特氏菌感染也可能与慢性支气管炎有关，但是两者哪一个先发生尚不确定。

【诊断】单纯的犬窝咳根据病犬病史和临床症状可进行初步诊断。临床病理学检查包括全血细胞计数（CBC）、胸部摄片检查以及气管冲洗液分析，适用于那些显示疾病更严重且症状无法消除的犬，而对于无并发症的犬传染性气管支气管炎患病犬，应用全血细胞计数和胸部摄片检查的意义不大。急性炎症可通过观察气管冲洗液样本来诊断。冲洗液的细菌培养可用于鉴别病原菌，亦可用于抗生素的药敏试验。

【治疗】单纯的传染性气管支气管炎是一种自限性疾病。病犬应休息 7 d 以上，尤其避免运动与兴奋，以减少由过度咳嗽引起的对气道的持续刺激，镇咳药所发挥的作用也在于此。但是一旦咳嗽为湿咳，或者通过听诊及胸部摄片检查结果怀疑有肺积液时，不应该使用镇咳药。可以用于病犬的镇咳药有很多种，如缓和的非处方类镇咳药右美沙芬。另外，布托啡诺和可待因也是有效的犬用镇咳药，高剂量使用时具有镇静作用。患此病的病犬应避免使用含抗组胺成分的感冒药。

给予抗生素控制继发感染，由于细菌通常出现在呼吸道上皮细胞的纤毛上，所以在选择抗生素时要考虑其到达支气管上皮组织的能力以及气道的分泌作用。多西环素、阿莫西林克拉维酸等抗生素对许多分离出的博德特氏菌有效。通过气管冲洗液培养中得到的细菌敏感性数据可用来指导抗生素的合理选择。

抗生素治疗要持续 10 d 以上，或者在临床症状消失后再用 5 d。如果临床症状在 2 周内未能消除，则需要进行进一步的诊断评估。

【预后】单纯的传染性气管支气管炎预后很好。

【预防】犬的传染性气管支气管炎可以通过免疫程序以及减少动物对有机体的暴露来预防。良好的营养、定期驱虫和减少应激可以增强犬的抵抗力；为了减少暴露，犬最好与近期经运输过的成犬和幼犬隔离开；及时注射疫苗。

## ［技能 9］犬轮状病毒感染

犬轮状病毒感染是由犬轮状病毒引起的幼犬的急性肠道传染病，以腹泻、脱水为特征。成年动物感染后，多呈隐性经过。

【病原体】犬轮状病毒属于呼肠病毒科轮状病毒属，该属各成员间通常具有宿主特异性。

犬轮状病毒对理化因素的抵抗力较强。有的病毒株在室温条件下，可存活 4 个月之久。粪便中的该病毒在 18～20℃条件下，至少可生存 7～9 个月。加热至 60℃经 30 min 仍存活，但加热至 63℃经 30 min 可被灭活。

用 1%高锰酸钾、甲酚皂、碘酊、碳酸钠和十六烷基三甲基溴化胺处理病毒，经 6 min仍存活，也不能被 5－碘－2－脱氧尿苷抑制。0.01%碘溶液、1%次氯酸钠溶液和 70%乙醇可将病毒灭活。

【流行病学】轮状病毒感染通常以突然发生和迅速传播的方式在动物群中广泛流行，常呈地方流行性。患病动物和隐性感染带毒动物是本病的主要传染源。病毒主要存在于肠道内，随粪便排出体外。病愈动物至少在 3 周内仍持续通过粪便排毒，污染垫草、饲料和饮水等。易感动物主要通过接触被感染动物和污染的饮水、饲料用具和环境，经消化道途径被传染。轮状病毒感染主要发生在幼龄动物，特别是 10～45 日龄的幼龄犬。成年犬常呈隐性经过。本病的发生无明显季节性，全年均可发生，但有明显的流行高峰。我国东北 10—11 月多发，其他地区 10—12 月多发。

【症状】患病幼犬体温偏高，精神沉郁，食欲减少或废绝，呈现胃肠炎症状，严重腹泻，粪便水样，并混有黏液，可持续 8～10 d，呈现脱水，体况下降。

【病理变化】肠内容物稀薄，小肠黏膜呈条状或弥漫性出血，容易脱落。肠管胀满，肠壁菲薄，肠管内充满灰黄色或灰黑色液状物。组织学检查见小肠绒毛萎缩、变短，上皮细胞脱落。

【诊断】根据临床症状和流行病学作初步诊断，确诊须进一步做实验室诊断。

【防制】目前本病尚无疫苗可用。本病一经发现，应立即将病犬隔离到清洁、干燥、温暖的场所，停止喂奶；对症支持疗法，以防脱水；保证幼犬能摄食足量的初乳而使其获得免疫保护。

## ［技能 10］狂犬病

狂犬病俗称疯狗病，是由狂犬病病毒引起的一种急性接触性传染病。临诊特征是极度的神经兴奋导致的狂暴和意识障碍，最后因局部或全身麻痹而死。

【病原体】狂犬病病毒属于弹状病毒科、狂犬病病毒属，宽 75～80 nm，长 180 nm，呈短粗的弹状或试管状。

该病毒在动物体内主要存在于中枢神经组织、唾液腺和唾液内，在唾液腺和中枢神经（尤其在脑海马角、大脑皮层、小脑）细胞的胞浆内形成狂犬病特异的包涵体，即内基氏小体，呈圆形或卵圆形，染色后呈嗜酸性反应。

自然界存在的狂犬病强毒称为街毒，病毒通过家兔脑内继代，能减弱其对人畜的毒力，成为固定毒，可用来制备弱毒疫苗。

该病毒对过氧化氢、高锰酸钾、新洁尔灭、甲酚皂等消毒剂敏感。1％～2％肥皂水、43％～70％乙醇、0.01％碘液、丙酮、乙醚都能使之灭活。病毒不耐湿热，50℃加热 15 min，60℃加热数分钟，100℃ 2 min 以及紫外线照射均能使之灭活，但在冷冻或冻干状态下可被长期保存。在 50％甘油缓冲溶液中或 4℃下存活数月到一年。

【流行病学】人和各种畜禽对本病都易感。在自然界中，肉食目的犬科和猫科中的很多动物都可以被感染，犬科动物（犬、狐、狼等）在世界分布甚广，常成为人畜狂犬病的传染源和病毒的宿主。另外，人们在西印度群岛和中南美各地发现蝙蝠（食肉蝙蝠、吸血蝙蝠和食果蝙蝠）的唾液腺带狂犬病病毒，据此认为其在传播本病方面起着重要的作用。

无症状和顿挫型感染的动物可长期通过唾液排毒，成为传染源。

本病的传播方式主要系由患病（或带毒）动物咬伤而感染。当健康动物皮肤黏膜有损伤时，接触病畜的唾液也有可能被感染。通过直肠可使仓鼠感染，在蝙蝠洞中通过气源途径也可使多种野生动物被成功感染。

【发病机理】唾液中的病毒通过咬伤的皮肤进入易感动物的皮下组织，沿感觉神经纤维或血液由外周进入神经中枢。病毒在中枢神经组织增殖，按离心方向由中枢沿神经向外周扩散至唾液腺进入唾液，同时损害中枢神经细胞和血管壁，引起兴奋症状，如意识障碍和反射兴奋性增强，后期神经细胞变性，逐渐引起麻痹症状，最终呼吸中枢麻痹，造成死亡。

【症状】潜伏期与动物的易感性、伤口距中枢的距离、侵入病毒的毒力和数量有关，变动范围很大，一般为2～8周，最短8 d，长者可达数月或一年以上。犬、猫、狼、羊及猪平均为20～60 d，牛、马30～90 d，人2～3周。

各种动物的临诊表现相似，一般分为两种类型，即狂暴型和麻痹型。

犬：典型的病例按病程发展大致有前驱期、兴奋期和麻痹期三个阶段。

1. 前驱期或沉郁期：此期为0.5～2 d。病犬精神沉郁，常躲在暗处，不愿和人接近或不听使唤，强迫牵引则咬畜主，性情与平时不大相同。食欲反常，喜吃异物，喉头轻度麻痹，咽物时颈部伸展。瞳孔散大，反射功能亢进。性欲亢进，嗅舔自己或其他犬的性器官，唾液分泌逐渐增多，后躯软弱。

2. 兴奋期或狂暴期：此期持续2～4 d。病犬高度兴奋，表现狂暴并常攻击人畜。狂暴的发作往往和沉郁交替出现，常表现一种特殊的斜视和惶恐表情，狂乱攻击，自咬四肢、尾及阴部。病犬常在野外游荡，甚至可游荡到数十公里以外的地方，且多半不归，咬伤人畜，随着病势发展，陷入意识障碍，反射紊乱，狂吠。动物显著消瘦，吠声嘶哑，眼球凹陷，散瞳或缩瞳，下颌麻痹，流涎和夹尾等。

3. 麻痹期：持续1～2 d，麻痹急剧发展，下颌下垂，舌脱出口外，流涎显著，不久四肢及后躯麻痹，卧地不起，最后因呼吸中枢麻痹或衰竭而死。

整个病程为6～8 d，少数病例可延长到10 d。

猫：一般呈狂暴型，症状与犬相似，但病程较短，出现症状后2～4 d死亡。在疾病发作时攻击其他动物和人，因其动作迅速又常接近人，故对人危险性较大。

【病变】尸体无特异性变化。尸体消瘦，有咬伤，裂伤，常见口腔和咽喉黏膜充血或糜烂，胃内空虚或有异物，胃肠黏膜充血和出血，中枢神经实质和脑膜肿胀、充血和出血。

【诊断】临床诊断比较困难。如果患病动物出现典型的病程，则结合病史可作出初步诊断，但是因为患狂犬病的犬，早在出现症状前1～2周内即已从唾液中排出病毒，所以当动物或人被可疑病犬咬伤后，应及早对可疑病犬作出诊断，以便进行必要的治疗，否则将延误时间，影响疗效。为此应将可疑的病犬拘禁，观察或扑杀，进行实验室诊断。

实验室诊断包括下列内容：

1. 病理组织学检查：脑触片法是迅速而经济的方法，将出现脑炎症状的患病动物捕杀，取大脑海马角或小脑做触片，用含碱性复红加美蓝的Seller氏染液染色、镜检，内基氏小体呈淡紫色。

2. 荧光抗体法：一种迅速而特异性很强的诊断方法，曾得到世界卫生组织的推荐，许多国家业已广泛采用。取可疑患病动物脑组织或唾液腺制成冰冻切片或触片，用荧光抗体染色，在荧光显微镜下观察，胞浆内出现黄绿色荧光颗粒者即为阳性。

3. 小鼠接种法：准确可靠的方法，但耗时较长，需观察3周才能得到诊断结果。方法是取脑病料制成乳剂，用30日龄的小鼠（3日龄以内的乳鼠更敏感）经脑内接种，如病料含有狂犬病病毒，则在接种后1～2周内小鼠出现麻痹症状与脑膜脑炎变化，或者于接种后3 d捕杀小鼠，取脑制触片，用荧光抗体法检查，如此可以缩短诊断时间。

近年来又研究开发出ELISA检测抗原或抗体的技术，该技术是狂犬病免疫诊断中很有前途的一种检测方法。应用基因探针位点杂交技术检测实验感染小鼠中枢神经系统中的狂犬病病毒的RNA，也取得了一定进展。

【防制】目前我国采取的是“管、免、灭”的综合防制措施。

“管”即市区、城镇禁养，乡镇控养或圈养。实践证明，此办法必须通过有关部门互相配合，严加执行，否则收效不大。

“免”即免疫，有计划地对家犬实施免疫并发放免疫证明。现采用从国外引进的Flury株狂犬病弱毒冻干疫苗。一次肌内注射，免疫期一年以上，既安全又有效。近年来中国兽医药品监察所自国外获得狂犬病ERA弱毒株，通过BHK－21细胞系和猪肾原代细胞复制病毒，注射狗、牛、羊等动物均无不良反应。国外曾将ERA弱毒疫苗混入诱饵，引诱野生动物（主要是狐狸）采食而使其获得免疫，如此可以减少传染源，从而降低人畜的感染率。

“灭”即消灭野犬，不使无免疫证的野犬到处游荡，以免感染、伤害人畜。

紧急防治措施：被患狂犬病的动物或可疑动物咬伤，应及时对伤口进行彻底消毒处理，最好先让伤口局部出血，再用肥皂水、乙醇、碘酊等消毒剂处理，并迅速用狂犬病疫苗进行紧急接种，使被咬动物在病的潜伏期内就产生主动免疫，可免于发病。

【公共卫生】人患本病大多是被狂犬病动物咬伤所致。病初表现头痛，乏力，食欲不振，恶心和呕吐等，被咬伤部位有发热、发痒、蚁行等感觉，脉数、瞳孔散大、多泪、流涎、出汗。有时见呼吸肌和咽部痉挛，出现呼吸困难。见到水即表现恐惧，故名“恐水症”。在发作的间歇中，表现恐怖和忧虑，有时出现狂躁，失去自制力。通常在发病3～4 d后因全身麻痹而死亡。故接触感染狂犬病机会多的人员，如操作此病毒的实验室工作人员、兽医、养狗人员等须进行疫苗接种。未接种过疫苗的人，一旦被病犬咬伤，应迅速用20％软肥皂水冲洗伤口，并用3％～5％碘酊处理伤口，并尽早接种狂犬病疫苗，方可免于发病。

## ［技能 11］猫泛白细胞减少症

猫泛白细胞减少症又称猫传染性肠炎或猫瘟热，是由猫细小病毒引起的一种高度接触性急性传染病，以突发双相型高热、呕吐、腹泻、脱水、明显的白细胞减少及出血性肠炎为特征，是猫最重要的传染病。

【病原体】猫泛白细胞减少症病毒（FPV）与貂肠炎病毒（MEV）、犬细小病毒（CPV）有亲缘关系，实验证明后两者为猫泛白细胞减少症病毒的变种。猫泛白细胞减少症病毒，在分类上属细小病毒科，细小病毒属。该病毒能凝集红细胞，对外界因素具有极强的抵抗力，能耐受56℃ 30 min的加热处理，在pH值3～9具有一定的耐受力。有机物内的病毒，在室温下可存活1年，对70％乙醇、有机碘化物、酚制剂和季胺溶液也具有较高的抵抗力。

【流行病学】患病和康复携带病毒动物是主要的传染源，其分泌物和排泄物中含大量病毒，污染环境。野生动物的自然传染主要因直接或间接接触所致。易感动物接触被病毒污染的物品后即被传染。在病猫病毒血症期间（急性期），蚤、虱、螨等吸血昆虫可成为本病的传播媒介。妊娠母猫感染后还可经胎盘垂直传染给胎儿。

本病常见于猫和其他猫科动物以及非猫科的浣熊、貂等。猫科动物如家猫、野猫、山猫、豹猫、小灵猫、虎、豹、狮等均易感，尤以幼兽最易感；鼬科动物中的水貂、雪貂也易感；浣熊科动物中的蜜熊、长吻浣熊等也有感染的报道；小熊猫也可感染；人无感染本病的报道。各种年龄的动物都可感染发病，但主要发生于1岁以下的幼龄动物，尤其2～5月龄的幼兽最为易感。1岁以内幼猫的感染率为83%，死亡率为50%～60%，有时达90%～100%。

本病多见于冬末和春季（12月至翌年5月），长途运输、饲养管理条件急剧改变以及来源不同的动物混群饲养等应激因素可促进本病的暴发流行，导致90%以上的病死率。

【症状】潜伏期2～6 d。本病在易感猫群中感染率可高达100%，但并非所有感染猫都出现临诊症状。最急性型病猫突然死亡，来不及出现症状，往往误认为中毒。急性型病猫仅有一些前驱症状，很快于24 h内死亡。亚急性型病猫初期精神委顿，食欲不振，体温升高到40℃以上，24 h后下降到正常。2～3 d后体温再度上升到40℃以上，呈明显的双相热。第二次发热时症状加剧。高度沉郁、衰弱、伏卧、头搁于前肢，发生呕吐和腹泻，粪便水样，内含血液，迅速脱水。病程3～6 d。病死率一般为60%～70%，高的可达90%以上。妊娠母猫感染后可发生胚胎吸收、死胎、流产、早产或产小脑发育不全的畸形胎儿。

家猫与圈养的野生猫科动物如金猫、云豹、东北虎、华南虎、狮、小灵猫、水貂等的潜伏期和临床症状基本一致。

【病理变化】猫的眼观病变主要在肠道，典型者可见假膜性炎症。小肠黏膜肿胀、充血、出血，严重的呈伪膜性炎症变化，肠壁增厚呈乳胶管状。空肠和回肠病变尤为严重，肠内有灰红或黄绿色纤维素性坏死性假膜或纤维素条索，内容物灰黄色、水样，有恶臭。肠系膜淋巴结肿胀、充血、出血，呈红白灰相间的大理石样花纹，肝大、红褐色，胆囊充满黏稠胆汁，脾出血，肺充血、出血、水肿。

水貂病变主要在小肠，呈急性卡他性出血性肠炎，肠系膜淋巴结肿胀。

野生动物如金猫、虎、云豹、狮等患此病后病变主要表现为小肠出血性炎症，肠内常充满粉红色水样物；胃黏膜脱落，有出血斑，胃内有黄色液状内容物；肝大，表面有针尖大的出血点。

组织学检查主要见肠黏膜、肠腺上皮细胞与肠淋巴滤泡上皮细胞变性，有的见有核内包涵体，包涵体周围有一透明的明亮环。

【诊断】根据流行病学、临诊症状和病理变化的特点以及血液学检查发现白细胞减少，可以作出初步诊断。确诊则需做病毒分离鉴定和血清学试验。

【防制】猫发病后，应立即采取措施进行对症治疗，控制继发感染。输液可减少病猫死亡，猫干扰素有一定疗效。平时应加强饲养管理，注意卫生，增强机体抵抗力。另外应做好预防工作：目前使用的弱毒疫苗，一般在7～10周龄首免，12周龄二免，16周龄时进行第3次免疫，以后每年免疫1次，每次肌内注射1 ml。

对病猫污染的环境可用3%甲醛、0.5%过氧乙酸或4%氢氧化钠进行彻底消毒。

## ［技能 12］猫病毒性鼻气管炎

猫病毒性鼻气管炎又称猫传染性鼻气管炎，是由猫鼻气管炎病毒引起的一种急性、高度接触性上呼吸道传染病。本病以发病突然、传播迅速、剧烈咳嗽和腹泻为特征。

【病原体及流行病学】猫鼻气管炎病毒属于疱疹病毒Ⅰ型。该病毒在猫的鼻、咽、喉、气管黏膜和舌的上皮细胞内增殖，引起上呼吸道炎症。从猫肾原代细胞容易分离出该病毒，该病毒对酸的抵抗力很弱，在干燥的条件下，12 h即可被杀灭。

病猫是本病的主要传染源。病毒经鼻、眼和咽的分泌物排出，通过接触感染或飞沫感染迅速传播。

【症状】本病的潜伏期为 2～5 d。突然发病，食欲减少，体温升高至 40℃以上，眼流泪、结膜充血、潮红，流出大量浆液性或黏液性鼻液，有的还混有血液。病猫头颈伸直，呼吸困难，阵发性喷嚏和咳嗽，叫声嘶哑、呕吐、腹泻。有的病例，可继发全身性皮肤溃疡，肺炎和鼻窦炎。

【病理变化】主要表现在上呼吸道，病初鼻腔和鼻甲骨黏膜呈弥漫性充血，喉头和气管也可以出现类似病变；较严重病例，鼻腔、鼻甲骨黏膜坏死，眼结膜、会厌软骨、喉头、气管、支气管甚至细支气管的部分黏膜上皮亦发生局灶性坏死。

【诊断】根据流行病学和临床症状，一般即可作出初步诊断；确诊则需进行中和试验和血凝抑制试验或病理组织学检查。

【治疗】目前本病尚无特效疗法，一般采取对症治疗，防止并发症。

对于病猫，应用广谱抗生素可有效地防止细菌继发感染和后遗症的发生；必要时从鼻、咽、喉头等取样进行药敏试验，再选用敏感抗菌药物，效果更好。对症支持疗法包括输液、纠正电解质酸碱平衡，临床上可应用广谱抗病毒眼药水滴眼和鼻。

【预防】目前已有猫鼻气管炎的弱毒疫苗的应用，该疫苗单独应用或与猫杯状病毒弱毒苗共同应用均有较好的预防疗效。

## ［技能 13］猫杯状病毒感染

猫杯状病毒（FCV）感染是猫病毒性呼吸道传染病。其主要表现为上呼吸道症状、双相发热、浆液性和黏液性鼻漏、结膜炎、精神沉郁，有的猫可听到呼吸啰音。FCV 感染是猫的多发病，发病率高，死亡率低。

【病原】猫杯状病毒在分类上属杯状病毒科，杯状病毒属。其核酸为单链 RNA，病毒粒子直径为 37～40 nm，32 个空心壳粒呈 24 面体立体对称。FCV 对脂溶性消毒剂（如乙醚、氯仿和脱氧胆酸盐）具有抵抗力。

【流行病学】自然条件下，仅猫科动物易感，常发于 6～84 日龄的猫。该病的传染源主要是病猫和带毒猫。前者在急性期可通过分泌物和排泄物排出大量病毒，污染用具、地面和物品，也可直接传染给猫；后者一般由急性期病例转变而来，虽然临床症状消失，但可长期排毒，是最重要最危险的传染源。

【临床症状】杯状病毒感染的潜伏期为 2～3 d，发热温度为 39.5～40.5℃，症状的轻重依据感染病毒毒力的强弱不同。口腔溃疡是该病特有的症状，并且有时是唯一的症状；口腔溃疡常见于舌和硬腭，尤其是腭中裂周围和颊部，表现为大面积的溃疡和肉芽增生，病猫进/采食困难，想吃又不敢吃，有时进/采食时被硬的食物刺激后有疼痛性逃避。

病猫精神欠佳，打喷嚏、口腔、鼻和眼分泌物增多，出现流涎和角膜炎；鼻眼分泌物呈浆液性、灰色，后呈黏液性，4～5 d 后成脓性；毒力较强时呈肺炎症状，表现呼吸困难。

【诊断】由于多种病毒均可引起猫的呼吸道疾患，且症状具有类似之处，因此诊断较为困难。怀疑为本病时，可刮去眼结膜组织进行荧光抗体染色，以监测抗原加以确诊；也可采取眼、鼻分泌物用猫原细胞进行分离培养进行确诊。

【防制】治疗方案基本同猫传染性鼻气管炎。应用广谱抗生素可有效地防止细菌继发感染，必要时从鼻、咽、喉头等取样进行药敏试验，再选用敏感抗菌药物，则效果更好。可用猫三联苗预防此病。

## ［技能 14］猫肠道冠状病毒感染

猫肠道冠状病毒（FECV）与猫传染性腹膜炎的病原体冠状病毒在抗原结构上有密切的相关性，主要感染 6～12 周龄的幼猫，主要特征是呕吐、腹泻和中性粒细胞减少。本病毒对环境抵抗力差，一般消毒剂就能将病毒杀死。

【症状】病初体温升高，精神差、厌食，此后出现呕吐与腹泻，脱水。如果不继发细菌感染，常能自愈，死亡率低。

【诊断】根据临床症状和流行情况可作出初步判断。确诊困难，以粪便中（电镜下观察）发现病毒为准。

血常规检查：急性期病猫血中的中性粒细胞下降到 50%以下，应注意与猫瘟热的鉴别诊断。

【防制】目前尚无疫苗。以对症治疗为主，止吐、止泻、静脉补液、抗生菌控制细菌感染，免疫球蛋白对病猫治疗有益。环境消毒非常重要，可采用 0.2%甲醛溶液或 0.5%苯酚溶液。

## ［技能 15］猫白血病

猫白血病又叫猫白血病肉瘤复合症，是由猫白血病病毒和猫肉瘤病毒引起的一种恶性淋巴瘤病，主要以发生淋巴瘤、成红细胞性或成髓细胞性白血病、胸腺萎缩、淋巴细胞减少、嗜中性白细胞减少及骨髓红细胞发育障碍性贫血为特征。1964 年 Jarrett 等在美国首次发现本病，并从病猫体内分离到病毒。

目前，该病在世界许多国家的猫中发生，发病率和死亡率都很高，是猫的一种严重传染病，已引起各国的高度重视。

【病原体】本病病原体为反转录病毒科的猫白血病病毒（FeLV）和猫肉瘤病毒（FeSV）。FeSV 为免疫缺陷病病毒，只有在 FeLV 的协助下才能在细胞中复制，在 FeSV 分离物中均有 FeLV 的出现。两种病毒的结构、形态极其相似。

病毒呈圆形或椭圆形，直径为 90～110 nm，中央有单链 RNA 和类核体，内含反转录酶，衣壳包围着类核体，最外层为囊膜，上面有许多纤突。FeLV 为完全病毒，遗传信息在 RNA 上，能独自完成复制过程。

由于囊膜的不同，白血病病毒可分为 A、B、C 三个亚群（或血清型）。从病猫体内分离出 A、B 亚群，A 群为 100％，B 群为 50％，这两个群常为混合感染。实验证明，猫白血病病毒 A 能促进猫白血病病毒 B 在猫体内生长和传播。C 型肿瘤病毒不多见，约占 1％。

FeLV 对脱氧胆酸盐及乙醚敏感，在常用的消毒剂（如 0.5％酚和 1/4 000 甲醛）及酸性环境（pH 值 4.5 以下）中能灭活，在 56℃30 min 也能灭活，在 37℃经 150～360 s死亡一半，对紫外线有一定的抵抗力。

【流行病学】本病在猫群中以水平传播为主。病毒经呼吸道、消化道传播。潜伏感染的猫通过唾液和尿液将病毒排出体外，但唾液中病毒的浓度特别高，滴鼻和气雾也可传播病毒。健康猫与病猫接触感染后，病毒在气管、鼻腔、口腔及唾液腺上皮细胞内增殖。本病也可垂直传播，有病的母猫经乳汁和子宫将病毒传染给胎儿和幼猫。此外，由于病猫的血液中含有猫白血病病毒，所以吸血昆虫如跳蚤也可作为传播媒介，污染的饲料、饮水、用具等也能传播此病。

不同品种、不同性别的猫均可感染，但幼猫比成年猫更易感。约有 33％死于肿瘤的猫，是由感染该病毒引起的。猫白血病病毒除感染猫外，没有其他储存宿主。本病不能传染给人。

【症状】病猫通常呈现贫血、嗜睡、食欲减少和消瘦等症状。在临诊上，本病可分为以下四个类型：

消化器官型：此型较为多见，病猫表现呕吐或下痢、肠梗阻、尿毒症、黄疸、贫血、黏膜苍白、食欲减退、消瘦等症状。在病猫的腹部可触摸到肿块。

胸型：在腹前两侧可触摸到肿块，主要在胸腔纵隔淋巴结和胸腺形成肿瘤，充满胸腔，包围心脏，压迫气管和食管，使肺移向其侧面和后方，引起病猫吞咽和呼吸困难，恶心虚脱，胸腔积液及无气肺。青年猫多发。

多中心型：用手可触摸到体表肿大淋巴结，肝部可摸到肿块。病猫精神沉郁，日渐消瘦。

白血病型：病猫表现黏膜苍白，在黏膜和皮肤上有出血点，发势呈间歇性，食欲不振，消瘦。血检时白细胞大量增多。

此外，肿瘤局限于某一器官不多见。

【病理变化】肉眼变化：①消化器官型：在肠系膜淋巴结、淋巴集结及胃肠道壁上见有淋巴瘤，此瘤来源于淋巴组织，有的在肝、脾、肾上可见有浸润。②多中心型：所有淋巴结中心肿大。③胸型：肿瘤组织代替胸腺，末期充满整个胸腔。④白血病型：肝脏、脾脏明显肿大，淋巴结和骨髓增大。

组织学检查：多中心型和胸腺C型淋巴瘤的细胞主要为T细胞，而消化器官型淋巴瘤的细胞主要为B细胞。在淋巴结肿瘤中可见到大量含有核仁的淋巴细胞。胸腺受害时，在胸水中见到大量未成熟的淋巴细胞。如骨髓外周血液受害时，能见到大量成淋巴细胞浸润。

【诊断】根据临床症状和剖检变化可作出初步诊断，最后确诊需进行实验室检查。

病毒分离和鉴定：取病猫的淋巴组织或血液淋巴细胞，与猫的淋巴细胞系或成纤维细胞系进行共同培养，然后以培养物与已知标准阳性血清进行共同培养，最后的培养物与已知标准阳性血清做中和试验或做免疫荧光抗体技术的检查，以确定病毒。

实验室诊断中最简便、快捷的方法是用病猫的血液涂片做免疫荧光抗体检查，可检出感染细胞中的抗原。此外也可采用酶联免疫吸附试验、聚集诱导测定实验、中和试验、补体结合试验和琼脂免疫扩散实验等。

【防制】目前尚无有效的治疗方法。应加强饲养管理，搞好环境卫生；及时清除粪便，定期对地面、用具、工作服等进行消毒。

## ［技能16］猫传染性腹膜炎

猫传染性腹膜炎（FIP）是一种由猫冠状病毒引起的猫科动物的一种慢性进行性传染病，以纤维蛋白性腹膜炎为特征。

【病原体】本病的病原体为冠状病毒属的猫传染性腹膜炎病毒。该病毒对外界环境抵抗力较差，室温条件下1 d可死亡，对漂白粉、新洁尔灭等消毒剂敏感，对甲酚皂溶液和氯己定溶液有一定的耐受性。

【流行病学】可感染各种年龄的猫，以1～2岁的猫及老龄猫发病最多，不同品种、性别的猫对本病的易感性无明显差异，但纯种猫多发。一般猫经消化道感染或经媒介昆虫传播，也可经胎内垂直感染。

【症状】发病初期症状常不明显，病猫体重逐渐减轻或间歇性厌食，体温升高至39.7～41.1℃。持续1～6周后，可见腹部膨胀。母猫发病时，常被误认为是妊娠。腹部触诊一般无痛感，但似有积液，病猫呼吸困难，逐渐衰弱，并可能表现贫血症状，最后病猫很快死亡。

有的病猫则主要被侵害眼、中枢神经、肾和肝脏，几乎不伴有腹水。眼部感染可见角膜混浊，眼房液变红；中枢神经受损时，表现为后躯运动障碍，行走失调，背部感觉过敏；肝脏受侵害的病猫可能发生黄疸；肾脏受侵害时，常能在腹壁触诊到肾脏肿大，病猫出现进行性肾功能衰竭的症状。

【病理变化】病猫腹腔中大量积液呈透明淡黄色液体或卵白状，接触空气后即凝固。腹膜混浊，覆有纤维蛋白样渗出物，肝、脾、肾等器官表面亦有纤维蛋白附着。肝表面还可见到直径1～3 mm的小坏死灶，切面可见坏死深入肝实质中。有的病猫还伴有腹水增加。

主要被侵害眼、中枢神经系统等的病猫，可能看不到腹水增加的变化，剖检可见脑水肿；肾脏表面高低不平，有肉芽肿样变化；肝脏亦可见坏死灶。

【诊断】渗出型腹膜炎容易诊断，病猫腹围显著增大，穿刺抽取腹水做冠状病毒 PCR 检查可以确诊。干式传染性腹膜炎在腹部触诊时可以摸到肿大的肠道淋巴结，在 B 超引导下穿刺肠道淋巴结做细胞学或活检可以确诊。

【治疗】本病目前尚无特效疗法，死亡率几乎是 100%。

【预防】应注意猫舍的环境卫生，消灭猫舍内的吸血昆虫及啮齿类动物，对于污染的猫舍应用 0.2%甲醛、0.5g/L 氯己定或其他消毒剂彻底消毒。

### [技能 17] 猫免疫缺陷病毒感染

猫免疫缺陷病毒（FIV）于 1987 年被发现，是猫独有的 RNA 逆转录病毒。患病率在野猫或流浪猫中最高，雄性猫患病率高于雌性猫。

【病因】猫之间主要经唾液和咬伤传染，接受病猫输血也是受感原因之一，垂直传播是罕见的。

【症状】受 FIV 感染的猫，一般显示多种无针对性的临床症状，可表现为发热、耳炎、淋巴结肿大、口腔黏膜炎、牙龈炎、眼色素层炎、慢性肾功能不全、长期腹泻。上呼吸道感染是最常见的，受感染的猫易发生机会性感染。常能发现与此病无关联的临床症状，猫的活动量下降、嗜睡、体重下降。许多猫感染后连续数周至数年无明显症状，这使诊断更为复杂，化验结果对猫 FIV 无针对性，并且对诊断 FIV 无太大帮助。轻度的非再生性贫血、中性粒细胞减少和淋巴细胞减少在半数感染猫中都有发生。

【诊断】任何有慢性消耗性疾病、发热和体重下降的成年猫，都应接受常规的 FIV 和 FeLV 检测。有贫血、中性粒细胞减少、口腔黏膜炎、舌炎、淋巴瘤和慢性上呼吸道感染的猫，都应进行 FIV 感染评估。高丙球蛋白血症能帮助鉴别诊断 FIP。

【防制】现在还没有 FIV 特异性抗病毒疗法。使用核苷类药物，如 AZT 和 RMEA 能降低病毒血症和提升 $CD4^+$ 淋巴细胞数量，但使用以上两类药物都会有明显的副作用，如贫血。FIV 阳性猫易患许多继发疾病和机会性疾病，维持性治疗有助于延长治疗有效的猫的寿命数月。

## 任务 2　细菌性传染病

### [技能 18] 布鲁氏菌病

犬布鲁氏菌病（Brucellosis）是由布鲁氏菌引起的一种人兽共患性传染病，该菌主要引起犬隐性菌血症和繁殖障碍，也可引起椎间盘炎、骨髓炎、脑膜脑炎和眼色素层炎等。

【病原体】布鲁氏菌为革兰阴性小球杆菌，无运动性，不产生芽孢和荚膜；科兹洛夫斯基染色呈红色，其他细菌呈蓝色或绿色；对培养基的营养要求比较高，初代分离时可能至少需要 3～5 d 才能形成肉眼可见的菌落，大多数需要 10～15 d。犬布鲁氏菌病主要由犬布鲁氏菌引起，但亦可感染流产布鲁氏菌、马耳他布鲁氏菌、猪布鲁氏菌。

在适当的环境条件下，布鲁氏菌在奶液、尿液、水和潮湿的土壤中可存活 4 个月。大多数对革兰阴性菌有效的消毒剂均可杀灭该菌，巴氏消毒也可将奶液中的布鲁氏菌杀死。

【流行病学】犬布鲁氏菌主要经患病及带菌动物传播。流产后母犬的阴道分泌物、流产胎儿及胎盘组织均带菌，患病母犬常成为新生犬的传染源，但这些新生幼犬大多数在胎盘内已发生垂直感染。感染犬的精液及尿液亦可成为犬布鲁氏菌病的传染来源。此外，感染犬的唾液、眼和鼻分泌物以及粪便中也能分离到少量细菌。

本病主要传播途径是消化道，其次是损伤的皮肤和黏膜，易感犬舔食流产病料、分泌物、摄食被病原体污染的饲料和饮水均可被感染。

【症状】成年犬感染布鲁氏菌很少表现出严重的临床症状，仅表现为淋巴结炎，亦可经 2 周至长达半年的潜伏期后表现出全身症状。怀孕母犬常在怀孕 40～60 d 时发生流产，流产前 1～6 周，病犬一般体温不高，阴唇和阴道黏膜红肿，阴道内流出淡褐色或灰绿色分泌物。流产胎儿常发生部分组织自溶，皮下水肿、淤血和腹部皮下出血。流产母犬可能发生子宫炎，以后往往屡配不孕。公犬可能发生睾丸炎、附睾炎、阴囊肿大及阴囊皮炎和精子异常等。另外，患病犬除出现生殖系统症状外，还可能患关节炎、腱鞘炎，有时出现跛行。部分感染犬并发眼色素层炎。

【病理变化】隐性感染病犬一般无明显的肉眼及病理组织学变化，或仅见淋巴结炎。临床症状较明显的病犬，剖检时可见关节炎、腱鞘炎、骨髓炎、乳腺炎、睾丸炎、淋巴结炎变化。

怀孕母犬流产的胎盘及胎儿常发生部分溶解，由于纤维素性及化脓性炎症或坏死性炎症，常使流产物呈污秽的颜色。

除定居于生殖道，布鲁氏菌还可随血流到达其他组织器官而引起相应的病变，如随血流达脊柱椎间盘部位而引起椎间盘炎；有时出现眼前房炎、脑脊髓炎的变化等。

【诊断】怀孕母犬发生流产或母犬不育及公犬出现睾丸炎或附睾炎时即应怀疑本病。确诊应以流行病学资料、临床症状、细菌学检验及血清学反应为依据进行综合诊断。

犬感染犬布鲁氏菌后，其菌血症可持续数月到数年，因此，取血液进行细菌培养是确诊的最佳方法。也可取流产胎衣、胎儿胃内容物或有病变的肝、脾、淋巴结等组织材料，制成涂片，科兹洛夫斯基染色、镜检，见到红色细菌即可确诊。

感染 2 周后可检测到布鲁氏菌抗体。可用快速平板凝集试验筛选本病菌，出现阳性反应时再用试管凝集和琼扩试验进行跟踪检测，ELISA、间接免疫荧光抗体技术和补体结合试验更具敏感性和特异性。

【治疗】由于布鲁氏菌寄生于细胞内，抗生素对其较难发挥作用。必须反复进行血液培养以检验疗效，停药后几个月感染还可能反复。早期可口服米诺环素（25 mg/kg，每天 2 次，持续 3 周以上）联合肌内注射双氢链霉素（10 mg/kg，每天 2 次，持续 1 周）；也可用庆大霉素替代双氢链霉素。多西环素、四环素等联合双氢链霉素使用效果稍差。应用抗生素治疗的同时应用维生素 C、维生素 B 等效果更好。

【预防】应采取综合措施进行预防：

1. 对犬群（尤其种群）定期进行血清学检验，必要时抽血进行细菌培养，最好每年进行 2 次。检出的阳性犬应严格隔离，仅以阴性者作为种用。

2. 尽量进行自繁自养。新购入的犬，应先隔离观察 1 个月，经检疫确认健康后方可入群。

3. 犬舍及运动场应经常消毒，流产物污染的场地、栏舍及其他器具均应彻底消毒。

4. 经济价值不大的病犬，可以扑杀。有使用价值的病犬，可以隔离治疗，但一定要做好兽医卫生防护工作。

【公共卫生学】犬布鲁氏菌对人的感染性虽然较低，但仍可以感染人。特别是流产病犬应加以注意。人感染后临床症状无特异性，表现不适、头疼、关节痛、淋巴结炎、间歇热、怕冷及体重减轻等，需进行细菌学检验和血清学反应才能确诊。抗生素治疗效果较好。

## ［技能 19］沙门氏菌病

沙门氏菌病（ Salmonellosis）是由沙门氏菌属细菌引起的人和动物共患性疾病的总称，临床上可表现为肠炎和败血症。犬和猫沙门氏菌病虽然不常见，但健康犬和猫却可以携带多种血清型的沙门氏菌，对公共卫生安全构成一定的威胁。

【病原体】沙门氏菌为一大群寄生于人类和动物肠道中、生化反应和抗原结构相似的革兰阴性杆菌，其生长的营养要求不高，在普通琼脂平板上形成中等大小、无色半透明的“S” 形菌落，不发酵乳糖或蔗糖，大多数产生 $H_2S$。

【流行病学】本病主要经消化道传播，偶尔可发生呼吸道感染。饲养员、污染的饲料、饮水、空气中含沙门氏菌的尘埃、盛装食粮的容器、医院的笼具、内窥镜及其他污染物亦可成为传播媒介。圈养犬和圈养猫往往因采食未彻底煮熟或生的肉品而感染，散养犬和散养猫在自由觅食时，可因食用腐肉或粪便而感染。

【症状】临床上可人为地分为胃肠炎、菌血症和内毒素血症、局部脏器感染以及无症状的持续性感染等几种类型。

大多数胃肠炎型病犬和病猫在感染后 3～5 d 发病，症状以幼龄及老龄动物较为严重。该类型开始表现为发热（40～41℃），食欲下降，其后出现呕吐、腹痛和剧烈腹泻，病猫还可见流涎。

严重感染的病犬和病猫易患菌血症和毒血症。患病动物表现极度沉郁、虚弱，出现休克和中枢神经系统症状，甚至死亡。有神经症状者，表现为机体应激性增强、后肢瘫痪、失明、抽搐。子宫内发生感染的犬和猫，还可引起流产、死胎或产弱仔。

患病犬、猫仅有少部分在急性期死亡，大部分 3～4 周后恢复，少部分继续出现慢性或间歇性腹泻。康复和临床健康动物往往可携带沙门氏菌 6 周以上。

【病理变化】仅有部分出现临床症状的动物，可见黏膜苍白，脱水，并伴有较大面积黏液性至出血性肠炎。肠黏膜的变化由卡他性炎症到较大面积坏死脱落。病变明显的部位往往在小肠后段、盲肠和结肠，肠系膜及周围淋巴结肿大并出血。大多数组织器官（肝、脾、肾）表面出现密布的出血点（斑）和坏死灶，肺常有水肿及硬化。

【诊断】在疾病急性期，从分泌物、血、尿、滑液、脑脊液及骨髓中发现沙门氏菌可确定为全身感染。剖检时，应从肝、脾、肺、肠系膜淋巴结和肠道取病料，接种于伊红亚甲蓝琼脂培养基上，挑取无色菌落进行生化反应鉴定。

【治疗】发现病猫或病犬，应立即隔离，加强管理，给予易消化的流质饲料。为了缓解脱水症状，可经非消化道途径补充等渗盐水。呕吐不太严重者，亦可经口灌服。恩诺沙星、磺胺类抗菌药物是较常用的治疗药物。

【预防】保持犬、猫房舍的卫生，笼具、食盆等用品应经常清洗、消毒，注意灭蝇灭鼠。禁止饲喂不卫生的肉、蛋、乳类食品，尽可能采用煮熟的饲料（尤其是动物性饲料）喂犬和猫，杜绝传染病。严禁耐过犬、猫或其他可疑携带病菌畜禽、人与健康犬、猫接触。

## [技能 20] 梭菌性疾病

梭菌主要存在于土壤中，并且是动物肠道正常菌群的组分之一。梭菌革兰阳性，厌氧，可形成芽孢，部分梭菌可产生致病力很强的毒素。破伤风、肉毒梭菌毒素中毒均是由梭菌引起的梭菌性疾病。

### 一、破伤风

破伤风（Tetanus）是由破伤风梭菌所产生的特异性神经毒素引起的一种特异性感染。发病后机体呈强直性痉挛、抽搐，可因窒息或呼吸衰竭死亡。各种家畜对破伤风均有易感性，犬、猫亦可感染破伤风梭菌，但较其他家畜易感性低。

【病原体】破伤风梭菌，菌体细长，有周身鞭毛，无荚膜，芽孢正圆形，比菌体粗，位于菌体一端，使菌体呈鼓槌状或球拍样。厌氧条件下能产生两种外毒素：一种是破伤风溶血素，与致病性无关；另一种为破伤风痉挛毒素，是引起破伤风的主要致病物质。本菌繁殖体抵抗力不强，芽孢可耐煮沸 1.5 h，但高温（121℃，10 min）中可被破坏。3%的碘制剂可有效消毒，常规浓度的酚类和甲醛效果不佳。

【流行病学】由外伤造成深部创腔，形成厌氧环境时，由创伤感染的破伤风梭菌大量繁殖，产生外毒素而发病。本病无季节性，不同品种、年龄、性别的易感动物均可发病，幼龄较老年动物易感。

【症状】潜伏期一般为 5～10 d。受伤部位越靠近中枢，发病越迅速，病情也越严重。犬和猫局部性强直较常见，靠近受伤部位肌肉或肢体发生强直和痉挛，并逐渐波及整个神经系统。患病动物有时耳朵僵硬竖起、耳和脸部肌肉收缩、瞬膜突出外露。其他症状可见牙关紧闭、流涎、心跳和呼吸节律改变、喉头痉挛、吞咽困难，神经反射兴奋性增高。常死于呼吸中枢麻痹。患病过程中一般病犬或病猫意识清楚，体温一般不高，有饮食欲。

急性患病动物可在 2～3 d 死亡；若为全身性强直，由于饮食困难，常迅速衰竭，有的 3～10 d 死亡；其他则缓慢康复；局部强直的病犬一般预后良好。

【病理变化】创伤深部发炎，内脏一般无肉眼可见变化。

【诊断】根据病犬和病猫的特殊临床症状，如骨骼肌强直性痉挛和应激性增高，意识清醒，一般体温正常及多有创伤史等，即可怀疑本病。

【治疗】本病必须及早发现，及早治疗。治疗原则为加强护理，消除病原体，中和毒素，镇静解痉与对症治疗。早期使用破伤风抗毒素疗效较好，能够中和组织中未与神经细胞结合的毒素，但不能进入脑脊髓和外周神经中。静脉注射时，为防止发生过敏反应，患病动物可预先注射糖皮质激素或抗组胺药。将病犬或病猫置于干净及光线幽暗的环境中，冬季应注意保暖，要保持环境安静，以减少各种刺激因素，给予易消化、营养丰富的食物和足够的饮水。

破伤风梭菌主要存在于感染的创口中，故对病犬、病猫创口中脓汁、坏死组织及异物等应及时进行清理，可用3%过氧化氢、1%高锰酸钾或5%～10%碘酊进行消毒，再撒布碘仿硼酸合剂，并结合青霉素、链霉素在创伤组织周围分点注射，以消除感染，减少毒素的产生。

【预防】主要是防止发生外伤，一旦受伤应及时进行外科处理。对较大和较深的创伤，可注射破伤风抗毒素或类毒素，以增加机体的被动和主动免疫力。犬和猫去势时，可注射破伤风抗毒素预防。

## 二、肉毒梭菌毒素中毒

肉毒梭菌毒素中毒（Botulism）主要是因为摄入腐败动物尸体或饲粮中肉毒梭菌产生的神经毒素——肉毒梭菌毒素而发生的一种中毒性疾病。出现运动中枢神经麻痹和延脑麻痹的症状为本病特征，死亡率很高。

【病原体】肉毒梭菌，为革兰阳性粗短杆菌，能形成芽孢，芽孢位于菌体的次极端，比菌体粗。该菌严格厌氧，可在普通琼脂平板上生长，产生酯酶；在卵黄培养基上菌落周围出现混浊圈。肉毒梭菌为非侵袭性致病菌，其致病作用主要由神经毒素所引起。肉毒梭菌毒素是已知最剧烈的毒物，比氰化钾毒性强1万倍。细菌芽孢对热有较强的抵抗能力，可耐热100℃ 1 h以上，但肉毒梭菌毒素不耐热，煮沸1 min即被破坏。

【流行病学】肉毒梭菌主要存在于土壤及淤泥中。动物往往因摄入腐肉、腐败饲料和被毒素污染的饲料、饮水而发生中毒。健康易感动物与患病动物直接接触亦不会受到传染。犬对该毒素有相当的抵抗力，较少发病；猫则极少见。

【发病机理】肉毒梭菌毒素在胃和肠道前段被吸收后，进入血流循环，到达神经－肌肉接头处，作用于外周胆碱能神经，抑制神经肌肉接头处神经介质乙酰胆碱的释放，导致弛缓性麻痹。

【症状】潜伏期数小时至数天。犬的初期症状为发生进行性、对称性肢体麻痹，一般从后肢向前延伸，进而引起四肢瘫痪，但此时尾巴仍可摆动。病犬反射功能下降，肌肉张力降低，呈明显的运动神经功能病的表现。病犬体温一般不高，意识清醒，反射功能变差，并伴有吞咽和呼吸困难，流涎，死亡率较高。

剖检一般无特征性病理变化，中枢和外周神经系统亦无肉眼可见病变。

【诊断】根据疾病临床特征如典型的麻痹、体温和意识正常、死后剖检无明显变化等，结合流行病学特点，可怀疑为本病。

确诊时，需在可疑饲料、病死动物尸体、动物血清及肠内容物内查到肉毒梭菌毒素。

【治疗】治疗主要靠中和体内的游离毒素。若毒素已进入神经末梢，再应用抗毒素已无解毒作用，抗毒素仅能中和肠道中未被吸收或已进入血液循环但仍未与神经末梢结合的毒素。因此，病初应用抗毒素治疗，效果较好。

对于因食用可疑饲料而中毒的犬，可应用洗胃、灌肠和服用导泻剂等方法，促使胃肠道内容物的排出，减少毒素的吸收。心功能衰弱的动物应用强心剂；出现脱水时应尽快补液。盐酸胍可促进神经末梢胆碱酯酶的释放，必要时可用此药增强肌张力，缓解瘫痪症状。

【预防】肉毒梭菌毒素加热至 80 ℃ 30 min 或 100℃ 10 min 可失去活性，故饲喂犬猫的食物应尽量煮沸，不要让犬猫接近腐肉等。

## [技能 21] 莱姆病

莱姆病（Lyme disease）是由伯氏疏螺旋体引起的多系统性疾病，也叫疏螺旋体病，本病是一种由蜱传播的自然疫源性人畜共患病。

【病原体】伯氏疏螺旋体菌体形态似弯曲的螺旋，呈疏松的左手螺旋状，有数个大而疏的螺旋弯曲，末端渐尖；有多根鞭毛，能通过多种细菌滤器。革兰染色阴性，吉姆萨染色着色良好。微需氧，营养要求苛刻，且生长缓慢，最适的培养温度为 33～35℃。

【流行病学】伯氏疏螺旋体的宿主范围很广，但犬猫的感染主要是通过蜱的叮咬。螺旋体存在于未采食感染蜱的中肠，在蜱采食过程中螺旋体进行细胞分裂并逐渐进入血液中，几小时后侵入蜱的唾液腺并通过唾液进入叮咬部位。

犬和人进入有感染蜱的流行区即可能被感染。另外，伯氏疏螺旋体也可能通过黏膜、结膜及皮肤伤口感染。

【症状】病犬体温升高（39.5～40.5℃）、跛行、关节肿大、淋巴结肿大、食欲减退、精神沉郁，跛行常常表现为间接性，并且从一条腿转移到另一条腿。

慢性感染犬可能出现心肌功能障碍和神经系统损害，病变表现为心肌坏死、赘疣状心内膜炎、脑膜炎和脑炎。

自然感染伯氏疏螺旋体犬可继发肾病——肾小球肾炎和肾小管损伤，出现氮血症、蛋白尿、血尿等。

猫人工感染伯氏疏螺旋体主要表现为厌食、疲劳、跛行或关节异常，但尚未有自然感染病例被报道。

【诊断】患病动物表现低热、关节炎和跛行等，进入过林区或被蜱叮咬过（特别是猎犬），发病季节与当地蜱类活动高峰季节相一致可作出初步诊断。分离伯氏疏螺旋体，用 BSKⅡ培养基可以进一步诊断。

免疫荧光抗体技术（IFA）和酶联免疫吸附试验（ELISA）是较为常用的技术。血清效价低于 1∶128 判为阴性，1∶128～1∶256 为弱阳性，1∶512 或更高为强阳性。有临床症状而血清学检验阴性时，应在 1 个月后再检验。

PCR 技术检验蜱和动物样本（包括尿液），不仅能检测出伯氏疏螺旋体，而且同时可以测出感染菌株的基因种。

【治疗】本病用抗生素治疗有很好的疗效，但应注意莱姆病关节炎往往为间歇性发作，对有莱姆病症状或者血清学阳性犬应使用抗生素治疗 2～3 周。四环素是早期病例的首选药物，另外多西环素、头孢氨噻均可选用；氨苄西林、羧苄西林等对伯氏疏螺旋体也有一定的疗效。

【预防】用莱姆病灭活菌苗和基因工程重组 OspA 蛋白疫苗，在被感染性蜱叮咬之前进行免疫接种。

在不能完全依靠疫苗进行预防的情况下，可以考虑减少犬被感染的机会，如控制犬进入自然疫源地；应用驱蜱药物减少环境中蜱的数量；定期检验动物身上是否有蜱，并及时清除蜱。

## ［技能 22］弯曲菌病

弯曲菌病（Campylobacter infections）是人和多种动物共患的腹泻性疾病之一。本病由空肠弯曲菌和大肠弯曲菌引起。其主要宿主有犬、猫、犊牛、羊、貂、多种实验动物和人。

【病原体】弯曲菌属的细菌菌体弯曲呈逗点状、“S”形或海鸥展翅状，革兰染色阴性，单个、成对或短链状存在。菌体一端或两端具有单鞭毛，运动活泼。细菌对营养要求较高，需要加入血液、血清等物质后方能生长。该菌微需氧，在含 5%$O_2$、85%$N_2$、10%$CO_2$的气体环境中及 36～37℃条件下生长良好，但在 42℃条件下选择性好，因为此温度可以抑制粪便中其他杂菌生长。

【流行病学】弯曲菌广泛存在于人及多种动物肠道中，这些动物即可成为本病病原体的主要储存宿主和传染源。该病主要经粪口途径传播，通常经食物或饮水途径感染。苍蝇等节肢动物带菌率也很高，可能成为重要的传播媒介。犬、猫的一个重要感染途径是摄食未经煮熟的肉制品，特别是家禽肉和未经巴氏消毒的牛奶。幼犬和幼猫最易感染并表现临床症状。

【症状】弯曲菌病的临床表现与摄入的细菌数量、毒力、动物是否具有保护性抗体和其他肠道感染有关。环境、生理、手术应激及并发其他肠道感染可加重病情。

临床上，犬、猫对弯曲菌感染的抵抗力似乎比人强，大多数为无症状携带者。临床病例多见于 6 月龄以下的动物。病犬的临床症状差异很大，从轻度腹泻到中度水样腹泻或血性黏液性腹泻。部分出现厌食，偶尔有呕吐，也可能出现发热及白细胞增多，但比较少见。个别犬可能表现为急性胃肠炎（此时应注意与犬细小病毒感染区别）。临床症状可持续 1～3 周。

【病理变化】侵袭性弯曲菌感染可引起胃肠道充血、水肿和溃疡，通常可见结肠充血、水肿，偶尔可见小肠充血。新生动物主要表现为急性或慢性回肠炎。组织学检验可见结肠黏膜、盲肠上皮细胞高度变低以及结肠和回肠杯状细胞减少、肠黏膜增厚、炎性细胞浸润。银染可见弯曲菌黏附于结肠上皮。

【诊断】取新鲜粪便在暗视野显微镜下观察弯曲菌的快速运动，据此可作出推测性诊断；特别是在疾病急性阶段，动物粪便中可排出大量病菌，革兰染色可见淡染的海鸥展翅状细杆菌。但仅凭形态学不能确诊，应注意粪便中白细胞可能增多。

细菌的分离鉴定可选用专用选择性培养基对粪便进行培养，然后进行生化鉴定。另外，可采用特异性的杀菌试验来检测血清抗体滴度上升情况，也可用 ELISA 方法检查感染情况。

【治疗】隔离病畜，急性期给予高热量、高营养、易消化的饮食，幼龄腹泻动物注意补充体液和电解质。必要时使用抗生素进行治疗，红霉素为首选，口服剂量为 8～15 mg/kg，每日 2～3 次；还可使用庆大霉素、多西环素等。

## ［技能 23］诺卡氏菌病

诺卡氏菌病（Norcardiosis）是由诺卡氏菌属细菌引起的一种人兽共患的慢性病，特征为组织化脓、坏死或形成脓肿。

【病原体】犬猫诺卡氏菌病多由星形诺卡氏菌引起，巴西诺卡氏菌和豚鼠诺卡氏菌也可引起本病。

诺卡氏菌与放线菌属形态相似，为丝状，但菌丝末端不膨大。革兰染色阳性，抗酸染色呈弱酸性。在培养早期，菌体多为球状或杆状，分枝状菌丝较少，时间较长可见丰富的菌丝体。病灶如脓、痰、脑脊液中细菌为纤细的分枝状菌丝。

本菌为专性需氧菌。在普通培养基和沙氏培养基中，室温或 37℃可缓慢生长，菌落大小不等，不同细菌产生不同色素。星形和豚鼠诺卡氏菌菌落呈黄色或深橙色，表面无白色菌丝。巴西诺卡氏菌表面有白色菌丝。

【流行病学】诺卡氏菌是土壤腐物寄生菌，在自然界广泛分布，而诺卡氏菌病却并不多见。本病主要发生在生长带有锐刺草的地区，犬的发病率比猫高，免疫功能降低的犬猫容易发生感染。各种年龄、品种和性别的犬猫都可发病，主要通过吸入、摄入和外伤途径感染。

【症状和病理变化】诺卡氏菌通过呼吸道、外伤和消化道进入动物体内，再通过淋巴和血流播散到全身，能在脾、肾、肾上腺、椎骨体和中枢神经系统引起化脓、坏死和脓肿。临床症状分为全身型、胸型和皮肤型 3 种。

全身型：症状类似于犬瘟热，由于病原体在动物体内广泛播散，动物表现体温升高、厌食、消瘦、咳嗽、呼吸困难及神经症状。

胸型：在犬和猫都有发生，症状为呼吸困难、高热及胸膜渗出，发生脓胸，渗出液像西红柿汤。X 线或透视检查可见肺门淋巴结肿大、胸膜渗出、胸膜肉芽肿、实质和间质结节性实变。

皮肤型：犬猫多发生在四肢，损伤处表现为蜂窝织炎、脓肿、结节性溃疡和多窦道分泌物类似于胸型的胸腔渗出液。巴西诺卡氏菌引起的脓肿和窦道分泌物中含有硫黄样颗粒或鳞片，犬星形诺卡氏菌引起的脓肿和分泌物中很少有。硫黄样颗粒染色后，在显微镜下可看到其中含有菌丝丛。诺卡氏菌病的髓炎类似于放线菌病，体侧常从窦道向外排泄脓汁。诺卡氏菌病的血象呈慢性化脓性炎症反应，中性粒细胞和巨噬细胞增多。

【诊断】根据流行病学和临床症状可作出初步诊断，确诊需实验室进行分泌物或活组织物质涂片染色和人工培养检验。脓汁或压片检查可见革兰阳性和部分抗酸性分枝菌丝。进行分离培养的样品不能冷冻。可用血液琼脂于 37℃进行培养，菌落干燥、蜡样，用接种针不容易挑取，在厌氧条件下不能生长。对分离的细菌可做进一步的生化鉴定。

【治疗】诺卡氏菌病的治疗包括外科手术刮除、胸腔引流以及长期使用磺胺类药物。用磺胺嘧啶治疗，40 mg/kg，每天 3 次，口服；磺胺二甲氧嘧啶，24 mg/kg，口服，每天 3 次。也可用磺胺增效剂及磺胺与青霉素联合应用，青霉素最初的剂量为每千克体重可高达 10 万～20 万 IU；氨苄西林每天 150 mg/kg。另外，还可用红霉素和米诺环素治疗。治疗一般需 6 个月以上。如果治疗得当，皮肤型治愈率可达 80%，胸型达 50%，全身型只有 10%左右。

## 任务 3　真菌性传染病

### [技能 24] 皮肤真菌病

寄生于犬猫等多种动物被毛与表皮、趾爪角质蛋白组织中的真菌（皮肤真菌）所引起的各种皮肤疾病，统称为皮肤真菌病（Dermatomycosis）。其特征是在皮肤上出现界限明显的脱毛圆斑，潜在性皮肤损伤，具有渗出液、鳞屑或痂、发痒等。本病为人兽共患病，人医简称为“癣”。

【病原体和流行病学】犬猫皮肤真菌病病原性真菌主要有 2 个属，即小孢子菌属和毛癣菌属。前一属包括犬小孢子菌和石膏样小孢子菌，后一属只有须毛癣菌。猫皮肤真菌病的病原体大约 98%是犬小孢子菌，石膏样小孢子菌和须毛癣菌各自占 1%。70%犬的皮肤真菌病由犬小孢子菌引起，石膏样小孢子菌占 20%，须毛癣菌占 10%。

该病的流行和发病率受季节、气候、年龄、性成熟和营养状况等影响较大，炎热潮湿气候中发病率比寒冷干燥季节高，但犬小孢子菌能使猫全年感染发病。

皮肤真菌的传染途径主要是直接接触，或接触被其污染的刷子、梳子、剪刀、铺垫物等媒介物。患病犬、猫能传染给接触它们的其他动物和人，患病人和其他动物也能传染给犬、猫。幼龄犬猫也可通过接触被污染的土壤而被感染。

【症状】常在患病犬猫的面部、耳朵、四肢、趾爪和躯干等部位发病。典型的皮肤病变为被毛脱落，呈圆形迅速向四周扩展（直径 1～4 cm）。皮肤病变除呈圆形外，还可呈椭圆形、无规则形或弥漫状。石膏样小孢子菌和须毛癣菌引起的慢性感染，有时会出现大面积皮肤损伤。感染皮肤表面伴有鳞屑或呈红斑状隆起，有的形成痂，痂下继发细菌感染而化脓的，称为“脓癣”。真菌本身也能引起小脓疱及产生分泌物。痂下的圆形皮损呈蜂巢状，并有许多小的渗出孔。重剧炎症和化脓灶的皮损区，将不利于真菌的生长蔓延，可限制病变的发展。

有些皮肤真菌病在发病过程中，皮损区的中央部分真菌死亡，病变皮肤恢复正常。只要毛囊未被继发性感染的细菌破坏，仍能长出新毛。

通常急性感染病程为 2～4 周，若不及时治疗转为慢性，往往可持续数月，甚至数年。

【诊断】对于典型病例，根据临床症状即可确诊。轻症病例，症状不明显，须采取病料，即自病健交界处用外科刀或镊子刮取一些毛根和鳞屑，放在载玻片上，滴加10%～20%氢氧化钾溶液，在弱火焰上微热，待其软化透明后，覆以盖玻片，用低倍镜或高倍镜观察。进一步确诊可进行真菌培养和动物接种试验。

【治疗】

1. 外用药物疗法。剪去患部及其周围毛，洗去皮屑和结痂等污物后，再涂曲咪新、克霉唑、癣净等软膏，每天一或两次，痊愈为止。也可用0.5%氯己定每周洗2次。

2. 内服药物疗法。对慢性和重剧的皮肤真菌病，内服灰黄霉素和酮康唑等药物，连用几周，直到治愈。

【预防】做好犬猫皮肤的清洁卫生，经常检查被毛有无癣斑和鳞屑，加强对犬的管理，避免与病犬接触；发现犬猫患有皮肤真菌病，应马上隔离，并对用具应用氯己定、次氯酸钠等溶液进行严格消毒杀菌。

## ［技能25］念珠菌病

念珠菌病（Candidiasis）是由自假丝酵母菌（俗称白色念珠菌）等侵入犬猫体内引起的真菌病，俗称“鹅口疮”。患病犬猫多在消化道黏膜上形成黄白色伪膜斑片，并伴发黏膜炎症。本病广泛分布于世界各地。

【病原体】白色念珠菌等为假丝酵母样真菌。在渗出物、病变组织以及培养基上都能产生芽生孢子和假菌丝，不形成有性孢子，革兰染色呈阳性。

【流行病学】白色念珠菌等为动物体内常存的条件致病性真菌。其感染发病取决于两个方面：一是通常寄生于动物消化道内的白色念珠菌等，其在长期饲喂或使用广谱抗生素、皮质类固醇和免疫抑制剂时，尤其是幼龄和体弱的动物较易感染发病；二是通过与患病犬猫直接或间接接触感染。

【症状】主要表现为口腔和食道黏膜上形成一个或多个隆起软斑。软斑表面覆有黄白色伪膜，有时整个食道被黄白色伪膜覆盖；去除伪膜，可见潜在性溃疡面。患病动物疼痛不安。胃肠黏膜上也发生散在的小溃疡性病灶时，动物常出现呕吐和腹泻症状。

除感染消化道外，有时可转移到支气管和肺、皮肤、肾和心脏。当散播到支气管和肺，发生呼吸道念珠菌病时，出现咳嗽、胸痛和体温升高等。

【诊断】由于犬猫念珠菌病在临床上缺乏特异性症状，确诊必须根据病原真菌学检验、参考病史、临床表现等，进行综合性诊断。白色念珠菌等为条件致病性真菌，病料涂片直接镜检发现大量假菌丝和成群芽生孢子，才有诊断价值。也可将病料接种于吐温80玉米琼脂培养基上培养，根据其培养特性和生长形态特点来鉴定。

【治疗】根据病变的部位不同，可采取局部疗法或全身疗法。前者适用于范围较小的黏膜和皮肤念珠菌病治疗，如应用两性霉素B软膏、0.1%高锰酸钾溶液和甲紫液等，通常经过1～2周治疗痊愈。后者适用于消化道等念珠菌病治疗，应用克霉唑，每天20～60 mg/kg，分3次口服，连用2～3周；制霉菌素，每天40万～100万IU/kg，分3或4次口服，连用1周，疗效较好。也可用两性霉素B静脉注射治疗。

【预防】平时要加强动物的饲养管理，饲养群体密度适宜，饲喂全价平衡食物，动物圈舍内外要干燥卫生。尽量避免长期使用抗生素、皮质类固醇和免疫抑制剂。必须长期应用此类药物的患病犬猫，在每隔数周后投服克霉唑或制霉菌素 3～5 d，以防止继发感染。

## ［技能 26］球孢子菌病

球孢子菌病（Coccidioidomycosis）又称为球孢子菌性肉芽肿，是由粗球孢子菌引起的一种人和多种动物易感的慢性病。临床上以肺和淋巴结形成化脓性肉芽肿为特征。

【病原体】粗球孢子菌是一种双相性真菌，腐生在土壤和接种在培养基上培养时，可产生分隔菌丝和少量节孢子。节孢子富有传染性，在 4℃干燥条件下，可存活达 5 年之久。节孢子被人和动物吸入体内，发育成孢子囊，孢子囊内含有大量内生孢子。成熟后孢子囊破裂，内生孢子逸出到附近组织，或随淋巴和血流转移到其他组织生长发育新孢子囊。

【流行病学】本病易在地势低、夏天炎热、冬天适度潮湿而不结冰的地区流行。在这些地区，真菌能在土壤中生长繁殖，产生许多孢子，处于干燥有风月份，孢子被风吹到空中，人和动物吸入后而感染发病。本病也可经皮肤伤口引起感染。目前尚无人与人之间或动物与人之间相互传染病例的报道。

【症状】球孢子菌病分为原发性和播散性 2 种。

1. 原发性球孢子菌病。原发性球孢子菌病又分为原发性肺球孢子菌病和原发性皮肤球孢子菌病。前者为轻度感染不显症状，或只现有支气管炎症状。胸部 X 线检查，可发现肺有结节性实变和暂时性空洞。后者为皮损变成硬结，中心出现溃疡面，也发生相关的淋巴结病变，但临床上极少见。

2. 播散性球孢子菌病。原发性病灶中内生孢子随血流和淋巴播散到机体其他部位，主要侵害肺、淋巴结、骨骼和眼等。临床呈现持续性发热、厌食、咳嗽、呼吸困难、消瘦、腹泻、关节肿大、跛行及外周淋巴结发炎或化脓。肺部 X 线检查，可发现肺部具有空洞性损伤或结节、肺门淋巴结肿大。病犬多伴发骨骼损伤和跛行。眼损伤表现畏光、发红、有翳、视力差，甚至角膜炎、前葡萄膜炎和继发青光眼。

【诊断】根据临床症状和 X 线检查可作出初步诊断，但应注意与结核病和放线菌病的区别。确诊尚需进行实验室检验。

1. 直接检验：采集痰液、脓汁等涂片，加 10%氢氧化钾溶液 1 滴，使之透明后镜检。

2. 血清学检验：在急性球孢子菌病时，可进行沉淀试验诊断。补体结合试验诊断在重剧播散性球孢子菌病的血液中抗体增多时才有价值。

3. 皮肤免疫检查：应用球孢子菌素皮内注射，经 24～48 h 后，注射部位出现直径 5 mm的红斑硬结为阳性反应。此法检查，在原发性感染呈强阳性反应，在播散性感染呈阴性或轻度反应。

【治疗】应用两性霉素 B，犬 0.5～1.0 mg/kg，猫 0.25～0.5 mg/kg，加到 5%葡萄糖溶液 100～500 ml 中，静脉注射，隔天 1 次，犬或猫最大累积量为 4～5 mg/kg。此药可引起肾损伤、呕吐、缺钾等副作用。酮康唑是另一种有效药物，每天 5～10 mg/kg，分 2 次口服，可连用 1 年。

## ［技能 27］隐球菌病

隐球菌病（Cryptococcosis）是由新型隐球菌引起的哺乳动物和人慢性或亚急性真菌病。病菌主要侵害犬猫的呼吸系统、脑、皮肤、眼和骨骼。

【病原体】新型隐球菌以单一芽生方式进行无性繁殖。在病变组织、渗出物和培养基上生长新型隐球菌，呈椭圆形或圆形酵母样真菌，有芽孢，被厚的多糖荚膜包围着。

【流行病学】隐球菌是一种腐物寄生菌，广泛存在于自然界，健康人的消化道和皮肤上均能分离到本菌，但很少引起人和动物发病。猫常为猫白血病的继发病，尤其在长期或大剂量应用肾上腺皮质激素和抗生素后，更易引起本病的继发感染。目前尚未发现本病在动物和人或人与人之间相互传染发病的报道。病原性真菌可能通过呼吸道或污染伤口侵入机体，然后再通过血液和淋巴转移到其他部位。

【症状】根据新型隐球菌侵害的部位不同，临床症状各异。猫主要侵害上部呼吸道。病猫从一侧或两侧鼻孔经常排出脓性、黏液性或出血性鼻分泌物，并常混有少量颗粒组织；鼻梁肿胀、发硬，有时出现溃疡；颌下淋巴结和咽背淋巴结肿大变硬，但触压无痛。新型隐球菌在猫中只偶尔侵害肺，而在犬中却常侵害肺，患病犬猫出现咳嗽、呼吸困难等症状。

犬多被感染中枢神经系统，发病后出现精神沉郁、转圈、共济失调、后躯麻痹、瞳孔大小不等、失明以及丧失嗅觉等症状。

皮肤隐球菌病在猫的头部皮肤引起丘疹、结节或脓肿，破溃后流出脓血。犬周身皮肤都易发病。新型隐球菌侵害眼睛可引起前葡萄膜炎、肉芽肿性脉络膜视网膜炎、视神经炎，有时眼前房出血等。侵害的骨骼主要是头骨和鼻腔骨。

【诊断】单凭临床症状不能作出确诊，只有病原性真菌检验才是确诊的可靠依据。采集鼻分泌物、脊髓穿刺液或皮肤损伤处脓汁涂片，滴浸印度墨汁或亚甲蓝染色，镜检发现新型隐球菌方可确诊。还可应用胶乳凝集试验，检验多糖荚膜抗原诊断。

【治疗】首选两性霉素 B 治疗，或与 5－氟胞嘧啶联合应用，联合应用时，两性霉素 B 剂量减半，5－氟胞嘧啶每天 150 mg/kg，分 3 次或 4 次口服。口服酮康唑，10 mg/kg，每天 1 次，一般治疗上呼吸道感染，效果较好；其他部位感染用大剂量，每天可高达 70 mg/kg。对皮肤隐球菌病、骨骼隐球菌病，除全身疗法外，还可做外科切开或截除术。

## ［技能 28］组织胞浆菌病

组织胞浆菌病（Histoplasmosis）是由荚膜组织胞浆菌引起的一种真菌病。人和犬最易感染，猫较少感染。临床上主要侵害肺和胃肠道。

【病原体】组织胞浆菌为双相性真菌，在感染组织中呈酵母样真菌，芽生方式繁殖。胞浆常浓缩于菌体中央，与胞壁之间有一条空白带；在土壤里和沙氏葡萄糖培养基室温培养，产生白色到棕色棉絮样菌丝，菌丝上长有小分生孢子和大分生孢子。小分生孢子易感染肺，大分生孢子易感染胃肠道。

【流行病学】本菌在温暖和热带地区，尤其是潮湿富含氮的表层土壤中能长期存活和繁殖。鸡舍、鸽舍和鸟类以及蝙蝠栖身的周围土壤为疫源地。人和动物的感染均来自污染严重的环境。组织胞浆菌能使各种年龄犬猫感染发病，四五岁的犬猫发病后多具有明显症状，1岁以下的患病犬猫多易发展成播散型。目前尚未有关动物与动物或动物与人相互传染的报道。

犬猫在吸入混有本菌的尘埃引起肺发病的同时，也可通过采食被污染的食物被感染。在动物机体抵抗力减弱时，更易感染发病，甚至经淋巴和血液转移到全身各个部位。

【症状】根据侵害的器官、病程、原发性和播散性的不同，临床表现也各异。原发性肺组织胞浆菌病，除少数不显症状（亚临床症状）、不治自愈外，多数呈现典型肺炎症状，即精神不振、厌食、消瘦、高热、咳嗽和呼吸困难。原发性胃肠道组织胞浆菌病出现排血便、腹泻、消瘦、不规律发热、肠系膜淋巴结肿大和低蛋白血症、腹腔积液。播散性肺组织胞浆菌病除呈现肺炎症状外，还可由于其侵害网状内皮系统，出现肝脾和淋巴结肿大、贫血和单核细胞增多。另外，还侵害骨髓和骨骼，侵害眼时发生全眼炎，侵害皮肤时呈现结节性皮肤溃疡。

【诊断】根据流行病学、症状和胸部X线检查，可作出初步诊断，确诊需进行实验室检验。

1. 直接检验：将抗凝血离心，除去血浆，取白细胞层或采骨髓、痰、脓汁等涂片，经瑞氏或吉姆萨染色，在油镜下检验，发现单核细胞或中性粒细胞内含有本菌即可确诊。

2. 血清学检验：常用补体结合试验，但易与芽生菌病发生交叉反应。另外，还可用胶乳凝集试验、琼脂凝胶扩散和荧光抗体试验等诊断方法。

【治疗】用两性霉素B和酮康唑治疗，一般需治疗4～6个月，但对慢性肺组织胞浆菌病疗效较差，用法参考球孢子菌病。两性霉素B和利福平联合应用治疗本病，具有协同作用。口服利福平，每天10～20 mg/kg。

## ［技能29］曲霉菌病

曲霉菌病（Aspergillosis）是由曲霉菌属几种真菌引起的人畜共患病。临床上以呼吸器官组织发生炎症，并形成肉芽肿结节为特征。

【病原体】曲霉菌属中病原性真菌种类较多，其中最常见且致病性最强的是烟曲霉菌和土曲霉菌。烟曲霉菌广泛分布于自然界，它们能在植物上、土壤中、人工培养基上和动物体内含有空气的组织中生长繁殖。曲霉菌丝有隔，呈分枝状，菌丝末端生出连锁状分生孢子。

【流行病学】人和犬猫虽经常从空气中吸入其孢子，但只有在机体免疫功能降低或应用皮质类固醇及细胞毒药物的情况下，才有可能诱发本病。例如，猫曲霉菌病多继发于猫泛白细胞减少症；犬曲霉菌病多发生在具有中等头型和长头型品种犬，如德国牧羊犬。目前尚未有动物传染给人的报道。

【症状】猫曲霉菌病主要侵害支气管和肺。临床呈现呼吸困难、咳嗽和高热。肺部X

线检查，可发现肺实质含有大量结节性坏死。猫偶发肠型曲霉菌病，出现腹泻。猫肺型与肠型曲霉菌病同时发生，多为继发性，即继发于猫泛白细胞减少症。

犬烟曲霉菌病主要侵害鼻窦和额窦，常在鼻腔外伤、肿瘤等基础上发生；由一侧或两侧鼻孔排出黏液脓性分泌物，有时混有血液。病犬喷鼻伴发暴发性喷嚏。X线透视除鼻窦和额窦骨骼增生和破坏外，常见到弥散溶解性损伤。犬土曲霉菌病呈播散型，病初精神欠佳，跛行或腰痛，逐渐消瘦；体温升高，体表淋巴结肿大，双眼或单眼色素层炎；关节肿大，指压关节、脊椎和胸骨疼痛。尸体剖检可见脾、肾和肝等器官组织肉芽肿。

【诊断】根据病史、临床症状和X线检查可作出初步诊断。通过患病动物鼻分泌物和病料直接检验及病原性真菌培养，同时检出主要致病性曲霉菌成分，才能确诊。另外，琼脂凝胶扩散试验，可用于犬曲霉菌病诊断。土曲霉菌可从淋巴结抽出物和尿中发现真菌。

【治疗】犬曲霉菌病可用外科手术切开鼻翼或做额窦圆锯术，然后刮除鼻窦或额窦中病理组织，局部涂擦制霉菌素药液或1%卢戈氏液。全身疗法可注射两性霉素B或两性霉素B结合5－氟胞嘧啶注射液。曲霉菌病的发生常与动物免疫功能降低有关，因此，可用非特异性刺激免疫药物噻苯达唑10～20 mg/kg，每天2次拌食服用，连用7周。噻苯达唑也可和酮康唑同时应用治疗。播散性土曲霉菌病一般疗效不好，预后不良。

## ［技能30］马拉色菌病

犬猫马拉色菌病是由马拉色菌属（*Pityrosporum*）引起的一种皮肤性疾病，临床上以皮肤皱褶处、外耳道、口腔周围和肛门处发生炎症为特征。马拉色菌病与动物品种有关，多发于可卡犬和北京杂品种犬；全年均可发病，但6—7月为发病高峰期。

【病因】马拉色菌病是发生于犬猫等动物中的一种真菌性疾病。临床上最常见的致病菌是厚皮马拉色菌，该菌是一种单细胞真菌。当犬机体发生超敏反应或内分泌疾病、皮肤角质化紊乱、代谢病或长期接受糖皮质激素治疗等引起该菌生长过度时，会引起皮肤病。犬猫舔患部皮肤是犬猫马拉色菌感染的主要原因。

【症状】被毛着色和患部皮肤显红是本病的主要表现。患部可发生轻度到严重的瘙痒，并伴有局部或广泛性脱毛、慢性红斑和脂溢性皮炎。随着疾病缓慢发展，受影响的皮肤可发生苔藓化、色素沉着和过度角质化，通常有难闻的体味。病变可涉及趾间、颈部腹侧、腋窝部、会阴部及四肢折转部，常并发真菌性外耳炎。

猫的症状包括黑色蜡样外耳炎、慢性下颚粉刺、脱毛、多发性到广泛性红斑和脂溢性皮炎。

【诊断】用乳酸酚苯胺蓝直接染色镜检，可查到集簇或散在的孢子；也可用含油脂的沙堡琼脂进行真菌培养，菌落呈淡黄色、奶油状酵母样即可确诊。

【治疗】对于程度较轻的病例，每2～3 d局部涂擦2%酮康唑软膏或先用2%氯己定溶液局部清洗，再涂擦2%咪康唑，直至病变消退。中度至重度病例，可每12～24 h和食物一起口服酮康唑，剂量为5 mg/kg（犬）；或者口服伊曲康唑，剂量为5 mg/kg，2～4周，方可停药。每周1～2次用抗真菌香波药洗浴，防止复发。此外，尚可应用胶态燕麦片或芦荟，止痒效果良好；或者应用含有薄荷的喷雾剂治疗局限性损伤，同时可杀死马拉色菌。

# 任务4　其他传染病

## ［技能31］立克次氏体病

立克次氏体是专性细胞内寄生、二分裂繁殖的原核微生物类群，大小介于细菌与病毒之间，除Q热立克次氏体外，均不能通过细菌滤器。细胞球状、杆状或多形态，革兰染色阴性。在光学显微镜下可见，存在于宿主的胞质或细胞核中，细胞结构与细菌相似。在自然界借宿主节肢动物（如虱、蚤、扁蜱、螨类等）进行传播，通过叮咬、抓伤或吸入，从一个宿主传播到另一个宿主。立克次氏体对热、干燥、光照、脱水及普通化学药剂的抗性均较差，在室温中仅能存活数小时至数日。宠物临床上遇到的立克次氏体主要有犬埃利希氏体和猫血巴尔通体。

### 一、埃利希氏体病

犬埃利希氏体病是由犬埃利希氏体引起的主要发生于犬科动物的一种急性或慢性传染病。临床上以发热、呕吐、黄疸、进行性消瘦和严重贫血等症状为特征。

**【病原体与流行病学】**犬埃利希氏体属于立克次氏体目，埃立克次氏体簇。革兰染色阴性，吉姆萨染色菌体呈蓝色。本病主要经直接接触传播，亦可经梳刷用具等间接传播。

**【症状】**犬埃利希氏体感染的潜伏期为8～20 d，当病原体侵入血液和淋巴网状内皮系统后开始出现症状。因犬的年龄、品种、免疫状态及病原体不同而表现不同。病程一般经过急性期、亚临床期和慢性期三个阶段。

急性期：持续2～4周，主要表现为发热，食欲下降，嗜睡，口鼻流出黏液脓性分泌物，身体僵硬，不愿活动，四肢或下腹水肿，咳嗽或呼吸困难。病犬抗病力降低，全身淋巴结肿大、脾肿大，血小板减少。另外，在急性期病犬体表往往能找到寄生的蜱。

亚临床期：急性期病犬较少死亡，多数病犬临床症状逐渐消失而转入亚临床阶段，其体温和体重基本恢复正常。但血象指标异常，如血小板减少和高球蛋白血症。亚临床阶段可持续40～120 d，仍不能康复的犬则转入慢性期。

慢性期：病犬主要表现为恶性贫血和严重消瘦。临床症状包括脾显著肿大、肾小球肾炎、肾衰歇、间质性肺炎、前眼色素层炎、小脑共济失调、感觉过敏或麻痹。长头型品种的犬，常见鼻出血。

所有犬种可见血尿、黑粪症及皮肤和黏膜淤斑。血象严重异常，各类血细胞严重减少，血小板减少。本病与巴贝斯虫、血巴尔通体等混合感染时，致死率高。幼犬的致死率较成年犬高。有的病犬皮肤有圆形、椭圆形的脱毛或被毛断裂病灶，多处发生时可互相融合成片，具有细鳞屑或形成明显的痂皮。若无继发感染则不瘙痒。有局限性脱毛或丘疹，形成血痂样小痂皮。有的全身脱毛，皮肤明显增厚。

**【诊断】**根据临床症状和流行病学分析，结合血液检查和器官压片，在单核细胞内发现犬埃利希氏体，即可确诊。

【防治】喹诺酮、多西环素药物对本病有一定疗效。恩诺沙星、多西环素 5～10 mg/kg，口服或静脉注射，2 次/天，连用 10～14 d。对危重病犬应注意采取对症治疗，有条件的可进行输血、补液、给予补血等措施。发现病犬要早期隔离治疗，以免复发或成为传染源。同时注意环境卫生。

## 二、血巴尔通体病

血巴尔通体（Haemobartonella）是一类寄生于红细胞外的多形性病原体，革兰染色呈阴性。猫血巴尔通体，有人也称之为“猫附红细胞体”，是世界范围内引起猫发生传染性贫血的病原体之一。

【病原体】猫血巴尔通体是附着在红细胞表面的多形性病原体，革兰染色呈阴性，没有细胞壁。病原体表现出蓝染，呈球形、环形、棒状附着于红细胞表面。用扫描电镜（放大 5 000 倍）观察，猫血巴尔通体呈圆锥形或球形，直径约为 0.5 μm，部分呈锯齿状的包埋入红细胞表面，红细胞外寄生的现象相当明显。

【流行病学】各年龄段的家养猫和野生猫均可发病，但可到户外活动的家养猫和野生猫的感染风险更高，未去势的公猫（易打斗）感染风险也相对较高。本病主要通过血液传播，跳蚤和蜱叮咬，被病猫咬伤，输血也会传播该病，且该病也可由母猫传染给幼猫，但具体传播途径不明。目前为止，没有关于该病人畜共患的报道。

【发病机理】猫血巴尔通体感染对宿主红细胞具有较强的破坏作用：一方面增加红细胞脆性，缩短其寿命。另一方面暴露红细胞抗原或引起红细胞表面抗原改变，导致机体不能识别自身，产生抗红细胞抗体，最终引起溶血性贫血，主要表现为血管内溶血。病猫一般表现出明显的黄疸。

【症状】

急性型：体温升高到 40～41℃，精神沉郁，食欲废绝，消瘦，心跳，呼吸加快。出现巨红细胞溶血性贫血的症状：黄疸及血红蛋白尿，黏膜苍白、黄染。

慢性型：体温正常或稍低，精神不振，消瘦，贫血，血红蛋白减少。

【检测方法】目前常用的检测方法为显微镜镜检，也可通过血清学方法和 PCR 方法鉴定病原体。镜检，瑞氏染色的血涂片中可见红细胞上出现球形、杆状或环形的嗜碱性物质。需要特别注意的是，使用 EDTA 抗凝后，病原体常会从红细胞上脱落，因此用于制片的血液最好不要使用抗凝剂。由于该病原体周期性出现于血液中，因此，一般镜检仅对于急性发病期有效。血清学方法由于其自身的局限性，不适合用于疾病的确诊。目前，最为有效的确诊本病的方法为 PCR 法。

【防治】消灭吸血昆虫蚤类是控制本病传播的重要方法。对出现严重贫血症状的猫，可以用输血的方式对其进行治疗，但输血前应对供体血液做本病病原体的检测，以防止该病通过血液传播。喹诺酮、氯霉素、多西环素等药物是控制本病的有效药物，必要时配合使用糖皮质激素（如氢化可的松等药物）对抗机体自身的免疫性损伤。

【测试模块】

## 一、选择题

1. 在暗室用伍氏灯照射病变区可使感染的毛发发出绿色荧光的真菌是（　　）。

A. 石膏样小孢子菌　　B. 须毛癣菌
C. 犬小孢子菌　　D. 马拉色菌
E. 白色念珠菌

2. 治疗犬猫癣病首选的抗真菌药物是（　　）。

A. 灰黄霉素　　B. 特比萘酚　　C. 酮康唑
D. 两性霉素 B　　E. 制霉菌素

3. 犬皮肤马拉色菌是一种（　　）。

A. 双相性真菌　　B. 单细胞真菌　　C. 厌氧杆菌
D. 化脓性球菌　　E. 革兰阴性菌

4. 犬马拉色菌病示病症状是（　　）。

A. 皮肤出现界限明显的轮状癣斑　　B. 被毛着色，患部潮湿发红，伴有难闻体味
C. 皮肤干燥，对称性脱毛　　D. 皮肤变薄，表面有钙化结痂
E. 皮肤增厚，被覆有大量黄褐色糠麸样痂皮

5. 大丹犬，四肢、躯干、腹部多处有铜钱大脱毛区，局部皮屑较多，并有向外扩展趋势。

①根据临床表现，该病最不可能的病原体是（　　）。

A. 马拉色菌　　B. 须毛癣菌　　C. 球孢子菌
D. 犬小孢子菌　　E. 石膏样小孢子菌

②如果用伍氏灯检查荧光阳性最合适的治疗药物是（　　）。

A. 制霉菌素　　B. 伊维菌素　　C. 头孢噻呋
D. 赛拉菌素　　E. 泰乐菌素

6. 指（趾）间蜂窝织炎的最常见致病菌是（　　）。

A. 坏死杆菌　　B. 葡萄球菌　　C. 绿脓杆菌
D. 链球菌　　E. 真菌

7. 为了预防手术后可能发生破伤风，最好能在术前 2 周以上预先注射（　　）。

A. 破伤风抗生素　　B. 破伤风类毒素
C. 青霉素和链霉素　　D. 破伤风毒素

8. 可引起猫皮肤真菌病的最常见的病原体是（　　）。

A. 犬小孢子菌　　B. 石膏样小孢子菌
C. 须毛癣菌　　D. 马拉色菌

9. 治疗犬副伤寒首选药物是（　　）。

A. 青霉素类　　B. 喹诺酮类　　C. 氯霉素类　　D. 四环素类

10. 肉毒梭菌毒素主要侵害犬猫的（　　）。

A. 神经与肌肉结合点　　B. 呼吸道黏膜

C. 胃肠黏膜　　D. 咽喉，会厌黏膜

11. 感染钩端螺旋体病的犬、猫可视黏膜（　　）。

A. 苍白　　B. 黄染　　C. 充血　　D. 发绀

12. 犬埃利希氏体主要寄生在犬的（　　）。

A. 肠上皮细胞　　B. 血浆

C. 血细胞和淋巴细胞　　D. 肺泡

13. 治疗破伤风的特效药是（　　）。

A. 氯丙嗪　　B. 破伤风抗毒素

C. 硫酸镁　　D. 破伤风类毒素

14. 与犬冠状病毒性腹泻有相同感染途经而没有相似症状的传染病是（　　）。

A. 犬细小病毒性肠炎　　B. 犬轮状病毒感染

C. 沙门氏杆菌病　　D. 布鲁氏菌病

E. 弯曲菌病

## 二、问答题

1. 犬瘟热、细小病毒性肠炎应如何进行鉴别诊断?
2. 根据临床症状，犬瘟热主要侵害哪些系统或组织器官?
3. 简述犬细小病毒性肠炎的诊断方法和防治措施。
4. 人被可疑狂犬病犬猫咬伤后该如何处治?
5. 犬瘟热的治疗原则是什么?

# 项目二　犬猫寄生虫病

**【知识目标】**

1. 掌握宠物寄生虫学基本知识。

(1) 寄生虫与宿主：寄生生活、寄生虫的类型、宿主的类型、寄生虫与宿主间相互作用。

(2) 寄生虫生活史：寄生虫生活史的概念和类型。

(3) 宠物常见寄生虫的虫体特征。

2. 掌握宠物寄生虫病学基础理论。

(1) 宠物寄生虫病流行病学知识。

(2) 宠物寄生虫病诊断知识。

(3) 宠物寄生虫病预防和控制知识。

(4) 人畜共患寄生虫病知识。

**【技能目标】**

1. 具有识别宠物常见寄生虫幼虫、成虫、虫卵及中间宿主的能力。

2. 具有制订宠物寄生虫预防方案和实施方案的能力。

3. 具有诊断宠物寄生虫病的能力。

4. 具有治疗宠物寄生虫病的能力。

## 任务5　蠕虫病

### [技能32] 蛔虫病

弓首蛔虫病是犬猫常见的寄生虫病。本病主要危害幼犬、幼猫，引起发育不良，生长缓慢，严重时导致死亡。

【病原体】有犬弓首蛔虫、猫弓首蛔虫和犬狮弓首蛔虫。

犬弓首蛔虫寄生于犬和犬科动物小肠内。虫体稍弯于腹面，前端两侧有狭长的颈翼膜，颈翼膜上的横纹粗，在食管与肠管之间有小胃。雄虫长5～10 cm，尾部弯曲，尾端有圆锥形的突起，尾翼发达，有两根交合刺；雌虫长9～18 cm，尾端伸直，生殖孔位于虫体前半部。虫卵为短椭圆形，大小为（68～85）μm×（64～72）μm，外膜厚并有明显的小泡状结构。

猫弓首蛔虫寄生于猫和猫科动物的小肠内。雄虫体长 3～6 cm，有两根等长的交合刺。雌虫体长 4～10 cm。虫卵大小为 64 μm×70 μm，卵壳表面麻点状结构。

犬狮弓首蛔虫寄生于犬、猫和野牛、肉食兽的小肠中。虫体稍弯于背面，从头端开始至近食道末端具有狭长的颈翼膜，其横纹较密，无小胃。雄虫长 4～6 cm，有两根交合刺；雌虫长 3～10 cm，虫卵近似圆形，大小为（49～61）μm×（74～86）μm，外膜光滑。

【生活史及流行病学】犬弓首蛔虫的虫卵随粪便排出体外，在适宜条件下发育成内含幼虫的感染性虫卵。犬弓首蛔虫的虫卵在 12℃时即可发育，16.5℃时需 35 d，24℃时需 9～11 d，30℃时需 3.5～5 d 发育成感染性幼虫。感染性虫卵至少能存活 11 d，最长可存活 1 年以上。感染性虫卵被犬吞食后，到犬肠内孵出幼虫。幼虫侵入犬肠壁，经血流到肝脏后，由心脏到肺进行体内移行，再上行到气管、咽部，吞下到达肠管，发育成成虫。其中一部分移行到肺以后，经毛细血管而入体循环，随血流被带到其他器官和组织内形成包囊，并在其内生长，但不能发育至成熟期。如被其他肉食兽吞食，仍可发育成为成虫。移行至子宫的幼虫还可经胎盘感染给胎儿，幼虫存在于胎儿血液中，当仔犬出生 2 d 后，幼虫经肠壁血管钻入肠腔内，并发育成为成虫，于出生后 21～30 d 开始由粪便排出虫卵。移行到乳腺的幼虫可经乳汁传染给仔犬。有的幼虫进入肠腔后直接随粪便排出体外感染其他犬。

犬弓首蛔虫的幼虫在体内移行后，是否进入肠管发育成成虫，同宿主的年龄、性别及发育状况有关。在幼犬中几乎都进入肠管发育成成虫，随犬年龄和抵抗力的增加，幼虫则更多地进入肌肉组织及各器官，6 月龄以后的幼犬，其肠内成虫逐渐减少，1 岁后肠道几乎无成虫寄生。在母犬生产期间经肠感染的幼虫可重新分布，这可能同哺乳期间免疫功能的部分抑制有关。

相比之下，犬狮弓首蛔虫的生活史比较简单。一般来讲，犬狮弓首蛔虫没有穿过终末宿主的组织移行的特征，只有在大量感染时才偶有幼虫移行到肝、肺。犬狮蛔虫虫卵在适宜的外界环境下（30℃ ）经 3 d 达到感染期，被宿主吞食后，犬狮蛔虫的幼虫孵出，钻入肠壁 1 周后又回到肠管，经两个月左右发育为成虫。

犬的蛔虫病多为宿主吞入感染性虫卵所致，虫卵对外界因素有很强的抵抗力，很容易感染食物及饮水。带虫幼犬和被感染的哺乳母犬以及含有幼虫包囊的动物肉都是本病的传染源。

【症状】本病主要见于幼犬。病犬食欲不振，消瘦，发育迟缓，便秘或腹泻，腹痛，呕吐，腹围增大，吸奶时有一种特殊的呼吸音，伴有鼻分泌物。严重者腹部皮肤呈半透明的黏膜状，大量虫体寄生于小肠可引起肠阻塞、肠套叠或肠穿孔而导致宿主死亡。虫体释放的毒素可引起病犬兴奋、痉挛、运动麻痹、癫痫等神经症状。

幼虫移行到肝可导致一过性的肝炎症状，移行到肺可引起肺炎。常见犬在食入感染性虫卵 7～10 d 后，出现咳嗽、呼吸困难、食欲减退、发热等症状。

【临床病理】反复感染蛔虫的成年犬可见白细胞中度升高，嗜酸性细胞明显增加，低蛋白血症，丙氯酸氯基转移升高，血清球蛋白增加。

【诊断】幼犬体况不佳，消瘦，发育迟缓，腹围增大，有黏液样腹泻，可疑似蛔虫感

染。粪便中检出虫卵或虫体时，可以确诊。

1. 直接检查法：取一小块类便放于载玻片上，加 2～3 倍的水混匀后，加盖玻片镜检。

2. 浮集法：取少量粪便于试管内，加饱和食盐水充分混匀，并使液面稍高出试管口，上覆以盖玻片，使液体同盖玻片充分接触，静止 30 min 后取下盖玻片，把液面贴于载玻片上镜检。

犬弓首蛔虫的卵壳粗糙，卵壳与卵细胞之间无间隙或间隙很小。犬狮弓首蛔虫的卵壳光滑，卵壳与卵细胞的间隙清楚，而且卵细胞颜色很淡。用甲醛固定成虫时，犬弓首蛔虫的虫体呈“C”形，犬狮弓首蛔虫的虫体呈“S”形。

【治疗】

1. 灭虫丁注射液 0.2 mg/kg，皮下注射。

2. 左旋咪唑 10 mg/kg，1 次口服。

3. 噻苯达唑 10 mg/kg，连服 3 日或 1 次皮下注射。

4. 双羟萘噻吩嘧啶 6～25 mg/kg 或莫仑太尔 12.5 mg/kg，均 1 次口服。

驱虫药可暂时使成虫停止产卵，因此仅以粪便有无虫卵排出评价驱虫效果是不可靠的。一般应间隔 2 周再重复驱虫 1 次。

【预防】对犬应定期预防性驱虫。由于犬的先天性感染率很高，一般于出生后 20 d 开始驱虫，以后每月驱虫 1 次，8 月龄以后每季度驱虫 1 次。

蛔虫的产卵量很大，每条雌虫日产卵高达 20 万个左右，故必须对犬粪进行无害化处理。虫卵的抵抗力较强，且具有黏附力，犬舍或犬笼应经常用火焰（喷灯）或开水烧烫，以杀死虫卵。

本病为人畜共患病，其幼虫对人的致病性很强，应注意防止食入感染性虫卵。

## ［技能 33］钩虫病

钩虫病是由钩口科钩口属和弯口属的线虫寄生于犬的小肠尤其是十二指肠所引起的以贫血、消化功能紊乱及营养不良为特征的一种疾病。本病主要发生于热带和亚热带地区，在我国分布甚广，除北部个别地区外，其他地区均有本病存在和流行。

【病原体】寄生于犬的钩虫有犬钩虫、巴西钩虫、锡兰钩虫和狭头钩虫等。对犬致病较强的是犬钩虫和巴西钩虫，最常见的是犬钩虫感染。

犬钩虫，其虫体刚硬呈淡黄色，口囊发达，口囊前腹面两侧有 3 个大牙齿，且呈钩状向内弯曲；雄虫长 10～12 mm，雌虫长 14～16 mm。虫卵钝椭圆形、浅褐色，内含 8 个卵细胞，大小为（56～75）μm×（34～47）μm。

狭头钩虫，其虫体较大钩虫小，雄虫长 5～8 mm，雌虫长 7～10 mm。虫卵大小为 70 μm×45 μm 左右。

钩虫的虫卵形态都很相似，无色，呈椭圆形，两端较钝，新鲜虫卵内含 2～8 个卵细胞。

【生活史及流行病学】犬钩虫成熟的雌虫一天可产卵 1.6 万个，虫卵随粪便排出体外，在适宜的条件下（20～30℃）经12～30 h孵化出幼虫；幼虫再经一周时间蜕化为感染性幼虫。感染性幼虫被犬吞食后，幼虫钻入食道黏膜，进入血液循环，最后经呼吸道、喉头、咽部被咽入胃中，到达小肠发育为成虫。第二种感染途径是感染性幼虫进入皮肤，钻入毛细血管，随血液进入心脏，经血液循环到达肺中，穿破毛细血管和肺组织，移行到肺泡和细支气管，再经支气管、气管，随痰液到达咽部，最后随痰被咽到胃中，进入小肠内发育为成虫。怀孕的母犬，幼虫在其体内移行过程中，通过胎盘到达胎儿体内，造成胎儿感染。幼虫在母犬体内移行过程中，可进入乳汁，当幼犬吸吮乳汁时，可使幼犬被感染。

狭头钩虫的生活史和犬钩虫生活史大致相同，但其大多通过口感染，胎盘感染和乳汁感染很少见。

【症状】临床症状的轻重取决于感染程度。

1. 最急性型：由胎盘或初乳感染的仔犬，于生后2周左右吃乳量减少，被毛粗糙，精神沉郁，随后出现严重贫血、虚脱。

2. 急性型：多见于幼犬，表现为食欲不振或废绝，消瘦，眼结膜苍白，贫血，弓背，排黏液性血便或带有腐臭味的黑色粪便。通常，粪便中尚未检出虫卵就已发病。

3. 慢性型：粪便检查可以查到虫卵，但还没有完全表现出临床症状，通常发生于急性耐过的带虫犬。由于自身免疫功能及生理代偿，多数病犬仅呈慢性轻度贫血、胃肠功能紊乱和营养不良。

患钩虫性皮炎的犬，躯干呈棘皮症和过度角化。重症犬趾间发红、瘙痒、破溃，被毛脱落或趾部肿胀，趾枕变形，口角糜烂。

【临床病理】

1. 贫血：红细胞降到（2～4）$\times 10^{12}$/L，严重的为1.8$\times 10^{12}$/L以下，血细胞比容（Ht）为25%～35%，甚至降到15%以下。本病为低色素性小细胞性贫血。

2. 嗜酸性粒细胞增加：与其他寄生虫病相比，本病嗜酸性细胞增加显著。其变化程度与虫体的寄生状况有关。急性病犬的嗜酸性细胞增加15%～35%，慢性病犬的增加10%～15%。其可作为虫卵排出少的病例的诊断依据。

3. 循环障碍：血清尿素氮（BUN）高达20～100 mmol/L，血清总蛋白升高（新生仔犬达4.5～8.0 mmol/L，成年犬达6.0～9.5 mmol/L），尿酸碱度明显下降（pH值4.5～5.5）。

【诊断】用饱和盐水漂浮法检查患病犬粪便中的虫卵，根据虫卵特点即可确诊。对查不出虫卵的病例，可根据贫血、嗜酸性粒细胞增加及焦油状黏液性血便，判断为可疑似钩虫病。

【治疗】症状轻的犬，用左旋咪唑10 mg/kg，一次口服，或每日用丙硫苯咪唑50 mg/kg，口服，连用3 d。也可用甲苯达唑22 mg/kg的日量，连用3 d。用丁苯咪唑50 mg/kg的日量连用2～4 d。硫苯咪唑20 ng/kg，即可杀灭钩虫卵，又可驱成虫。揭阳霉素注射液0.2 mg/kg皮下注射，效果更佳。

对贫血严重的犬（Ht值在20%以下，血红蛋白在7 g/L以下）要输血。输血量为5～35 ml/kg。同时投以止血药、收敛药、维生素$B_{12}$、铁制剂等。同时采取对症疗法，补液、补碱、强心、止血、消炎等对症治疗。

【预防】参照蛔虫病。

## ［技能 34］毛首线虫病

毛首线虫属毛首科，毛首属，虫体前部呈毛发状，故称毛首线虫，整个外形像鞭子，前部细，像鞭梢，后部粗，像鞭杆，故又称鞭虫。犬鞭虫病是由狐毛首线虫寄生于犬的盲肠引起的，我国各地都有报道，主要危害幼畜，严重感染时，可引起死亡。

【病原体】狐毛首线虫寄生于犬和狐的盲肠。虫体呈乳白色，前为食道部，细长，内含一串单细胞围绕成的食道，后为体部，短粗，虫体长 45～75 mm，内有肠管和生殖器官，雄虫后部弯曲，泄殖腔在尾端，有 1 根交合刺，包藏在有刺的交合刺鞘内。雌虫后端钝圆，阴门位于粗细部交界处。虫卵呈黄褐色，腰鼓形，卵壳厚，两端有栓塞。

【生活史及流行病学】生活史：虫卵随粪便排出体外，在适宜条件下发育为感染性虫卵，被犬吞食进入小肠，发育为第一期幼虫，通过肠绒毛移行到盲肠和结肠黏膜发育为成虫。从被犬吞食感染性虫卵到其发育成熟需 11～12 周。

幼犬寄生较多。虫卵卵壳厚，抵抗力强：感染性虫卵可在土壤中存活 5 年。

【致病作用和症状】病变局限于盲肠和结肠，头部深入黏膜，引起盲肠和结肠的慢性卡他性炎症，盲肠和结肠黏膜有出血性坏死、水肿和溃疡。轻度感染时，有人报道有间歇性腹泻，轻度贫血，因而影响生长发育；严重感染时，食欲减退，消瘦，贫血，腹泻，死前数日，排水样血色便，并有黏液。

【诊断】粪便检查法（虫卵形态有特征性），剖检时发现虫体。

【治疗】可用左旋咪唑、苯硫咪唑等药驱虫。

【预防】参照犬蛔虫病。

## ［技能 35］犬恶丝虫病

犬恶丝虫病是丝虫科犬恶丝虫引起的一种寄生虫病。该虫寄生于犬心脏的右心室及肺动脉中，引起循环障碍、呼吸困难及贫血症状。

【病原体】犬恶丝虫属丝虫科恶丝虫属，虫体灰白色，长 15～30 cm。雄虫为 12～16 mm，末端成螺旋状弯曲，有窄的侧翼膜，泄殖腔周围有 4～6 对乳突，两根交合刺不等长；雌虫长 25～30 cm，尾端直，阴门开口于食道后端。微丝蚴无鞘，虫体前端尖后端钝，大小为（307～332）$\mu$m×6.8 $\mu$m。

【生活史及流行病学】犬恶丝虫的中间宿主是犬蚤和蚊子。雌虫在犬的体内产生自由活动的微丝蚴。蚤、蚊吸血时把微丝蚴吸入消化道内，微丝蚴在蚤、蚊的马氏小管中发育，经 5～10 d 成熟的蚴虫穿破马氏小管到喙部；当蚤、蚊吸血时，蚴虫进入犬的皮下，经皮下淋巴管及血管循环到心脏寄生下来，在体内存活数年。虫体到达性成熟需 8～9 个月。幼虫在体内血液循环时可通过胎盘感染胎儿。

【症状】根据成虫的寄生数量和部位、感染时期以及有无并发症等表现出不同的临床症状。感染初期症状不明显，随着病情发展，可见咳嗽，易疲劳，食欲减退，体重减轻，被毛粗乱，贫血，有的出现瘙痒、脱毛等皮肤病变。寄生虫虫体波及肺动脉内膜增生时，出现呼吸困难，腹水，四肢浮肿，胸腔积液，心包积液，肺水肿。并发急性腔静脉综合征时，突然出现血色素尿、贫血、黄疸、虚脱和尿毒症的症状。听诊有三尖瓣闭锁不全的收缩期杂音。

【治疗】

1. 驱杀虫体：对于成虫寄生可使用硫乙胂胺钠 2.2 mg/kg，静脉注射，每日 1 次，连用 2～3 d。菲拉辛 1.0 mg/kg，口服，每日 3 次，连用 10 d。枸橼酸乙胺嗪 2 mg/kg，口服，每日 3 次，连用 14 d。左旋咪唑 10 mg/kg，口服，连用 15 d，治疗 6 d 检查血液，当血液中检查不出微丝蚴时，停止治疗。也可用伊维菌素 0.2 mg/kg，皮下注射；盐酸左旋咪唑 11 mg/kg，口服，连用 7～10 d。

2. 外科疗法：对虫体寄生多，肺动脉内膜病变严重，肝肾功能不良，大量药物会对犬产生毒性作用的病例，尤其是并发急性腔静脉综合征的，要及时采取外科疗法。

外科疗法分开胸术及颈静脉摘取术两种。前者自右侧开胸，切开右心室或肺动脉摘除虫体。此法难度大，目前基本不用。颈静脉摘取术，一种方法是自颈静脉插入心房摘取虫体；另一种是自颈静脉插入，直至右心房、右心室及肺动脉各部摘取虫体，但要在 X 线监视下进行。

3. 对症治疗：除投给强心、利尿、镇咳、肾上腺皮质激素类保肝等药物外，有人认为使用抗血小板药唑嘧胺 5 mg/kg，口服，对本病治疗有一定作用。

【预防】

1. 消灭蚊子，防止夏季夜晚蚊虫叮咬。

2. 在蚊虫季节结束以后 3～5 个月应驱虫两次，静脉注射 1%硫乙胂胺。可全部消灭进入心脏的未成熟的虫体。

3. 在蚊虫季节开始前应用枸橼酸乙胺嗪 2.5 mg/kg，每日 1 次，拌入食物中饲喂 3 个月。

## ［技能 36］犬类丝虫病

犬类丝虫病是由类丝虫科类丝虫属的几种丝虫寄生于犬的肺引起的，欧氏类丝虫寄生于犬的气管和支气管，褐氏类丝虫寄生于犬的肺实质，乳类丝虫寄生于犬的肺实质和细支气管。

【病原体】欧氏类丝虫雄虫细长，长 5.6～7.0 mm，尾端钝圆，交合伞退化，只有几个乳突，有两根短而不等长的交合刺。雌虫粗短，阴门开口于肛门附近。虫卵大小为 80 μm×50 μm，卵壳薄。幼虫尾部呈“S”状，长 232～266 μm。

【生活史及流行病学】直接发育。在唾液或粪便中可见到第 1 期幼虫，幼虫立刻成为感染性幼虫。6 周以内的幼犬易感染。母犬舔幼犬时也可能感染幼犬，粪便污染也可感染幼犬。犬被感染后，幼虫通过淋巴、门静脉系统移行到心和肺，然后幼虫移行到细支气管，寄生于气管分叉处。从感染到成熟约需 10 周。

【症状及病变】

严重感染时，造成气管或支气管的堵塞，气管分叉处有许多出血性病变覆盖。症状的严重程度取决于感染的程度和结节数目的多少。主要表现为慢性症状，但有时也可引起死亡。最明显的症状是顽固性的咳嗽、呼吸困难、食欲缺乏、消瘦和贫血等。某些感染群死亡率可达 75%。

【诊断】用支气管窥镜检查或痰液中发现幼虫；粪便中也可发现幼虫，但数量不会太多，需细心检查。另外，雌虫产卵不是连续性的，必须进行多次检查。

【治疗】治疗犬类丝虫病的原则是以驱虫，呼吸道消炎，补充营养为主。

1. 硫咪唑（犬）：25～50 mg/kg，口服，每日 2 次，连用 7～14 d。

2. 奥芬达唑（犬）：10 mg/kg，口服，每日 1 次，连用 4 周。

3. 左旋咪唑（犬）：8～10 mg/kg，口服，每日 1 次，连用 5～30 d。

4. 四米唑（犬）：10～20 mg/kg，口服；7.5 mg/kg，肌内注射或皮下注射。

【预防】犬饲养场应执行严格卫生消毒制度。母犬在繁殖前应进行驱虫，对新来的犬应进行隔离观察，确认健康后方可并入犬群中饲养。

## ［技能 37］肺毛细线虫病

肺毛细线虫病是由肺毛细线虫寄生于犬的气管、支气管、鼻腔和额窦而引起的一种寄生虫病，临床上主要表现为鼻炎、气管炎和支气管炎，有时可出现鼻窦炎症状。

【病原体】成虫细长，乳白色。雄虫长 15～25 mm，尾部有两尾翼，有 1 根纤细的交合刺，交合刺外被有膜质的交合刺鞘。雌虫长 20～40 mm，阴门开口接近食道的末端。卵大小为（59～80）μm×（30～40）μm，卵壳厚带有纹理，呈淡绿色，两端各有一卵塞。

【生活史及流行病学】雌虫在肺中产卵，卵随痰液上行到喉咽，被咽下后随粪便排出体外，在外界适宜条件下，经 5～7 周，卵发育为感染性虫卵。宿主吞食了感染性虫卵后，虫卵在小肠中孵出幼虫。幼虫钻入黏膜，随血液移行到肺。这一阶段需 7～10 d，感染后 40 d 幼虫发育为成虫。

犬主要通过采食被感染性虫卵污染的食物和饮水而感染本病。

【症状】犬、猫轻度感染不表现明显的临床症状，严重感染时，常引起鼻炎、慢性支气管炎、气管炎，病犬表现为流涕、咳嗽、呼吸困难、被毛粗糙、逐渐消瘦、贫血等。

【诊断】根据临床症状，结合粪便检查发现虫卵或幼虫即可确诊。检查虫卵时应注意和狐毛首线虫进行区别，狐毛首线虫较小，虫卵表面有明显的凹陷点。

【治疗】

1. 左旋咪唑：5 mg/kg，连用 5 d，停药 9 d 后，再重复 1 次。

2. 甲苯达唑：6 mg/kg，每日 2 次，连用 5 d。

注意：对呼吸道及肺炎症状严重的病犬，配合应用抗生素治疗。

## ［技能 38］猫圆线虫病

猫圆线虫病是由莫名猫圆线虫寄生于猫的细支气管和肺泡而引起的一种寄生虫病。此病对幼猫危害严重。

【病原体】本病病原体是莫名猫圆线虫，虫体呈丝状，乳白色，雄虫体长 7.5 mm，交合伞短，分叶不清楚，交合刺两根，不等长。雌虫体长 9.86 mm，阴门开口在虫体后端。虫卵大小为 80 μm×70 μm。

【生活史及流行病学】雌虫产卵于肺泡管，卵进入肺泡形成小结节。卵在结节边缘孵出第 1 期幼虫，上行到气管，经咳嗽到喉、咽被咽下，随粪便排到体外。幼虫长 360 μm，尾部呈波浪状弯曲，其背侧有一小刺。幼虫在外界存活时间仅 2 周左右，需蜗牛和蛞蝓作为中间宿主，啮齿动物、蛙、蜥蜴和鸟类可作为转运宿主。猫摄入含有感染性幼虫的中间宿主或转运宿主后被感染，幼虫通过腹膜和胸腔进入肺中，大约经 1 个月可发育成熟。成虫寿命为 4～9 个月。阴雨连绵时本病易流行。猫是唯一的终末宿主。自由觅食猫是主要传染源。

【症状】本病主要感染幼猫，人工感染成年猫未见虫体发育。感染的幼猫表现症状轻重不等。

幼虫在体内移行时，能引起肺毛细血管穿孔及管壁破坏而出血，出现急性局限性炎症及心内膜炎。雌虫侵入小肠黏膜上皮，引起黏膜的慢性炎症和细胞浸润，重症的可引起肠黏膜广泛坏死及剥离，继发腹膜炎。猫与人的症状不同，嗜酸性粒细胞增加不显著。

幼猫食欲减退，脓性眼屎，腹泻、剧烈咳嗽、呼吸困难，常发生死亡。

【诊断】对可疑病例可用贝尔曼法检验粪中的幼虫，发现大量幼虫即可确诊。

【治疗】可用左旋咪唑 100 mg/kg，口服，隔天 1 次，共 5～6 次。苯硫咪唑 20 mg/kg，每天 1 次，连用 5 d 为一疗程，间隔 5 d 后，再重复一疗程。

【预防】主要做好平时的卫生管理工作，及时清扫猫舍，注意猫体卫生，发现病猫及时治疗。要定期驱虫，在彻底驱虫前，应禁止使用免疫抑制剂。

## ［技能 39］绦虫病

绦虫病主要是由假叶目和圆叶目的各种绦虫的成虫寄生于犬的小肠而引起的一种常见寄生虫病。轻度感染时，往往不引起人们的注意，只有在大量感染寄生时，病犬才表现出贫血、消瘦、腹泻等症状。寄生于犬的各种绦虫，其中绦期的幼虫对人和家畜的严重危害在兽医公共卫生上有着重要意义，被医学界重视。

【病原体】在我国，寄生于犬体的绦虫主要有犬复孔绦虫、泡状带绦虫、细粒棘球绦虫、多头绦虫、斯氏多头绦虫、孟氏迭宫绦虫、阔节裂头绦虫、豆状带绦虫及连续多头绦虫等。绦虫的形态基本为背腹扁平的白色不透明的带状虫体，虫体长度由几毫米到十几米，由头节、颈节和链体三部分组成。

头节为吸着器官，一般分为三种类型：

1. 吸盘型：具有四个半圆形吸盘，排列在头节前端的侧面。有的绦虫头节顶端中央有顶突，其上还有一排或数排钩，也具有呼吸作用。

2. 吸槽型：在背腹面各具有一钩样的吸槽。

3. 吸叶型：为长形吸着器官，其前端有四个叶状结构，分别附着在弯曲的小柄上或直接长在头节上。

颈节较纤细，链体的节片系由此向后生出。链体由节片组成，数目可由数个至数千个，自前向后由未成熟节片、成熟节片及子宫内充满虫卵的孕节节片组成。孕节从虫体后端不断脱离，新的孕节不断形成。绦虫绝大多数为雌雄同体，自体受精。

【流行病学】绦虫的生活史要经过 1～3 个中间宿主才能完成，寄生于犬的绦虫都以犬为终末宿主，其中除复孔绦虫以犬蚤为中间宿主外，都以猪、羊、牛、马、鱼、兔、骆驼以及其他野生动物为中间宿主。

犬食入感染有中绦期幼虫的肉类后，幼虫在犬小肠内经过一段时间发育成为成虫。成虫在犬体内可寄生数年之久。含有虫卵的孕节自链体脱落后，可自行爬到肛门外或随粪便排出体外，污染周围的环境。孕节中的虫卵逸出后又可感染中间宿主，由此而构成完整的绦虫生活史。

绦虫成虫对终末宿生的致病性不强，但中绦期幼虫对中间宿主的危害很大，这是由于幼虫多寄生于中间宿主的脏器实质内，如心、肝、肺、肾、肠系膜，甚至脑组织内，给中间宿主带来致命危险。此外，犬复孔绦虫、细粒棘球绦虫和孟氏迭宫绦虫的成虫或中绦期幼虫尚可感染人，因此在人畜共患病方面受到医学界的极大重视。

【症状】通常感染犬无特征性临床症状，致病性因寄生绦虫种类、感染程度和犬龄及健康状况不同而异。轻度感染不引起人的注意，但常可见孕节附着在犬肛门周围或粪便中带有活动性的孕节。严重感染时，则出现消化不良、食欲不振或亢进，腹泻、腹痛、消瘦，以至交替发生便秘和腹泻，高度衰弱。虫体成团时，亦能堵塞肠管，导致肠梗阻、肠套叠、肠扭转甚至肠破裂。

【诊断】粪便中或肛门周围有似米粒样的白色孕节或短链体即可确诊。也可用饱和盐水浮集法检查粪便中的虫卵，根据粪便或孕节中的虫卵形态，辨认绦虫种类。

【治疗】可选用下列药物进行治疗。复合灭虫胶囊 70 mg/kg 口服，吡喹酮 5～10 mg/kg 口服，或 2.5～5 mg/kg 皮下注射。氯硝柳胺 100～150 mg/kg，1 次口服，服药前禁食 12 h，有呕吐症状犬可直肠给药，但剂量要加大。可用南瓜子与槟榔末混合夹在肉块中投服，能驱除绦虫成虫。氢溴酸槟榔素 1.5～2 mg/kg 口服。米帕林 0.1～0.2 g/kg 口服，用药前禁食 12 h。鹤草酚 25 mg/kg 口服。

【预防】

1. 对犬定期预防性驱虫，以每季度 1 次为宜。驱虫时，要把犬固定在一定的范围内，以便收集排出带有虫卵的粪便，彻底销毁，防止散播病原体。

2. 不饲喂生肉或生鱼，禁止把不能食用的含有绦虫蚴体的家畜内脏喂犬，至少要充分高温煮热后再喂。

3. 加强饲养管理，保持犬舍内外的清洁和干燥，对犬舍和周围环境要定期消毒。绦虫卵对外界环境抵抗力较强，在潮湿的地方可生长很长时间，应选用氢氧化钠定期消毒。

# 任务6　原虫病

## ［技能40］弓形虫病

弓形虫病又称弓形体病，是由刚地弓形体感染引起的一种人畜共患的原虫病。

本病在世界各地广泛传播，其感染率有逐年上升的趋势。我国已发现猫、犬、猪、兔、豚鼠和野鼠发生感染。初步调查也发现有人体感染和临床病例。

【病原体】弓形体为细胞内寄生虫，按其发育阶段的不同分为五种形态。滋养体和包囊出现在犬和其他中间宿主体内；裂殖体、配子体和卵囊出现在终末宿主——猫的体内。

滋养体的典型形态为呈香蕉形或新月形，长 4～8 μm，宽 2～4 μm，一端稍尖，另一端钝圆，核位于中央或稍偏于钝圆一端。滋养体主要发生于急性病例的各种有核细胞内，腹腔液中常可见到游离的单个虫体。有时在宿主细胞的胞浆内，许多滋养体簇集在一个囊内，称为假囊，其中的滋养体也称“速殖子”。

包囊在细胞内呈卵圆形，有较厚的囊膜，直径为 30～60 μm，最大可达 100 μm。囊内充满许多滋养体，此滋养体又叫“缓殖子”，主要见于慢性病例或无症状病例的任何组织中，特别是肌肉和脑中。

裂殖体在猫的小肠绒毛上皮细胞内，早期内含多个细胞核，成熟后变圆，直径为 12～15 μm。每个裂殖体内含 10～14 个香蕉形裂殖子，呈扇形排列，裂殖子长 7～10 μm，宽 2.5～3.5 μm。

配子体见于猫的肠细胞内，进行有性繁殖。雄性的为小配子体，圆形，直径约 10 μm。小配子体成熟后形成 12～32 个雄配子，雄配子呈新月形，长约 3 μm，有两条鞭毛。雌性的为大配子体，呈卵形或类球形，直径为 15～20 μm，核直径为 5～6 μm。

卵囊见于猫的粪便中，呈卵圆形，大小为（10～13）μm×（9～11）μm，有双层囊壁，内含 1 个约 9 μm 大小的集块。成熟的卵囊内有 2 个孢子囊。每一个孢子囊内又含 4 个孢子体（子孢子）。

【生活史】弓形体在猫的肠内进行一段有性繁殖，猫是终末宿主。当猫吃到卵囊或含有弓形体包囊的肉之后，在肠道内逸出子孢子或滋养体，一部分进入血液，到猫各器官组织的有核细胞内进行无性繁殖；一部分进入小肠上皮细胞进行有性繁殖。无性繁殖形成包囊，可长期存在于宿主的组织中。有性繁殖是通过裂殖生殖，产生大量的裂殖子，部分裂殖子再转化成配子体，其中的大、小配子再进行裂殖生殖，结合成合子，发育成卵囊随粪排出。随猫粪排出的卵囊在适当条件下于 2～4 d 内完成孢子化。孢子化的卵囊具有感染力。

弓形体在犬及其他动物体内进行无性繁殖，因此这些宿主是中间宿主。当犬等中间宿主食入孢子化的卵囊或另一动物的肉、乳或蛋中的包囊、滋养体时，在肠内逸出的子孢子或滋养体随血液到达机体各部位，侵入细胞内迅速分裂增殖，形成细胞内的假囊。细胞破裂后，溢出的滋养体又随血液或淋巴液侵入其他组织细胞，反复增殖。如果机体具有一定的抵抗力，虫体繁殖减慢，并在外围形成囊壁，即包囊。

犬及其他动物除以上感染途径外，还可经呼吸道、眼、皮肤等途径传染，经胎盘或乳汁也可传染。另外，输血也可传播本病。

【致病性】弓形体的致病性主要在滋养体阶段。滋养体侵入宿主细胞内繁殖，使细胞破裂，局部发生炎性浸润和坏死。被侵害的部位不同，临床症状也不同。完整的包囊不引起病理反应，当包囊破裂时，逸出的滋养体可引起机体的过敏反应。

慢性病例或无症状病例若再次暴露于疫区，或进行免疫抑制疗法，或并发其他疾病，都可使慢性感染转变为急性感染。

卵囊抵抗力强，常温下可保持感染力一年以上，一般方法处理无效，用氨水处理可将其杀死。包囊对热和低温敏感。滋养体抵抗力弱，一次冻融即可失去活力。

【症状】弓形体病多发于幼犬，临床上类似犬瘟热和犬传染性肝炎的症状，主要表现为发热、咳嗽、厌食、精神委顿，严重时出现出血性腹泻、呕吐，眼和鼻有分泌物，呼吸困难，有的引起失明、虹膜炎及视网膜炎，也有病犬因麻痹、痉挛而出现意识障碍。怀孕母犬发生早产或流产。成年呈隐性感染，但也有致死的病例。

弓形体病也可并发犬瘟热，因犬瘟热病毒的免疫抑制作用，导致无临床症状的感染变成急性病例。

【临床病理】急性期病犬的红细胞和白细胞减少，中性粒细胞增多；慢性病例白细胞总数增多，主要是中性粒细胞增多，血小板减少。肝脏形成坏死灶的犬，血清谷-丙转氨酶和谷-草转氨酶增高。出现神经症状时，脑脊髓液蛋白含量为 35 mg/100 ml 以上。死后剖检可见肝、肺和脑有坏死灶。

【诊断】根据临床症状、流行病学可初步判断为疑似本病。确诊需做病原体或特异性抗体检查。

1. 病原检体查：直接采取疑似急性期病犬的体液、脑髓液或尸体剖检病料，制作涂片、溶片或组织切片，染色镜检，发现滋养体即可确诊。若是阴性，可进一步做集虫检查，具体方法是取剖检材料中的肺和肺门淋巴结约 2 g，研碎后加灭菌 0.9%氯化钠溶液 10～20 ml混匀，先以 500 r/min 离心 3 min，弃沉渣，上清液再以 1500 r/min 离心 10 min，取沉渣涂片，甲醇固定，吉姆萨或瑞氏染色，镜检。

2. 动物接种：将待检液或病料制成悬液接种于小白鼠、豚鼠或家兔的腹腔，2～3 周，待动物发病时，采集病料检查病原体。如果结果为阴性，则应再传 2～3 代后确定。

3. 组织培养：将病料悬液接种于猴肾或猪肾单层细胞培养，弓形体可在细胞内增殖。

4. 血清学检查：血清学检查主要是应用染色实验。具体方法是用组织培养或感染小白鼠的虫体，分别加入正常血清和待检血清，37℃水浴 1 h，然后用碱性亚甲蓝液（pH 值 11）染色镜检。若加正常血清的虫体染色良好，待检血清的虫体染色不良，则判为阳性。由于抗体出现时间早（感染后两周即可呈现阳性反应），持续时间长，特异性强，血清学检查现已被世界各国广泛采用。

血清学检查的其他方法如补体结合试验、间接血凝试验、中和试验及免疫荧光试验等，均可用于检测特异性抗体。

对急性弓形体病的诊断最好采用双份血清。

【治疗】磺胺二甲氧嘧啶 100 mg/kg，分 4 次口服；长效磺胺 60 mg/kg 肌内注射。或用磺酰胺苯砜、甲氧苄啶、磺胺 6－甲氧嘧啶、乙胺嘧啶等药物治疗。这些药物均有良好的疗效，尤以磺胺 6－甲氧嘧啶和磺酰胺苯砜杀灭滋养体的效果最好。

【防治】禁止犬吃未煮熟的肉类。对血清学阳性的怀孕母犬要用磺胺类药物治疗，以防感染后代。要保持环境的清洁，特别要注意防止猫粪的污染。

## ［技能 41］球虫病

球虫病是由等孢属球虫引起的主要侵害幼犬的寄生虫病，临床主要表现为肠炎症状。

【病原体及流行病学】等孢属球虫的特点是卵囊内的胚孢子形成两个孢子囊，每个孢子囊内含四个子孢子。此属球虫除感染犬外，尚可感染人及其他肉食动物。

犬吞食了感染性卵囊后，卵囊在十二指肠内受十二指肠液和胰液的作用，子孢子由囊内逸出，迅速侵入肠上皮细胞，变为圆形裂殖体。裂殖体的核进行无性复分裂（裂体增殖），在上皮细胞内形成大量的裂殖子，并使上皮细胞遭到破坏，裂殖子逸出，侵入新的上皮细胞，再次进行裂殖生殖，如此反复，使上皮细胞遭到严重破坏引起疾病发作。这种无性裂殖生殖进行若干代后出现有性的配子生殖，由裂殖子形成许多大、小配子（雌、雄细胞），大、小配子进入肠管并在此处结合，形成合子，合子周围迅速形成被膜，成为卵囊随粪便排出体外。卵囊在外界环境中进行孢子生殖，孢子化时间为 20 h。卵囊在 100℃ 时 5 s 被杀死，干燥空气中几天内死亡。病犬和带虫的成年犬是主要的传染源。感染途径是消化道。

【症状】急性期病犬排泄血样黏液性腹泻便，并混有脱落的肠黏膜上皮细胞。严重的病犬，被毛无光，身体消瘦，食欲废绝。继发细菌感染时，体温升高，病犬可因衰竭而死。老龄犬抵抗力较强，常呈慢性经过。临床症状消退后，即使排便正常，仍有卵囊排出达数周至数月之久。

【诊断】用饱和盐水浮集法检查粪便中有无虫卵。死亡犬剖检，可见小肠黏膜卡他性炎症，球虫病灶处常发生糜烂。慢性经过时，小肠黏膜有白色结节，结节内充满球虫卵囊。

【治疗】磺胺二甲氧嘧啶 50 mg/kg 口服，连用 2～3 周；磺胺嘧啶首次剂量为 0.14～0.2 g/kg，口服或静脉注射，随后按 0.11 g/kg 用药，每天 2 次。对脱水和贫血严重的犬要给予对症治疗。

【预防】用氨丙啉溶液（每 1000 ml 水含 0.9 g），母犬产仔前 10 d 开始饮用，幼犬可连续饮用 7 d。也可用氨丙啉 50 mg/d，连喂 7 d。

平时注意消灭蝇、鼠，保持犬舍干燥、卫生。发现病犬，及时隔离，粪便做无害化处理。

## ［技能 42］犬巴贝斯虫病

巴贝斯虫病是由巴贝斯虫引起的以蜱为媒介的一种血液寄生虫病。寄生于犬的巴贝斯虫主要有犬巴贝斯虫、吉氏巴贝斯虫和韦氏巴贝斯虫。

【病原体】

1. 犬巴贝斯虫寄生于犬红细胞内。典型虫体为梨形，长为 4～5 μm，一端尖，另一端圆，内有一个空泡。圆形或变形虫体长 2～3 μm。典型虫体大于红细胞的 1/5。世界不同地区的犬巴贝斯虫免疫学特性不完全相同，中间宿主的媒介蜱也有其特异性。在亚洲为扇头蜱属，欧洲为革蜱属（矩头蜱属），非洲为血蜱属的南非犬蜱。犬巴贝斯虫主要感染犬、狼、狐等犬科动物，世界各地均有发生。

2. 吉氏巴贝斯虫寄生于犬红细胞内。虫体呈环形、圆形、椭圆形、单梨形、杆形，偶尔见到十字形和成对梨形，多位于细胞边缘或偏中央。当红细胞内含 5 个以上虫体时，则在红细胞中央部呈菊花状排列。环形虫体长 1.15～2.0 μm，内含一个空泡，有 1 团或 2 团染色质。圆形虫体长 0.82～0.92 μm，有 1 团染色质。单梨形虫体长 1.25～ 1.5 μm。该虫体多小于红细胞的 1/5。传播者为扇头蜱属和血蜱属的蜱。我国吉氏巴贝斯虫感染有逐渐增多的趋势。

3. 韦氏巴贝斯虫虫体比犬巴贝斯虫稍大，呈圆形、卵圆形或梨形。

【流行病学】本病通过感染有巴贝斯虫的蜱的叮咬吸血而发病。因此，多发生于蜱活跃的春季和秋季。有蜱生存的地区多发生本病。

犬巴贝斯虫和吉氏巴贝斯虫的感染在我国常见，韦氏巴贝斯虫在我国尚未见报道。

吉氏巴贝斯虫还可由胎盘直接感染胎儿。

地方土犬对本病的抵抗力较强，纯种犬和引进犬易感。衰弱和应激状态可增加其感受性。

【症状】

1. 犬巴贝斯虫的自然感染犬潜伏期 2～3 周。实验性感染 5～7 d 后，体温升高，常为 39～40℃，有的在 40℃以上，食欲减退，呕吐，尿呈黄褐色。急性经过的犬，开始时体温在 40℃以上，并伴有黄疸性贫血，突然陷于虚脱。慢性经过的犬，持续发热，出现贫血和轻度黄疸，肝和脾肿大，出现胆红素尿。

2. 吉氏巴贝斯虫感染犬，病初体温升高，持续 3～5 d 后，有 5～10 d 的体温正常期，呈不规则的回归热型。病犬高度贫血，但常无黄疸发生。随着贫血加重，尿由黄色至暗褐色，病犬逐渐出现精神沉郁，食欲减退。重病的病犬明显营养不良，站立不稳，可视黏膜苍白。触诊脾脏明显肿大。有肝损害时，可视黏膜黄染。

3. 韦氏巴贝斯虫常引起耳、背部和其他部位皮肤的广泛性出血。病犬常死于衰竭。如能耐过，则 3～6 周后贫血逐渐消失而康复。如果康复犬体内尚有巴贝斯虫，一般再度感染的可能性很小，但如果伴发其他热性病，则血液中的巴贝斯虫又可大量繁殖，引起该病复发。

【临床病理】临床主要表现贫血。一般红细胞数降至正常值的 1/3～1/2，最低可降到

（0.7～2.0）$\times 10^{12}$/L。血细胞比容可降至正常值的7%～14%，血红蛋白可降至正常值的1.5%～4%。

末梢血液涂片，吉姆萨染色，可于红细胞内发现原虫。根据典型的虫体形态区分病原体，对本病治疗具有重要意义。另外，可见红细胞大小不等，有幼红细胞和多染性红细胞，并出现网织红细胞明显增加的红细胞再生像。

吉氏巴贝斯虫感染的病犬，随着贫血的加重，脾肿大明显，体积常达正常脾的1.5～10倍，红脾髓增加，髓外出现造血像的巨核细胞。

【诊断】根据血液涂片中红细胞内的虫体形态，可以确诊。如果虫体不明显或检查阴性，也不可轻易否定，可将疑似病犬的血液接种于健康犬体内，4～6 d出现典型症状，血液中检出巴贝斯虫即可确诊。

血液涂片染色法：采末梢血作血液涂片，取吉姆萨原液3～4滴，用pH值6.8的磷酸盐缓冲液稀释成1 ml，染色30 min，水洗，干燥后镜检。

吖啶橙（荧光素）染色后经荧光显微镜检查，虫体可发出荧光，但标本不宜保存。

【治疗】

1. 特效药物治疗。台盼蓝（锥蓝素）5 mg/kg，用0.9%氯化钠溶液配成1%溶液，加温溶解，用棉花纱布滤过，流动蒸汽灭菌30 min后静脉注射，注射时防止漏入皮下。为减轻副作用，药液应现用现配，注射时药温保持在30℃左右。注射应缓慢，如出现反应异常等副作用，应立即停止，并给予抗组织胺药物（如异丙嗪等），待症状缓解再注射。本病可很快消灭虫体，但不能彻底杀灭骨髓及其他组织内的虫体，使犬成为带虫者。

咪唑苯脲5 mg/kg肌内注射，阿卡普林0.5 mg/kg肌内注射，黄色素2～3 mg/kg静脉注射，贝尼尔5 mg/kg肌内注射，均有较好的杀虫效果。

上述药物根据治疗情况，可隔日重复注射一次。据报道，三甲氧苄啶和磺胺合用也有效。

各种抗原虫药对原虫分裂增殖期（发热和贫血的重症期）效果最佳，对慢性病犬效果不明显。此时可用类固醇药物诱发原虫后，再使用抗原虫药物，以达到药物效果。原虫对药物可产生耐受性，在初次治疗后10～14天重复用药一次，可防止复发。

青蒿素15 mg/kg，3 d内注完或口服，第1次可加大量。或蒿甲醚第1日200 mg，第2～4日各100 mg肌内注射，均有较好效果。

2. 对症疗法。针对重度贫血的病犬（血细胞比容值在15%以下），输血效果明显，同时给予维生素$B_{12}$ 0.2 mg肌内注射，每日2次，丙酸睾酮25～100 mg肌内注射，每日2次；或口服人造补血浆10 ml，每日3次，以促进造血功能。

如果有黄疸和并发肝损害的，需用保肝药物及能量合剂。本病恢复期要给予高蛋白和高能量食物，注意避免活动量过大。

【预防】在牧区要做好防蜱、灭蜱工作，具体方法参照蜱致麻痹的预防。对病犬做到早发现、早诊断、早治疗。发现病犬后，对其他健康犬可用台盼蓝、贝尼尔、阿卡普林等药物进行预防注射。

## ［技能 43］新孢子虫病

新孢子虫病是由犬新孢子虫感染而引起犬四肢麻痹的一种细胞内寄生的原虫病。Bjerkas 等（1984）首次在挪威的犬体内发现了一种能形成组织包囊的弓形体样虫体，而其血清中未查出抗弓形体抗体。Dubey 等（1988）在美国也发现了类似的虫体，并命名为犬新孢子虫，同时建立了细胞培养和小鼠动物模型，也复制出了犬新孢子虫病。以后在瑞典、法国、英格兰、加拿大和澳大利亚均有犬自然感染的病例报道。

【病原体及流行病学】犬新孢子虫目前只发现有类似弓形的速殖子和组织包囊两个无性生殖阶段。速殖子呈卵形、半月形或球形，大小为（1～5）μm ×（5～7）μm，内含1～2 个细胞核复顶、纵线体、锥体及微管等。速殖子以内出芽分裂的方式繁殖，在感染动物的巨噬细胞、单核细胞、中枢神经系统和肌肉组织中均能查到。组织包囊呈圆形或长椭圆形，纵长达 110 μm，包囊壁厚 1～4 μm，内含 1.5 μm×7 μm 的细长缓殖子。组织包囊见于脑和脊髓中。用 Sehiffs 过碘酸染色呈弱阳性。

本病自然感染的传播途径尚不清楚。犬可因吞食含速殖子和组织包囊的动物组织而感染，此外，还可经胎盘垂直传播。除感染犬外，尚可人工感染绵羊、猫、小鼠和大鼠。Shivaprasad 等（1989）、Toole 等（1987）和 Dubey 等（1990）分别在美国、英格兰和澳大利亚报道了新生犊牛的犬新孢子虫病，Dubey（1990）在新生 1 周龄而瘫痪的绵羊中枢神经中也检查出了类似的虫体，有人在马流产胎儿的肺中也发现了虫体。没有发现明显的动物品种性和年龄易感性。

【临床症状】5 周龄以后的幼犬和老龄犬表现为麻痹性瘫痪，后肢和骨盆最为严重。成年犬可能表现出中枢神经系统症状，以及多发性肌炎、心肌炎和广泛性炎症。病犬颈部肌肉无力而使头下奄，吞咽障碍，最终死亡。人工喂养而存活的病犬，皮肤形成溃疡和肌肉萎缩。

【临床病理】肌肉尤其是膈肌广泛性坏死和形成钙化条纹，肝大，心肌、肺、肝均有广泛性炎症。中枢神经系统有变色的软化灶，呈非化脓性脑脊髓炎变化。

【诊断】幼犬的高位性四肢瘫痪，特别是同一窝幼犬先后都表现该症状时，应考虑犬新孢子虫病的可能性。确诊需要分离虫体进行鉴定，即将活组织病料接种培养细胞或小鼠，当出现病变或发病后收集虫体鉴定。

犬新孢子虫体与弓形体形态结构相似，只是前者的组织包囊壁较厚（1～4 μm），而后者的组织包囊壁仅为 0.5 μm，前者在电镜下可见很多纵线体。二者血清学无交叉反应，因此可用于鉴别。

【治疗】对弓形体病有效的药物均可用于治疗犬新孢子虫病。磺胺类药物可抑制速殖子在培养细胞中生长。饮水中加磺胺嘧啶 1 mg/ml，可使实验感染小鼠不表现临床症状。药物对已瘫痪的犬无效。克林霉素对多发性肌炎有一定疗效。

# 任务7 蜘蛛昆虫病

## [技能44] 疥螨病

疥螨病是由疥螨所致的一种接触性传染性皮肤病，临床特征为剧烈瘙痒、脱毛和湿疹性皮炎。

**【病原体及流行病学】**引起犬疥螨病的病原体主要是疥螨科疥螨属的犬疥螨。螨体近乎圆形，呈微黄白色，背面隆起，腹面扁平。雌螨体长0.3～0.4 mm，雄螨体长0.19～0.23 mm，为不全变态的节肢动物。

疥螨发育需经过卵、幼虫、稚（若）虫和成虫四个阶段，其全部发育过程都在犬身上度过，一般在2～3周内完成。雌螨在宿主表皮挖凿隧道产卵，孵化的幼虫爬到皮肤表面开凿小孔，并在穴内蜕化为稚虫，稚虫也钻入皮肤，形成狭而浅的穴道，并在里面蜕化为成虫。雌虫寿命为3～4周，雄虫于交配后死亡。

螨的唾液及其代谢排泄物的刺激，可引起皮肤炎症和瘙痒，再次感染时，则出现过敏反应性病变。

疥螨病主要发生于冬季、秋末和初春。犬舍潮湿，犬体卫生不良，皮肤表面湿度较高时，最适合疥螨的发育和繁殖。

**【症状】**疥螨感染后，表现为丘疹和瘙痒。病变多见于四肢末端、面部、耳郭、腹侧及腹下部，逐渐蔓延至全身。初期表现为红斑、丘疹，剧烈瘙痒，可因犬啃咬和摩擦而出血、结痂、形成痂皮。病变部脱毛，皮肤增厚，尾根和额部形成皱襞，多为干燥性病变，有时呈过敏性急性湿疹状态。病犬烦躁不安，饮食欲降低，继发细菌感染后，发展为深在性脓皮症。

**【诊断】**用刀片搔刮新鲜病变部与皮肤交界部（至出血的程度），将搔刮物置于载玻片上，加1滴10%～20%氢氧化钾溶液，混合，放置20～30 min后，覆以盖玻片镜检，可查出成虫、幼虫和卵。陈旧病灶和初期较轻病灶不易检出，需要多处取病料反复检查。

本病应注意与秃毛症和虱感染症相鉴别。

**【治疗】**首先将患部及周围剪毛、去痂，用药同蠕形螨病。虫卵对药物抵抗力较强，螨的一个生活周期为3周，涂药以持续2个生活周期为宜。外部用药的同时，配合使用泼尼松0.5～2 mg/kg皮下注射，适当给予止痒剂，泛酸钙1～3片/次，口服。脓皮症时并用抗生素。

**【预防】**病犬隔离，直到完全康复。犬舍及犬的用具要彻底消毒。

# ［技能 45］犬蠕形螨病

犬蠕形螨病又称毛囊虫病或脂螨病，是由蠕形螨寄生于犬皮脂腺或毛囊而引起的一种顽固性寄生虫性皮炎，多见于幼犬。

【病原体及流行病学】蠕形螨体长 0.25～0.3 mm、宽约 0.04 mm，分头、胸、腹三个部分。胸部有四对很短的足，腹部长，有横纹。口器由一对须肢、一对螯肢和一个口下板组成。雄虫的雄茎自胸部的背面突出。雌虫的阴门则在腹面。卵呈梭形，长 0.07～0.09 mm。犬蠕形螨能生活在宿主的组织和淋巴结内，并部分在那里繁殖（转变为内寄生虫）。它们多首先寄生于发病皮肤毛囊的上部，而后在毛囊底部，很少寄生于皮脂腺内。

本病的发生多由于健康犬与患病犬（或被病犬污染的物体）接触。正常的幼犬身上，常有蠕形螨存在，但不发病。当虫体遇有发炎的皮肤——较好的侵入条件并有足够的营养时，即大量繁殖，引起发病。有人认为，免疫功能降低，可诱发本病。本病具有遗传性，同窝犬的发病率达 80%～90%。

【发病机制】本病的发病机制尚不十分清楚。一般认为是由于蠕虫的增殖，高度抑制 T 淋巴细胞，使机体的细胞免疫功能下降而加重病情，皮肤病变实际是全身性疾病的表现。

【临床表现】本病可分为四期，即干斑型期、鳞屑型期、脓疱型期和普遍型期。前两期的病变主要发生在头部、眼睑周围及四肢末端。病初可见小的局限性潮红和鳞屑，由界限不明显无瘙痒的脱毛逐渐扩大为斑状，随病情发展，患部色素沉着，皮肤增厚、发红及糠皮状鳞屑覆盖，随后，皮肤变为红铜色。一、二期为局限性慢性经过。后两期多伴有化脓菌侵入而转为全身性急性经过，病初呈湿疹样，有大量渗出液，病灶蔓延速度快，患部脱毛形成皱褶、溃疡或瘘管，挤压排出恶臭的脓汁，重者因贫血及中毒死亡。

【临床检查】

1. 虫体检查：用刀片搔刮病变部至出血，将搔刮物置于载玻片上，滴加 10%～20% 氢氧化钾溶液，混合静置后镜检，可查到卵、幼虫和成虫。病初螨数量不多，应反复检查。

2. 血液学检查：红细胞数减少，A/G 降低，甲状腺激素 $T_3$ 及 $T_4$ 升高。

3. 细菌学检查：主要为溶血性表皮葡萄球菌。此外，还可检出变形杆菌及铜绿假单胞菌。

长期使用驱螨药后，肝、肾功能多有异常。

【诊断】根据皮肤病变及临床病理检查结果，即可诊断。

【治疗】轻型病犬，不治疗也可自然痊愈。对临床症状表现比较明显的犬，选用新一代拟除虫菊酯类药物——蜱螨洗剂，按 1∶200 的浓度稀释后药浴或喷洒。间隔 5 d 用药 1 次。灭虫丁（阿维菌素）注射液以 0.6 mg/kg 的剂量皮下注射，间隔 5～7 d 用药 1 次。对出现全身脓皮症型的犬，局部剪毛，将病灶上的血痂揭掉，用刀片搔刮至出血后挤出脓水，再将碘伏 200 倍稀释后清洗消毒，隔日再用蜱螨洗剂药浴。必要时根据药敏试验选择有效的抗生素，但禁用肾上腺皮质激素类制剂。

【预防】患过此病的母犬禁用于繁殖。患病期间禁喂鱼类、火腿肠、罐头制品等含有不饱和脂肪酸的食物。

## ［技能 46］耳痒螨病

耳痒螨病是由犬耳痒螨寄生于外耳道所引起的外耳部的炎症。

【病原体及流行病学】犬耳痒螨的雄虫体长 0.35～0.38 mm，其第 3 对足的尖端部有两根细长的毛，雌虫体长 0.46～0.53 mm。痒螨从卵、幼虫、若虫到成虫的生活周期约 3 周。耳痒螨寄生于犬的外耳道内，靠刺破皮肤吸吮淋巴液及食表皮鳞屑为生，因对局部的剧烈刺激，使局部皮肤增厚，产生红褐色痂皮，导致外耳炎。

本病多为成年犬与仔犬间相互接触感染，其发病与饲养管理不良有关。

【症状】病犬摆头，后肢搔抓耳根，造成耳根脱毛、发炎，耳道内可见红褐色痂皮和耳垢。有时由于细菌的继发感染，病变深入中耳、内耳及脑膜等处，引起炎症。

【诊断】肉眼或检耳镜观察耳道内有多量耳垢，可疑似本病。用放大镜或低倍显微镜检查渗出物，发现细小的血色或肉色有活动性的虫体，即可确诊。取耳郭或脱毛部边缘搔刮材料镜检，虫体检出率较高。

【治疗】轻轻除去耳垢和痂皮，尽量减少刺激，可用矿物油软化溶解痂皮，溴氰菊酯溶液药浴或鱼藤酮滴耳，每 3～4 d 进行 1 次。继发感染时，应进行全身抗感染治疗。

## ［技能 47］毛虱病

【病原体及流行病学】犬毛虱属啮毛科，虫体的外形短而宽，长约 2 mm，其色泽是黄中带有黑斑。当雌虱交配后，即在犬的被毛基部产卵，经 1～2 周后孵化，幼虫蜕皮 3 次，经两周就可发育成成虱，成熟的雌虱一般可存活 30 d 左右，它以组织的碎片为食，离开犬的身体，3 d 后即自行死亡。当雌虱在犬的被毛上产卵后，卵经 9～20 d 即可孵化为稚虱，稚虱再经 3 次孵化后就发育为成虱，其发育过程需 30～40 d。

【症状】犬毛虱寄生在犬的皮肤上，它以毛和表皮的鳞屑为食，造成犬终日瘙痒不安，致使犬经常啃咬瘙痒处，并造成自我损伤。引起脱毛，再继发湿疹、丘疹、水疱和脓疱等，严重时还影响犬的睡眠，食欲也明显下降，使犬体弱、消瘦。犬长颚虱寄生在犬的皮肤上，使病犬精神沉郁、体弱，其在吸血时还可分泌有毒的液体，刺激犬的神经末梢，产生痒感。当严重感染时还可引起化脓性皮炎，引起犬的脱毛，使犬的疾病抵抗力明显下降。

【诊断】根据流行病学，结合临床症状进行初步诊断，在犬皮肤上发现虫卵和成虫可以确诊。

【防治】

1. 治疗：①伊维菌素，按 0.2 mg/kg，皮下注射；②0.5％西维因溶液涂擦患部；③0.75％鱼藤酮粉剂或 0.7％～1％敌百虫水溶液喷洒或药浴，隔 10～12 d 重复治疗 1 次。

2. 预防：对本病的预防主要是加强饲养管理，经常梳刷犬的被毛，经常对犬舍进行定期消毒。此外，还可用药浴进行定期预防，也可佩戴药物项圈进行预防。一旦发现犬已患有虱病，应及时隔离予以治疗。

## ［技能 48］吸血虱病

吸血虱病是由血虱科血虱属的虱，以尖爪、吸血、咬伤及毒性分泌物刺激皮肤而引起的一种皮肤寄生虫病。

【病原体及流行病学】吸血虱是无小羽毛的扁平昆虫。虱有两种，一种是寄生于哺乳动物以血液和体液为营养源的虱目，另一种是寄生于鸟类、哺乳类以被毛和上皮角质为营养源的食毛目。吸血虱具有严格的宿主特异性。危害犬的主要是犬血虱。

吸血虱在宿主被毛上产卵，卵经 7～10 d 孵化成幼虫，数小时后就能吸血。然后再经 2～3 周的 3 次脱皮而变为成虫。成虫的寿命为 30～40 d。

犬被大量虱寄生即可发病。动物之间直接接触传播。

【症状】病犬因剧烈瘙痒而表现不安、啃咬，引起脱毛、断毛或擦伤。有时皮肤上出现小结节、出血点或坏死灶，严重时引起化脓性皮炎。

【诊断】寄生于犬的吸血虱均在 2 mm 以下，易于发现。通常寄生在避光部位，多见于颈部、耳翼及胸部，可见这些部位的被毛损伤和黏附在被毛上的卵。

【治疗】用 1%敌百虫药浴或局部涂布，但虫卵不易杀死，应于 10～14 d 后重复用药 1 次。

湿疹或继发感染时，药浴刺激性大，可用氨苄西林 5～10 mg/kg 肌内注射。剧烈瘙痒时，泼尼松 0.5～1.0 mg/kg 肌内注射、酮替芬 0.02～0.04 mg/kg 肌内注射等。

## ［技能 49］蚤病

蚤病是由寄生于犬体上的蚤通过吸血及其排泄物刺激皮肤引起的一种皮肤病。

【病原体及流行病学】蚤俗称跳蚤，是一种吸血性外寄生虫，虫体细小无翅，两侧扁平，体长 1～3 mm，呈深褐色或黄褐色。寄生于犬的蚤主要有犬蚤、猫蚤。蚤多生存于尘土、地面的缝隙及垫草中，成虫一生大部分在宿主身上度过，1 只雌虫可产 200～400 个卵，卵呈白色，有光泽。卵从犬体被毛间落到地上后，经 7～14 d 孵化为幼虫，再经 3 次脱皮而成蛹，大约经 2 周后变为成虫。蚤的 1 个生活周期为 35～36.3 d。

成蚤以血液为食，在吸血时引起宿主过敏、刺激，产生强烈瘙痒。蚤还是犬绦虫的中间宿主，可引起犬的绦虫病。

【症状】蚤易寄生于犬的尾根、腰间部、背部、腹后部等。蚤吸血初期，可见丘疹、红斑和瘙痒，病犬变得不安，啃咬、摩擦皮损部。继发感染时，则引起急性湿疹性皮炎。

蚤的唾液可成为变应原，使寄生局部的皮肤发生直接迟发型过敏反应。过敏性皮炎经过时间长时，则出现脱毛、落屑，形成痂皮、皮肤增厚及有色素沉着的皱襞。

蚤寄生严重时，可引起贫血。在犬背中线的皮肤及被毛根部，附着煤焦样颗粒。这是很快通过蚤体内而排泄的血凝块。

【诊断】

1. 蚤抗原皮内反应：蚤抗原用灭菌 0.9 氯化钠溶液 10 倍稀释，取 0.1 ml 于腹侧或犬颈部注射，有感受性的犬，5～20 min 内产生硬结和红斑。也有于 24～48 h 后表现迟发型过敏反应的犬。

2. 浮集法检查粪便：因为蚤是绦虫的中间宿主，所以粪便中可查到绦虫卵。肛门周围有绦虫体节附着的，可提示有蚤寄生。

【治疗】用灭虫丁或鱼藤酮粉剂撒布，或配成所需浓度喷雾。同时对犬舍或犬笼缝隙处、垫草、犬舍的地面及周围环境等撒布驱蚤药。

对过敏性皮炎和剧烈瘙痒的病犬，投以泼尼松、氯苯那敏及抗生素。脱屑或慢性病例，可用洗发液清洗全身，涂布肾上腺皮质激素软膏及抗生素软膏，以促进痊愈。

## ［技能 50］蜱病

蜱病由含有神经毒素的某些蜱虫寄生于犬的体表并叮咬吸血时分泌的神经毒素使犬的神经传导功能发生障碍所致。

【病原体及流行病学】蜱又名壁虱或扁虱，俗称草爬子、八脚子、狗豆子，为不全变态发育的节肢动物。蜱的种类很多，全世界已有 3 科、28 属、600 种左右，我国已记载的有 2 科、11 属、86 种（亚种）。其中能引起本病的已发现有二棘血蜱。国外已报道的致病蜱有革蜱属的变异革蜱、安氏革蜱，硬蜱属的全环硬蜱、角硬蜱、苏格兰硬蜱等。

蜱的整个发育过程分卵、幼虫、若虫、成虫四个阶段。雌雄蜱的交配大都在宿主体上吸血时进行，吸饱血的雌蜱离开宿主落地，爬到地面缝隙内或土块下静伏不动，一般经过 4～8 d 待血液消化及卵发育后开始产卵。蜱一生仅产卵 1 次，4～6 d 产完，卵少则千余，多则上万个，依蜱的种类和吸血量而异。蜱卵很小，呈卵圆形，黄褐色。卵经 20～40 d 发育孵出幼虫，幼虫爬到宿主体上经 2～7 d 吸饱血后，落于地面，经过蜕皮变为若虫，饥饿的若虫侵袭各种动物寄生吸血后，再落于地上，经数天至数十天蜕化变为性成熟的成蜱。幼虫期和若虫期的吸血时间一般较短，而成虫期较长。吸饱血后虫体可胀大几倍到几十倍，雌蜱最为显著，可达 100～200 倍。雌蜱产卵完后 1～2 周内死亡，雄虫一般能活 1 个月左右。从卵发育至成蜱的时间，依蜱种类和气温而异，可由 3～12 个月，甚至 1 年以上。

雌蜱吸血后，分泌的神经毒素使犬的运动神经末梢去极化、释放乙酰胆碱减少而发生肌肉麻痹。雌蜱分泌神经毒素的能力很强，一个成熟雌蜱即可致犬死亡。但不是所有虫株都能致病。感染的犬也不是全部都发生麻痹。患病率与某些虫株在某个发育阶段能分泌神经毒素有关。

【症状】临床症状取决于感染蜱的种类及其释放毒素的强弱。据 ILRIW 报道，蜱分泌的神经毒素几乎对所有动物都是致死性的。但一般当地土犬对神经毒素抵抗力较强，很少表现出严重症状。

通常带毒的蜱叮咬犬体 7 d 后，犬开始出现不安、轻度震颤、步态不稳、无力和跛行。麻痹症状的出现，呈上行性渐进性发展。听诊心音弱而心律不齐，呼吸浅表，呼气时出现异常音质，并逐渐衰竭死亡。犬被短期带毒的蜱叮咬后经 2～3 个月，可获得免疫。

【临床病理】临死前呈轻度缺氧和酸中毒。心电图检查有窦性心动过缓等异常变化。

【诊断】以临床症状和蜱寄生史为诊断依据。

【治疗和预防】0.16％溴氰菊酯药浴，除掉寄生于犬体表的蜱。蜱常寄生于犬头部及四肢末端，应注意检查。虫体寄生少时，可用手直接摘下，虫体多时，用 0.04％～0.08％胺丙畏（赛福丁）溶液擦洗犬体或药浴，15 min 后虫体可自然脱落。

对跛行严重的犬，维生素 $B_1$ 100 mg 与维生素 $B_{12}$ 200 $\mu$g，同时肌内注射，每天 2 次，或康复犬的血清 0.5 mg/kg 静脉注射。

发病犬应置于安静环境下，犬舍用 0.1％胺丙畏或 1％敌百虫水溶液喷雾消毒。在蜱活动和繁殖的季节，应对犬定期药浴。

## 【测试模块】

1. 简述宠物寄生虫的类型。
2. 简述宠物寄生虫宿主的类型。
3. 简述宠物寄生虫的生活史。
4. 简述宠物寄生虫病发病的条件。
5. 简述宠物寄生虫病常用的诊断方法。
6. 拟定当地宠物常见蠕虫病、原虫病、蜘蛛昆虫病防治方案和综合性防治措施。
7. 简述宠物常见蠕虫病的流行病学、临床症状、病理变化、诊断、治疗与预防。
8. 简述宠物常见原虫病的流行病学、临床症状、病理变化、诊断、治疗与预防。
9. 简述宠物常见蜘蛛昆虫病的流行病学、临床症状、病理变化、诊断、治疗与预防。

# 项目三　犬猫内科病

**【知识目标】**

1. 掌握犬常见内科病的病因、临床症状、诊断及防治理论知识。
2. 掌握猫常见内科病的病因、临床症状、诊断及防治理论知识。
3. 掌握各种麻醉药物的使用方法及注意事项。

**【技能目标】**

1. 能诊断犬的常见内科病。
2. 能诊断猫的常见内科病。
3. 能治疗犬的内科病。
4. 能治疗猫的内科病。

## 任务8　犬猫消化系统疾病

### [技能51] 口炎

口炎是口腔黏膜组织的炎症，临床上以流涎和口腔黏膜潮红肿胀为特征。按炎症的性质口炎可分为卡他性口炎、水疱性口炎、溃疡性口炎、霉菌性口炎和坏疽性口炎，犬常见口炎为溃疡性口炎。

【病因】机械性损伤，如锐齿、异物、骨头、木片等的刺激；生石灰、氨水、强酸强碱等化学性刺激；摄入腐败变质的食物，维生素B缺乏；犬瘟热、乳头状念珠菌、奋森螺旋体等病毒全身感染，均可继发本病。

【症状】口腔黏膜红、肿、热、痛，感觉过敏，咀嚼障碍，流涎，口腔恶臭，局部淋巴结肿大或柔软，拒绝口腔检查。水疱性口炎，在口腔黏膜上散在米粒大水疱。溃疡性口炎，口腔黏膜及齿根上有糜烂、坏死或溃疡面，牙床出血。霉菌性口炎，口腔黏膜上形成柔软、灰白色、稍隆起的斑点，口角流出浓稠的唾液。

【治疗】以消除病因和对症治疗为原则。给予牛奶、肉汤、菜汁等喂养。清洗口腔的清洗液可选用0.9%氯化钠溶液、3%双氧水、5%明矾液、0.01%溴化杜米芬含漱液、0.2%聚稀吡酮碘含漱液、0.01%依沙吖啶液。流涎明显的犬，可用硫酸阿托品0.5～

1 mg肌内注射。清洗后，根据口炎的性质选择西瓜霜、复方碘甘油或硼酸甘油、地塞米松软膏、制霉菌素软膏、5%硝酸银溶液、1%磺酸甘油混悬液等。出现全身症状时，给予抗生素治疗。

## ［技能 52］牙周炎

牙周炎也称牙槽脓溢，是牙斑和牙结石产生的机械性刺激及细菌的毒性产物沿着龈缘引起的软组织炎症。此病以齿槽骨骼的再吸收、牙齿松动、齿龈萎缩为特征。

【病因】由牙结石产生的机械性刺激并继发感染所致。齿龈组织损伤和牙齿排列不整，低钙饮食，或在发病的过程中口腔内细菌侵入齿龈，破坏齿根膜组织，都可能引起本病的发生。

【临床症状】口腔散发出口臭，多涎，幼犬乳牙不能脱落；牙齿磨损、变得松动，容易断裂；会形成牙结石；犬饮食的时候会伴随剧烈的疼痛；同时犬患有牙龈炎时，牙龈会萎缩。

【诊断】根据口臭、牙齿松动、齿龈红肿、排出脓汁等症状，即可确诊。

1. 影像学检查显示出齿槽局限性骨溶解，提示牙尖脓肿。

2. 使用牙周探针，其刻度通常为 10～12 mm，为确定牙周炎和骨缺失的程度，可把探针插入龈沟直至遇到阻力为止。探针必须与牙轴平行，并记录下与龈缘平行的刻度。

【治疗】消除牙结石及食物残渣，注意不要损伤软组织及牙齿釉质层，拔去松动的牙齿和残留的乳齿。齿龈用盐水冲洗，涂以碘酊或 0.2%氯化锌溶液。甲硝唑与复方新诺明同时口服，效果良好。若齿龈增生肥大，可电烧烙除去过多的组织。术后，全身投予抗生素、复合维生素 B、烟酸等，数日内供给流质或柔软的饮食至齿龈痊愈。

【预防】平时尽量只给宠物饲喂犬粮或猫粮，不要投喂生冷的肉类，尽量少喂零食，注意对牙齿的清洁。

## ［技能 53］咽炎

咽炎是指咽部黏膜及附近组织的炎症，多由咽部黏膜损伤所致。

【病因】主要为细菌和病毒感染。受寒、感冒和疲劳等因素导致动物机体免疫功能减弱，极易引起条件性致病菌的侵害，引发咽部黏膜的炎性反应，继发性的咽炎。

【临床症状】表现为吞咽障碍、流涎、咽部肿胀，头颈伸直，不愿活动，精神不振，触诊时表现敏感，并发咳嗽。

【诊断】发病初期病犬头颈伸直，采食缓慢，不愿活动，触压咽部时闪躲，随病情发展至采食困难，伸颈摇头，流涎，并发咳嗽，精神不振，体温升高，根据病史和临床症状即可确诊。

【治疗】

1. 消炎：病初冷敷后温敷，每小时 3～4 次，也可涂抹鱼石脂软膏或止痛消炎膏等，用 0.01%的高锰酸钾水溶液、3%明矾液体冲洗口腔。

2. 封闭疗法：0.25%盐酸普鲁卡因注射液稀释青霉素进行咽喉部封闭。

3. 全身疗法：青霉素 2 万～4 万 IU/kg，地塞米松 0.1～0.4 mg/kg，肌内注射。

【预防】保持犬舍的清洁卫生，将犬舍置于温暖、干燥、通风良好的室内，最好给犬柔软的食物，勤给水。

## ［技能 54］食道梗阻

食道梗阻是犬日常生活中经常出现的症状之一，指的是犬的食道内被食物团块或异物所阻塞，致使食道阻塞而引起的一种疾病。

【病因】可能由于犬过度饥饿或在进食时突然受到惊吓急速吞咽而导致；也可能由食物中混有鱼刺、尖硬骨头块或麻丝、塑料膜等其他异物，阻留在食道入口和胃管之间而导致。

【症状】完全梗阻的病犬表现拒食、不安、头伸颈直、大量流涎等症状，有哽噎或呕吐动作，即使采食也立即全部吐出，有时吐血或带泡沫的黏液。常用后肢搔抓颈部，发生阵咳、窒息甚至头部水肿。不完全梗阻的病犬吐出固体食物后，可食流质料，饮水。如呕吐物被吸入气管，刺激上呼吸道则出现咳嗽。锐利异物造成食道壁裂伤或梗阻时间长的，因压迫食道壁发生坏死或穿孔时，呈急性症状，病犬高热，伴发局限性纵隔窦炎、胸膜炎、脓胸、脓气胸等，多以死亡转归。

【诊断】根据病史和突发的特殊临床症状，胃管插管插至梗阻部不能前进或有阻碍感，可初步确诊，通过投予硫酸钡摄影，即可确定阻塞物的性质。

【治疗】试用催吐剂阿扑吗啡 3 mg 皮下注射，除去食道内梗阻的异物。进行全身麻醉，在食道内窥镜观察下，从口腔中取出异物。异物在颈部食道内滞留或梗阻的，可切开食道取出异物。胸部食道内异物经口排出较困难，也可直接推入胃内，行犬胃切开手术从胃内取出异物。

严重衰弱、脱水、食道穿孔犬，尤其异物压迫食道壁疑似坏死而又无法引出且危及生命时，要施以食道切除术，采取断端吻合，食道双层单纯连续缝合即可。缝合部打结不宜太紧，因食道愈合较难，需多加注意。

食道梗阻持续时间长时，均有并发症，必须局部及全身大量投予抗生素。

【预防】饲养尽量做到定时定量，避免饱饥不均导致犬见到食物时迫不及待抢食。犬在进食时要保持安静，避免人为惊扰。

## ［技能 55］胃内异物

胃内异物是指犬猫吞入的异物长期滞留于胃内，既不能被胃液消化，又难以呕吐出或随粪便排出，长期对胃黏膜造成机械刺激而引起胃炎和胃消化功能障碍的一种疾病。本病多见于幼犬和小型品种犬。

【病因】犬在嬉闹或训练时最容易误食泥土、石头、骨头、木片、金属、塑料玩具、牵引带、布块等异物。猫较常见的异物包括毛球、绳子、线等。此外，消化道内寄生虫，营养不良、维生素或矿物质缺乏等引起的犬猫异食癖也可引起本病。

【症状】犬和猫胃内异物最常见的临床症状都是呕吐和食欲不振，依据异物的种类、性质及存在的位置不同，患病犬猫多呈现急性或慢性胃炎的症状。如异物阻塞了幽门部可表现为顽固性的呕吐、拒食、口渴，经常改变躺卧地点，呻吟或嚎叫，腹部触诊敏感、疼痛等。有时可在肋下部触摸到异物。如异物为尖锐物体（如缝针、鱼钩等）可损伤胃黏膜，造成患病犬猫呕血或排血便，甚至穿透胃壁引起胃穿孔。如异物未造成完全阻塞，则病犬多表现为食欲不振，采食后间歇性呕吐。

【诊断】X线摄影和钡餐透视可以确诊。

【治疗】洗胃或投喂催吐剂，0.1%盐酸阿扑吗啡 5～10 ml 皮下注射，严重者可手术切胃取出异物。对于骨或小块异物引起时性障碍的病犬，一般能与肠内容物同时排出；因此，观察 2～3 d 后再做处置。对异嗜犬，要治疗原发病。

## ［技能 56］胃扩张－扭转综合征

胃扩张是由于胃的分泌物、食物或气体聚积使胃发生扩张而引起的一种疾病。本病经过急剧，发病率与犬品种和年龄无关。继发性胃扩张主要继发于胃扭转、胃内异物、幽门梗阻、小肠梗阻、蛔虫阻塞、小肠扭转及肠套叠，另外慢性肝脏、胆囊、胰腺疾病也可继发慢性胃扩张。

【病因】因食入大量干燥难以消化或易发酵的食物，继而剧烈运动，饮用大量冷水，使食物和气体积聚于胃内；异嗜、分娩、呕吐、全身麻醉、腹部手术、脊髓损伤、胃的恶性肿瘤等作用于胃壁及自主神经，抑制胃的运动和分泌功能；胃扭转、肠梗阻、便秘等机械性阻塞，都可引起胃扩张。

【症状】病犬腹部胀满，因腹痛而嚎叫不安，干呕、呕吐，流涎，可视黏膜潮红，呼吸困难，脉搏增数。触诊腹前部增大变硬，叩诊呈鼓音。病后期，因脱水、自体中毒而使病情变化。若不及时治疗，常会在短时间内致死。

【治疗】单纯过食时，可用催吐剂使犬呕吐，如阿扑吗啡 2～10 mg 皮下注射；急性胃扩张应插胃管排出胃内气体，用温 0.9%氯化钠溶液反复洗胃；也可用大针头插胃放气，同时以药物镇痛，若放气不能获得显著效果，应尽早进行腹部手术，使胃排空；待症状缓解后，应禁食 24 h，以后数日内给予流食，并控制饮水和活动。

## ［技能 57］幽门狭窄

幽门狭窄是指幽门括约肌肥厚所致的幽门口狭窄，以持续性呕吐为特征，根据发生原因可分为先天性狭窄和后天性狭窄两种。

【原因】先天性幽门狭窄是由于幽门括约肌先天性增生，或因胃和十二指肠韧带异常发达所致。但增生的原因目前尚不十分清楚。但产前 20 d 注射胃泌素的母犬，其所产仔犬能发生中度幽门肥厚。据报道，对 30 日龄的仔犬注射胃泌素，可造成幽门肥厚及十二指肠溃疡。后天性幽门狭窄多继发于幽门痉挛、肌变性及胃泌素分泌过多。此型发病率无品种和年龄差异。

【症状】患先天性幽门狭窄的幼犬腹部膨大，有食欲，但生长迟缓，一般在断乳期饲喂固形饲料时，表现出喷射性呕吐，呕吐发生于食后 24 h 内，呕吐物不含胆汁。若饮水或吸食少量肉汁等流食，呕吐不明显。病犬持续呕吐，可造成脱水和电解质失衡，且逐渐衰竭，最后多因异物性肺炎而死亡。

后天性幽门狭窄病犬，表现为由定期呕吐逐渐转为食后喷射性呕吐。呕吐时间不定。大型犬种呕吐物较多。

【诊断】根据临床症状及 X 线检查，可以确诊。但要注意与幽门痉挛相鉴别，X 线造影做胃内容物排空时间测定（GET），正常情况下，胃内容物排空时间为 60 min，如内容物停滞 5 h 以上，可考虑幽门狭窄和幽门痉挛。

【治疗】本病的根本疗法是切开幽门肌；保守疗法是对幽门痉挛的犬，在采食前 20～30 min，让其内服阿托品 0.05～0.1 mg/kg，或食前 30 min 给予氯丙嗪 1～2 mg/kg。少食多餐也可缓解症状。

## ［技能 58］胃肠炎

胃肠炎是胃肠道表层组织及其深层组织的炎症，临床上以消化紊乱、腹痛、腹泻、发热为特征。本病见于各种年龄和品种的犬，无明显性别差异，但 2～4 岁小型纯种犬多发。

【病因】原发性胃肠炎的主要病因有饲养不良，如采食腐败食物、化学药品、灭鼠药等，过度疲劳或感冒等，使胃肠屏障功能减弱；滥用抗生素而扰乱肠道的正常菌群。此外，某些传染病（如犬瘟热、犬细小病毒病、钩端螺旋体病等）及寄生虫病（如钩虫病、鞭虫病、球虫病等）也常伴发胃肠炎。

【临床症状】病初呈胃肠卡他性变化，随着病情发展而逐渐加重。胃炎主要表现为食欲废，频繁呕吐。呕吐物常混有血液，饮欲亢进，大量饮水后又呕吐。严重呕吐的犬，可出现脱水。病犬体温略升高。触诊腹壁紧张，有明显压痛反应。

肠炎主要表现为剧烈腹泻。病初肠蠕动亢进，伴有里急后重的严重腹泻。粪便混有黏液和血液。后期腹泻伴恶臭，病犬肛门松弛，排便失禁。体温达 40～41℃或降到常温以下。可视黏膜发绀，眼球下陷。病情进一步恶化时，四肢厥冷，腹痛减轻，最后陷入昏睡、抽搐而死亡。

中毒性和传染性胃肠炎，多并发肾炎和神经症状。

【治疗】遵循抗菌消炎、止吐、止泻、止痛、强心补液、纠正酸中毒、补充电解质和增强抵抗力的治疗原则。

1. 消除致病因素。正确分析致病原因后立即祛除致病因素，调整日粮配比，避免对胃肠黏膜有刺激的食物或药物。

2. 减少胃肠负担，禁食 24 h，同时口服补液盐或静脉补液。补液盐配制：葡萄糖

6 g、氯化钾 0.1 g、氯化钠 0.7 g、碳酸氢钠 0.5 g，加凉开水 200 ml，溶解，少量多次灌服。

3. 清理肠道，缓泻止泻。肠炎早期，肠道内容物中会含有大量刺激性腐败产物，适宜缓泻，可用人工盐 20～30 g 内服。当肠道内容物基本排出，臭味不大，又剧烈腹泻不止、腹泻如水（传染性胃肠炎除外）时，可使用止泻药，如吸附收敛的药物（活性炭 0.5～2 g，鞣酸蛋白 0.5～2 g，碱式碳酸铋 0.3～1 g，每日 3 次，口服）

4. 抗菌消炎。适时选用抗生素是治疗胃肠炎的根本措施。

5. 扩充血容量，纠正酸中毒，调整水电解质平衡。5%葡萄糖氯化钠液 100～500 ml，5%碳酸氢钠溶液 10～30 ml；10%氯化钾溶液 0.5～2 ml，肌苷 2～10 mg，ATP 2～5 mg，静脉注射，每日 1 次。

6. 止血。对于肠道出血的病犬肌内注射卡巴克洛 1～2 ml，每日 2 次，维生素 K 32 ml，每日 2 次。

7. 灌肠。采用 1%的高锰酸钾溶液 1000～2000 ml 灌肠以补充体液。

## ［技能 59］出血性胃肠炎综合征

出血性胃肠炎综合征是犬的一种原因不明的疾病，以突然和严重血样腹泻为特征。

【病因】本病与细菌内毒素引起的内毒素性休克、变应性反应或过敏性反应相类似。有人提出该病与免疫性结肠炎的发病机制相似，还有人认为梭状芽孢杆菌与本病的发生有关，但目前均无定论。本病多见于 2～3 岁的青年犬，无品种和性别差异。但小型玩赏犬、小型史纳沙犬和长毛狮子犬较多发。

【症状】腹泻前 2～3 h，突然呕吐，呕吐物中常混有血，排恶臭果酱样或胶冻样粪便。犬精神沉郁、嗜睡，毛细血管充盈时间延长，发热、腹痛、烦躁不安。

【治疗】组胺球蛋白每次 0.5～1 ml 皮下注射；酚磺乙胺每次 100～200 mg 肌内注射，每日 2～3 次；舒必利每次 1～1.5 ml 肌内注射。对 Ht 值 60%以上的病犬要静脉留针滴注乳酸林格氏液，速度控制在 13～14 ml/（kg·h），间隔 2～3 h 检查 1 次 Ht 值，直到毛细血管充盈时间正常（1～2 s）。Ht 值下降后 2～3 d，继续滴注乳酸林格氏液。病犬能饮水时，可给予流质食物，逐渐减少输液量。

## ［技能 60］肠臌气

【病因】由于肠消化功能紊乱，肠内容物产气旺盛，肠道排气过程不畅或完全受阻，导致气体积聚于某部分或大部分肠管内引起肠管臌胀。

【症状】腹痛，腹部迅速膨大，叩诊呈鼓音；听诊肠音在病初增强，后则减弱甚至消失。病初多排稀软粪便，以后则完全停止排粪。呼吸加快，严重者呈现呼吸困难。心率增快，体表静脉充盈；可视黏膜发绀。

【诊断】根据病史和临床症状常可以诊断。

【治疗】单纯过食时，可用催吐剂使犬呕吐，如阿扑吗啡 2～10 mg 皮下注射。急性胃扩张应插胃管排出胃内气体，用温 0.9%氯化钠溶液反复洗胃。也可用大针头插胃放气，同时以药物镇痛。若放气不能获得显著效果时，应尽早进行腹部手术，使胃排空。病犬症状缓解后，应禁食 24 h，以后数日内给予流食，并控制饮水和活动。

## ［技能 61］肠套叠

肠套叠是一段肠管及其附着的肠系膜进入邻近肠管的肠腔内，造成肠腔闭塞不通，相互套入的肠段发生血液循环障碍、肠管粘连，从而导致消化功能严重紊乱的一种疾病。犬的肠套叠较多见，尤其幼犬发病率较高，多见于小肠下部套入结肠。因盲肠和结肠的肠系膜短，有时也发生盲肠套入结肠、十二指肠套入胃内。

【病因】主要由于过度活动和肠道的痉挛性活动。常见于犬细小病毒感染、犬瘟热、感冒、肠炎以及寄生虫等的刺激；摄入大量食物或冷水，肠内气体增加，刺激局部肠道而产生剧烈蠕动，可引起近端肠道套入远端肠道；幼犬断乳后采食新的食物引起吸收不良等。反复剧烈呕吐、肠肿瘤和肠道局部增厚变形，也能引起肠套叠。

【症状】急性型表现高位性肠梗塞症状，几天内即可导致死亡。慢性型可持续数周不等。肠套叠病犬主要表现为食欲不振、饮欲亢进、顽固性呕吐、黏液性血便、里急后重、腹痛、脱水等。腹部触诊有紧张感，右下腹部可触摸到坚实而有弹性似香肠样的套叠肠段，粗细为肠管的 2 倍左右。套入长度不等，甚至套入肠段长达 27 cm，个别犬套入部可突出肛门外，似直肠脱出。

【临床病理】肠套叠初期，由于肠系膜受到压迫，套叠部管发生淤血和肿胀，肠壁水肿，肠腔内有血液渗出。浆膜面有纤维素性渗出物，使套叠部的中、内肠壁发生粘连，随着局部血液循环障碍的进一步发展，套叠部肠段发生坏死。

【诊断】根据顽固性呕吐、无大便及腹部触诊有香肠样物，可疑似本病。X 线检查，可见两倍肠管粗细的圆筒状软组织阴影，肠阻塞严重时，套叠部的肠壁间有气体阴影或出现双层结。

【治疗】手术疗法。复位异常肠管，坏死段肠管需切除。套叠很容易复发，可以通过小肠切除术在一定程度上减轻其复发的可能性。

# 任务 9　犬猫呼吸系统疾病

## ［技能 62］感冒

感冒是以上呼吸道黏膜炎症为主要症状的急性全身性疾病。多发于气候多变的季节，幼犬发病率高。

【病因】本病具有高度接触传染性，其病原体很可能是病毒。当机体抵抗力降低、上呼吸道黏膜防御功能减退以及对犬饲养管理不当时，呼吸道内的常在菌群大量繁殖，可导致本病的发生。

【症状】突然发病，精神沉郁，食欲减退，结膜潮红，畏光流泪，皮温不整，流水样鼻汁，常咳嗽。呼吸加快，胸部听诊肺泡呼吸音增强，心率加快。伴随发热症状，体温多为 39～40℃，而正常情况下，成年犬应为 36.5～37.5℃，幼犬通常在 37～38℃。

【诊断】主要依据气候变化，突然出现上呼吸道轻度炎症来确定。

【治疗】康泰克 0.5～2 粒/次口服，每日 1 次；复方氨基比林 2 ml 肌内注射，每天 2 次。为防止继发感染，可配合抗生素治疗。

## ［技能 63］鼻炎

鼻炎是鼻腔黏膜的炎症，以鼻腔黏膜充血、肿胀，流鼻涕、打喷嚏为特征。原发性浆液性鼻炎较为多见。

【病因】

1. 原发性鼻炎。主要由寒冷、化学和机械因素等刺激，使鼻黏膜充血、渗出，鼻腔内常在菌乘机繁殖，从而引起黏膜发炎。吸入的尘埃、花粉、毒气、麦芒、昆虫等直接刺激鼻腔黏膜，也可引起本病。

2. 继发性鼻炎。常发生于某些传染病（犬瘟热等）的经过中。硬腭先天缺损、咽麻痹、口腔或咽肿瘤、环状咽痉挛、口鼻瘘管等，均可诱发本病。

【症状】

急性鼻炎：病初鼻腔黏膜潮红、肿胀，频发喷嚏，病犬常摇头或用前爪搔抓鼻子，随之由一侧或两侧鼻孔流出鼻涕，初为透明的浆液性，后变为浆液黏液性或黏液脓性，干燥后于鼻孔周围形成干痂。病情严重时，鼻腔黏膜明显肿胀，使鼻腔变狭窄，影响呼吸，常可听到鼻塞音。伴发结膜炎时，畏光流泪；伴发咽喉炎时，病犬吞咽困难，咳嗽，下颌淋巴结肿大。

慢性鼻炎：病情发展缓慢，鼻涕时多时少，多为黏液脓性。炎症若波及鼻旁窦，常可引起骨质坏死和组织崩解，因而鼻涕内可能混有血丝，并有腐败臭味。慢性鼻炎常可成为窒息或脑病的原因，应予以重视。

【诊断】主要依据鼻腔黏膜充血、肿胀、流鼻涕、打喷嚏等变化来确诊。但要注意与副鼻窦炎相鉴别。

【治疗】对原发性或继发细菌感染的犬，选用氨苄西林 20 mg/kg 口服，每日 3 次。康宁克通 A 每次 20～40 mg，鼻甲内注射。真菌感染的犬，要清洗鼻腔，用 1%复方碘甘油喷雾，连用 10 d；可给予氯霉素 50 mg/kg 口服或皮下注射，每日 2 次，连用 2 d。药物治疗效果不佳时，行鼻切开术，除去感染灶。

对特异性致病因素造成的鼻炎，可给予氯苯那敏 4～8 mg 口服，每日 2 次；去甲肾上腺素 0.15 mg/kg 皮下注射，每日 2 次；泼尼松龙 0.5 mg/kg 口服，每日 2 次。

【预防】

1. 加强饲养管理，改善病犬的生活环境。

2. 清洗病犬鼻腔：犬鼻液黏稠时，可选用温热的0.9%氯化钠溶液或1%碳酸氢钠溶液冲洗鼻腔。

3. 局部给药：为消除局部炎症，可涂擦抗生素软膏，或往鼻腔注入庆大霉素溶液。

## ［技能64］气管支气管炎

气管支气管炎是指气管、支气管黏膜及其周围组织的急性或慢性非特异性炎症。临床上以咳嗽、气喘、胸部听诊有啰音为特征，多反复急性发作于寒冷季节。

【病因】原发性气管支气管炎主要受寒冷刺激和机械、化学因素的作用。继发性气管支气管炎多为病原体感染所致。

1. 主要病原体有病毒（犬副流感病毒、犬腺病毒、犬呼肠孤病毒、犬瘟热病毒）、细菌（肺炎双球菌等）、寄生虫（肺丝虫、粪类圆线虫、蛔虫等），偶由真菌、支原体感染引起。

2. 化学性刺激包括吸入烟、刺激性气体、尘埃、霉菌孢子、强硫酸等。

3. 机械性因素有过度勒紧脖圈、食道内异物及肿瘤、肺肿瘤或心脏异常扩张等超负荷压迫支气管使支气管内分泌物排出不畅等，均可刺激呼吸道黏膜而引起支气管炎症。

【临床症状】急性支气管炎主要表现为剧烈的短暂的干咳，随渗出物增加而变为湿咳。人工诱咳阳性。两侧鼻孔流浆液性、黏性乃至脓性鼻涕。肺部听诊支气管呼吸音粗，发病2～3 d后可听到干、湿性啰音。并发于传染病的支气管炎，体温升高，出现严重的全身症状。慢性支气管炎多呈顽固性湿咳，有的呈持续干咳。体温多正常。肺呼吸音多无明显异常，有时能听到湿性啰音和捻发音。如果支气管黏膜结缔组织增生变厚，支气管腔狭窄时，则发生呼吸困难。

【诊断】了解病史后，还需结合病理学检查、实验室检验和影像学检验等，可以通过评估血液中的氧浓度来了解呼吸道的功能。

【治疗】使用抗生素和镇咳药进行治疗。

1. 抗生素治疗：可选用庆大霉素注射液1～1.5 mg，每天3次肌内注射。四环素片20 mg/kg，每天3次口服；氯霉素片50 mg/kg，每天3次口服；卡那霉素注射液5 mg/kg，每天2次肌内注射。

2. 镇咳药治疗：可选用氨茶碱片10 mg/kg（猫5 mg/kg），每天2～3次口服；咳喘平每次2～10 mg，每天3次口服；麻黄素5～15 mg/kg，每天3次口服。呼吸困难者可进行吸氧。厌食和脱水患病动物须进行静脉输液，补充水分和营养。

【预防】定时给犬进行疫苗接种可降低发病率，另外，合理的饲养管理也是必不可少的，如将犬安置在舒适、干燥、通风的环境，饲喂专用的犬粮，让犬进行适量的运动等。

## ［技能 65］支气管肺炎

支气管肺炎又称小叶性肺炎，是个别小叶或几个肺小叶的炎症，肺泡内通常充满上皮细胞、血浆与白细胞组成的炎性渗出。临床上以弛张热、呼吸频率加快、咳嗽为主要特征。

【病因】受寒后继发、饲养管理失调、物理化学因素的刺激，机体抵抗力降低，为各种细菌造成了可乘之机，如巴氏杆菌、肺炎球菌、链球菌、葡萄球菌等感染。寄生虫性病因，蛔虫幼虫在体内移行过程中损伤肺泡及支气管。继发因素，如腺病毒、犬瘟热、传染性肝炎及临近组织器官的炎症转移，均可导致支气管肺炎。

【症状】病初呈急性支气管炎症状，流鼻液、干性咳嗽、有支气管音。随病情发展，全身情况恶化，精神沉郁，食欲减少或不食，体温升高到 39.5℃，呈弛张热，呼吸困难，呼吸次数增加，结膜潮红，眼球下陷，脱水。肺部病灶区听诊肺泡音减弱，可听到捻发音，在健康部位可听到声音。血液白细胞总数和嗜中性粒细胞数增多，并有核左移现象。X 线检查，可见肺纹理增粗，并有片状阴影。

【治疗】本病与支气管炎的治疗方法相同。

制止渗出，可用葡萄糖酸钙 20 ml 静脉注射，维生素 C 1 000～2 000 mg、10%水杨酸钠 10～20 ml 混于葡萄糖氯化钠溶液中静脉滴注。

出现低氧血症的犬，应尽快输氧。

## ［技能 66］大叶性肺炎

【病因】大叶性肺炎多由于感冒、空气不清新、通风不好、过于劳累、身体缺乏维生素，导致呼吸道感染以及抵抗力下降，以至呼吸道内或体外的微生物（葡萄球菌、链球菌、大肠杆菌、克雷白杆菌及霉菌等）经过一段时间的潜伏期之后，使动物受到病原体的侵袭，病情发作。吸入带有刺激性的气体、煤烟或误食异物而进入肺部等也可引发流病。

【症状】肺部听诊，病灶区肺泡音减弱，可听到捻发音，在健康部位可听到声音。

血液白细胞总数和嗜中性白细胞数增多，并有核左移现象。X 线检查，可见肺纹理增粗，并有片状阴影。病初呈急性支气管炎症状，流鼻液，干性咳嗽，有支气管音。

【治疗】青霉素粉针 5 万 IU/kg，链霉素粉针 3 万 IU/kg，地塞米松注射液 0.1～0.3 mg/kg，混合后肌内注射，每日 2 次，连用 5～7 d。四环素 10～15 mg/kg，溶于 5%葡萄糖中，静脉注射，每日 2 次。或头孢菌素 5～6 mg/kg、地塞米松 0.2 mg/kg，混合肌内注射，每日 2 次。

【预防】注意环境清洁卫生，冬天犬容易感冒，不要让犬在空调下用暖风直吹，适当地让它得到锻炼，增加自身免疫力。

## ［技能 67］异物性肺炎

异物性或吸入性肺炎是由于异物（空气以外的其他气体、液体、固体等）被吸入犬肺内，而引起的支气管和肺的炎症。

【病因】犬吞咽障碍及强行灌药，是异物性肺炎最常见的原因。当患咽炎、咽麻痹、食道阻塞和伴有意识障碍的脑病时，由于吞咽困难，容易发生吸入或误咽现象，从而引起异物性肺炎。异物进入肺内，最初是引起支气管和肺小叶的卡他性炎症，随后病理过程剧烈增重，最终可发展为肺坏疽。

【症状】本病初期，犬呈现支气管肺炎的症状，呼吸急速而困难，腹式呼吸明显，并出现湿性咳嗽。体温升高，脉搏快弱，有时战栗。本病后期，犬呼气有腐败性恶臭味，两鼻孔流出有奇臭的污秽鼻液。

【防治】迅速让犬排出异物，制止肺组织的腐败分解，缓解呼吸困难，对症治疗。

1. 排除异物：首先让病犬横卧，把后脚抬高，便于异物向外咳出。同时皮下注射 2%盐酸毛果芸香碱 0.2～1 ml，使气管分泌增加，可促使异物迅速排出。

2. 输氧：当呼吸高度困难时，应进行氧气吸入。抗菌治疗可及时注射青霉素、链霉素、红霉素、卡那霉素、庆大霉素、四环素或口服复方新诺明片等。

3. 气管内注入：可使用 4%甲醛溶液或 5%薄荷脑液状石蜡油 2～3 ml，每天 2 次，4 次为 1 疗程。

## ［技能 68］肺水肿

肺水肿是肺毛细血管内血液量异常增加，血液的液体成分进入肺泡、支气管及肺间质内的一种非炎症性疾病。临床上以极度呼吸困难、流泡沫样鼻汁为特征。

【病因】

1. 肺毛细血管压升高：见于各种原因所致的左心功能不全肺静脉栓塞性疾病、输血及输液过量等。

2. 血浆胶体渗透压降低（低蛋白血症）：见于肝病时蛋白合成能力降低、肾小球肾炎及淀粉样变性的蛋白丢失、蛋白漏性肠炎、消化吸收不良综合征等。

3. 肺泡－毛细血管通透性改变：见于吸入毒物、外源性循环中毒、内源性循环中毒、弥漫性血管内凝血、过敏、休克等。

4. 淋巴系统障碍：见于肿瘤性浸润。

【症状】突然发病，弱而湿的咳嗽，头颈伸长、鼻翼翕动，甚至张口呼吸、高度混合性呼吸困难，呼吸频率明显加快（60～80 次/min）。

病犬惊恐不安，常取犬坐姿势，结膜潮红或发绀，体温升高，眼球突出，静脉怒张，两侧鼻孔流出大量浅黄色泡沫状鼻汁。胸部可听到广泛的水泡音。

发生心功能障碍时，病犬呈休克状态。

【诊断】确切诊断主要依靠X线检查。

1. 弥漫性肺泡型肺水肿：以肺门为中心，其周围可见广泛的无定型状阴影。空气支气管影像，常常看不到支气管内因周围肺泡潴留水分，阴影度增加呈树枝状。空气肺泡影像，由于进入水分的肺泡和正常的肺泡混合存在，产生斑点阴影。神经性水肿时，肺后叶阴影度增加。

2. 无结构弥漫性间质型肺水肿：肺阴影度增强，血管和支气管结构反差减少（似X线量不足）。有的可见血管轮廓。支气管周围潴留水分可形成环形阴影。

一般情况，上述两种类型同时存在。

【治疗】首先使犬安静，放入笼内。硫酸吗啡0.2～0.5 mg/kg静脉注射。戊巴比妥钠6～10 mg/kg静脉注射。

为改善气体交换，立即输氧或吸入消泡剂（40%乙醇）。扩张气管可内服氨茶碱6～10 mg/kg。呋塞米2～4 mg/kg，口服可减少肺毛细血管压。异羟基洋地黄毒苷0.01～0.02 mg/kg静脉注射（分3次用药），或盐酸多巴胺2～8 μg/kg静脉注射也有一定效果。

## ［技能69］肺气肿

肺气肿是肺的肺泡气肿和间质性气肿的统称。该病是因肺组织内空气含量过多而引起。肺泡性肺气肿是肺泡内空气量增多。间质性肺气肿是气体进入间质的疏松结缔组织中使间质膨胀。

【病因】分为原发性和继发性两种。原发性的主要由于剧烈运动、急速奔跑、长期挣扎，导致强烈的呼吸所致，老龄犬因肺泡壁弹性降低较容易发生本病。继发性的常因慢性支气管炎、支气管狭窄、气胸时持续咳嗽，气体通过障碍而引起。

【症状】呼吸困难，气喘，张口呼吸，明显的缺氧症状，可视黏膜发绀，精神沉郁，易于疲劳，脉搏细数，体温一般正常。听诊肺部肺泡音减弱，可听到碎裂性啰音及捻发音；偶可听到支气管呼吸音；叩诊呈过清音，叩诊界后移。X线检查肺示区透明、膈肌后移、支气管影像模糊；继发性肺气肿往往伴有原发病的症状，间质性肺气肿可伴发皮下气肿。

【治疗】先天性的肺气肿引起的肺部感染可行外科切除术；获得性的肺气肿需要有效地治疗潜在的慢性呼吸系统疾病，以防止疾病进一步发展。使用糖皮质激素和支气管扩张药物，控制肥胖也很重要。

## ［技能70］气胸

犬猫的气胸几乎不同程度地发生于双侧。气胸常导致胸腔内空气占有空间的增大和肺叶的萎陷。

【病因】空气经过胸腔壁上一个很深的伤口（开放性气胸）或经过肺或胸腔纵隔进入胸腔。肺或气管外伤常引起闭合性气胸，如腹腔压迫闭合声门导致支气管破裂或肺实质损伤。自发的气胸没有外伤病史，而产生于已存在的肺部疾病，如肺水泡或肺囊肿破裂，或是肺部脓肿及坏死的肿瘤破裂。

【症状】动物主要表现为呼吸困难和呼吸急促。胸部听诊时肺泡音减弱，肺部叩诊时可表现为鼓音增强。

【诊断】X线检查显示胸腔内有气体，导致肺叶收缩而脱离胸腔壁，由于萎陷而使肺叶的不透明度增加。横躺时侧面检查，可见心脏从胸骨处提高的轮廓。对于张力性气胸，胸腔过度膨胀（桶胸）而使横膈肌变平、横膈肌副瓣显现。肋骨和肋软骨垂直向脊柱，张力性气胸需要立即进行胸腔穿刺以减小胸腔内压力。通过胸腔穿刺排出空气后，应重复进行X线检查，以防止各种潜在的肺部病原体。

【治疗】如果气胸很小，且动物无症状表现，完全可进行保守治疗。关入笼中静养或进行密切监视，对防止病情突然恶化十分必要。简单的胸腔穿刺术在受到外伤后常有疗效，但应继续密切监视，以防复发。自发性气胸一般需要导管胸廓造口术，并需外科手术治疗，以消除潜在病因。

## ［技能71］胸膜炎

胸膜炎是指胸膜发生以纤维素沉着和胸腔大量炎性渗出物为特征的一种炎症性疾病。

【病因】

1. 原发性病因：如遭受车辆冲撞或从高处坠落可引起胸膜急性挫伤，或胸壁遭受枪伤、异物刺伤造成胸壁穿透而引发的感染。

2. 继发性病因：多是胸部器官疾病的蔓延或作为某些疾病的症状之一，见于肺、纵隔、心包、淋巴结的炎症，肋骨或胸骨骨折后发生感染，某些传染病如结核病、钩端螺旋体病、传染性鼻气管炎或猫传染性腹膜炎的过程中。

【症状】发病初期精神沉郁、食欲不振、体温升高2℃以上。呼吸浅表而快，因胸部有水或有粘连，听诊可有拍水音和摩擦音。胸部叩诊，动物躲闪敏感。当有大量炎性渗出物渗出时，液体积聚于胸腔，压迫肺脏，可见呼吸困难，结膜口色发绀。

慢性胸膜炎：表现反复发热，呼吸急促。若胸膜有广泛性粘连和胸膜增厚，听诊肺泡音弱或无，叩诊时有大面积浊音区。

1. 漏出液：由充血性心力衰竭、肝病、低蛋白血症和肺栓塞等引起。

2. 变更漏出液：由肺扭转、膈疝、肝箝闭、充血性心力衰竭或未脱落肿瘤阻塞淋巴回流引起。

3. 渗出液：分腐败性和非腐败性两种。腐败性渗出液由于外伤或穿孔，使细菌、真菌、病毒、寄生虫等进入胸腔引起；非腐败性渗出液见于猫传染性腹膜炎、胰腺炎、尿毒症、肺叶扭转和新生瘤等。

4. 肿瘤性积液：见于猫胸腺淋巴肉瘤、老年动物转移性癌和腺癌、血管肉瘤、心脏肿瘤等，为非腐败性渗出液。

5. 乳糜性积液：也称乳糜胸，见于先天性胸导管异常、胸导管肿瘤和栓塞。猫心肌病或长期胸积液，由于细胞破碎，可引起假乳糜胸。

6. 胸腔积血：见于外伤、双香豆素中毒等。

【治疗】氨苄西林 10～20 mg/kg 静注，每日 3 次。氯霉素 50 mg/kg 口服或肌内注射，每日 2 次。除去胸腔积液可用呋塞米 2～4 mg/kg 口服，每日 2 次。制止渗出可用 10%葡萄糖酸钙 20～40 ml 静脉注射。排出脓汁和清洗胸腔选用近于体温的林格氏液加抗生素和胰凝乳蛋白酶 5000 NF 单位/100 ml，以 10 ml/kg，每天冲洗 2 次，通常注入清洗液后 30～60 min 排液。此外，补液、输氧等进行支持疗法。

【防治】主要是消除炎症，制止渗出，促进渗出物的吸收和排出，控制感染，防止自体中毒。

# 任务 10　犬猫循环系统疾病

## [技能 72] 心力衰竭

心力衰竭是指在血管功能正常和循环血液正常的条件下，心脏不能将从静脉流向心脏的血液充分排出，由于心排出量绝对或相对较少，不能满足全身组织的需要，从而引起循环障碍的临床综合征。其是各种原因所致心脏疾病发展到晚期时难以避免的结局。

【病因】先天性心脏病，系统性高血压，心肌病变（品种易感染），肾素－血管紧张素－醛固酮系统异常（RAAS）。

【症状】左心衰：可视黏膜发绀、气急、端坐呼吸（祈祷式呼吸）、咳嗽、休克。

右心衰：颈静脉怒张、肝大（肝淤血肿大）、四肢水肿、腹水。

全心衰：大多数由左心衰发展而成。

【治疗和预防】

1. 加强护理：对急性心力衰竭病犬，应使其立即安静休息，停止一切训练和作业，给予易消化吸收的食物。对呼吸困难的犬，应立即进行吸氧补氧。

2. 增强心肌收缩力：对急性心力衰竭病犬，为了急救，应选用速效、高效的强心剂。常用的有洋地黄毒苷注射液，用量为 0.006～0.012 mg/kg，静脉注射全效量（于短期内应用足够剂量，使其发挥充分的疗效，此剂量称作全效量）。维持量为全效量的 1/10。对于病情较重、较急的病例，首次应注射全效量的 1/2，以后每隔两小时注射全效量的 1/10，达到全效量（其指征是心脏情况改善，心率减慢接近正常，尿量增加）后，每日给 1 次维持量。维持量使用时间的长短，随病情而定，一般需 1～2 周或更长时间。毒毛花苷 K，静脉注射后 3～10 min 可显效，1～2 h 达最大效应，可维持 10～12 h，犬用量为每次 0.25～0.5 mg，用葡萄糖溶液或 0.9%氯化钠溶液稀释 10～20 倍后缓慢静脉注射，必要时于 2～4 h 后以小剂量重复 1 次。此外，黄夹苷，犬每次 0.08～0.18 mg，用葡萄糖溶液稀释 10～20 倍后缓慢静脉注射。福寿草总苷（心福苷），犬每次 0.25～0.5 mg，用葡萄糖注射液稀释 10～20 倍后，以 6～12 h 的间隔，分 3～4 次缓慢静脉注射，都有较好的疗效。

3. 减轻心脏负荷：对出现心源性钠潴留的病犬，要适当限制饮水和盐量，选用适当的利尿剂，如氢氯噻嗪（每次 0.025～0.1 g，每日 1～2 次）、呋塞米（每次 5 mg/kg，1 d 内服 1～2 次，连用 2～3 d）等都有较好的疗效。

## ［技能 73］心肌炎

心肌炎是以心肌兴奋性增强和心肌收缩功能减弱为特征的心肌炎症，是犬的一种常见心脏病。犬心肌炎是由不同病因引起心脏病变的一组疾病的统称。它分感染性、风湿性、过敏和变态反应性以及理化因素引起的心肌炎，但临床上绝大部分心肌炎是由病毒引起的。心肌炎也分为慢性和急性心肌炎。

**【诊断】**

1. 心功能是诊断心肌炎的一个指标。方法：让犬在安静状态下，测定心率，然后让犬运动 5 min 后停止运动，再测心率。如有心肌炎，停止运动 2～3 min 后，心率仍继续加快，须较长时间后才能恢复原来的心率。

2. 心电图检查，T 波减低或倒置，ST 间期缩短。

3. 调线检查，心脏阴影扩大。

**【治疗】**减轻心脏负荷，增强心肌营养，提高心肌收缩功能，治疗原发病。

1. 消除心肌炎症。及时应用抗生素治疗。如用头孢菌素 50 mg/kg，肌内注射或和 10%葡萄糖注射液混合静脉滴注，每日 2 次。磺胺嘧啶钠注射液，50 mg/kg，静脉注射，每日 2 次。

2. 促进心肌代谢。三磷酸腺苷 2～3 mg/kg，辅酶 A 10 单位/kg，肌苷 10 mg/kg，维生素 C 50 mg/kg，10%葡萄糖注射液 30 ml/kg，混合静脉滴注。对于急性高热的犬可用地塞米松注射液 2～7 mg，肌内注射或静脉注射，每日 1 次。

3. 加强护理。让病犬保持安静，避免过度兴奋或运动，给予营养丰富、维生素含量高的食物。

## ［技能 74］心包炎

心包炎是指心包壁层和脏层的炎症，按病程可分为急性和慢性两种，按渗出物可分为浆液性、纤维素性、出血性、化脓性、腐败性等多种类型。

**【病因】**非创伤性心包炎通常由血源性感染或邻近器官炎症（心肌炎、胸膜炎）蔓延引起，常见于某些传染病、寄生虫病和各种脓毒败血症。受寒、过劳、饲养管理失误、维生素缺乏以及许多亚临床型新陈代谢疾病会降低机体的抵抗力，促进心包炎的发生。

**【临床特征】**发热、心率增加，心律失常，心音减弱，心浊音区扩大，出现心包摩擦音或心包拍水声，心包腔内积聚大量渗出物。后期病犬可能会出现颈静脉、胸外静脉怒张，腹下水肿，脉搏减弱，结膜发绀，呼吸困难。

**【诊断】**急性心包炎初期症状不明显，诊断比较困难，但发展到中期及以后便能凭借明显特征作出诊断。必要时可进行 X 线检查、超声检查、心包穿刺液检验和血液检验。为确定病原体，还可进行相应的特殊检查。

【治疗】为减轻心脏负担，试用心包穿刺法，排液后注入含青霉素 100 万～200 万 IU，链霉素 1～2 g 和胃蛋白酶 10 万～20 万 IU 的溶液，对于出现严重心律失常的病畜，可选用硫酸奎尼丁、盐酸利多卡因、普萘洛尔等制品，有充血性心力衰竭的病畜，可试用洋地黄制剂、咖啡因等药物。

## ［技能 75］心律失常

心律失常指的是心脏发出冲动的频率、节律、起源部位、传导速度与搏动次数的异常，表现为脉搏异常和不规则心音，并引起虚弱、衰竭、癫痫样发作或者突然死亡。

【病因】病因比较复杂，包括心脏本身的疾病以及创伤、感染、先天性形态异常、心肌病和肿瘤等。心脏外因素，比如电解质代谢紊乱、自主神经紊乱、低血氧、酸中毒、甲状腺功能亢进、药物中毒、应激、兴奋、低血钾、高血钙、高热或者低体温等。

【症状】根据性质不同，有的没有明显危害，有的可引起突然死亡。轻微症状的犬心音和脉搏异常，容易疲劳，运动后呼吸以及心跳次数恢复得比较慢。重症犬表现为无力，安静时呼吸急促，严重心律不齐，呆滞、痉挛、昏睡、衰竭，甚至是突然死亡。

【诊断】通过调查病史，并且对其听诊，根据心动过速、心动过缓、间歇性心音、心音不规则及触诊脉搏不规则等可作出初步诊断。当然如果要详细诊断还是要通过心电图来进行判断，观察心律失常的严重程度。

【治疗】根据诊断的结果，在治疗原发病的同时，加强饲养管理并且结合药物来进行治疗。比如心室纤颤可用电击除颤，左心室内可注射肾上腺素或去甲肾上腺素，使用氯化钙、维生素 B、维生素 E。

## ［技能 76］贫血

贫血是指单位容积血液中红细胞数量或血红蛋白含量低于正常值。贫血不是独立的疾病。正常情况下血液中的红细胞和血红蛋白含量保持相对稳定，血液丢失过多、红细胞受到大量破坏、红细胞生成严重不足或障碍，都可引起贫血。

【病因】

1. 出血性贫血：突然短时间大量失血引起的贫血，如外伤或手术。

2. 溶血性贫血：慢性反复失血，同时新造的血不能补偿，如鼻、肾、肺等的慢性出血。

3. 营养性贫血：红细胞遭受破坏发生溶血引起的贫血，如细菌感染、血液原虫侵袭、中毒、免疫反应性溶血。

4. 再生障碍性贫血：因骨髓造血功能障碍，红细胞生成不足引起的贫血，如某些传染病、血液寄生虫病、化学毒物和药物等造成的贫血。

【症状】身体虚弱，容易疲劳，多汗，心跳、呼吸加快，可视黏膜和皮肤苍白，血红蛋白含量和红细胞数量减少，红细胞形态异常。

【治疗】依不同的原因采取不同的治疗措施。

1. 出血性贫血：

（1）立即止血。①局部止血：外科方法。②全身止血：卡巴克洛注射液、10%氯化钙注射液，增加血管通透性；仙鹤草素、维生素 $K_1$，增加凝血功能；鞣酸蛋白内服，用于胃出血；输血，补全血，增强凝血功能。

（2）抢救休克：输血，输液（低分子右旋糖酐）。

（3）补充造血物质：硫酸亚铁、枸橼酸铁铵、维生素 $B_{12}$。

2. 溶血性贫血：消除病因，输血（换血），补充造血物质，加强饲养管理。

3. 营养性贫血：针对性补充营养。

4. 再生障碍性贫血：

（1）消除病因。

（2）提高造血功能：睾丸同类制剂，刺激骨髓新生细胞。

（3）输血。

## ［技能 77］血小板减少症

血小板减少症以血小板减少、皮肤和黏膜的淤点和淤斑及鼻衄为特征。

【病因】由于骨髓疾病免疫介导的破坏作用、消耗性凝血病造成血小板生成减少，也可能因某些病毒感染或使用某种活病毒疫苗而引起，主要分为以下几种：

1. 血小板生成减少：

（1）遗传性：如贫血、先天性伴畸形无巨核细胞血小板减少症等。

（2）获得性：再生障碍性贫血，巨核细胞再生障碍，病毒感染，影响血小板生成的药物（乙醇），维生素 $B_{12}$、叶酸缺乏。

2. 非免疫因素引起的血小板破坏增加：血栓性血小板减少性紫癜、妊娠、感染、血管瘤－血小板减少综合征、蛇咬伤、急性呼吸窘迫综合征、严重烧伤等。

3. 免疫因素引起的血小板破坏增加：免疫性血小板减少性紫癜，HIV 感染，周期性血小板减少，药物（肝素、奎宁、奎尼丁、解热镇痛药、青霉素、头孢类抗生素、利福平、呋塞米、卡马西平、丙戊酸钠、磺胺类降糖药及苯妥英钠等）引起的血小板减少，输血后血小板减少。

4. 血小板分布异常：脾功能亢进、降温。

5. 血小板丢失：出血、体外灌注、血液透析。

6. 其他：假性血小板减少。

【症状】皮肤出血，牙龈出血，口腔黏膜血疱，鼻衄，关节出血，肌肉及深部组织血肿，消化道出血（呕血、便血、黑便等），泌尿道出血，视网膜出血，中枢神经系统出血，拔牙或手术后出血，伤口出血时间延长。

【治疗】本病以激素、输血等方法治疗为原则。治疗方案如下：

1. 泼尼松龙（免疫性血小板减少症）。2～3 mg/（kg·d），口服或肌内注射，每日 2 次，逐减到 0.5～1 mg/（kg·d），口服，每 2～3 d 1 次。

2. 长春新碱（免疫性血小板减少症）。犬：0.02 mg/kg，静脉滴注，间隔 7～10 d 1 次。

3. 环磷酰胺（免疫性血小板减少症）。犬：2 mg/kg，口服，每日 1 次，每周连用 4 d，或隔天 1 次，连用 3～4 周。

4. 输新鲜全血或静脉输注血小板。

## 任务 11　犬猫泌尿系统疾病

### ［技能 78］肾小球肾炎

肾小球肾炎是最常见的肾小球疾病，通常由肾小球毛细血管壁上的免疫复合物引起。一般认为它是慢性肾功能不全或肾衰竭的一个主要原因。肾小球性肾病的特征是丢失大量的血浆蛋白，主要是白蛋白。

【病因】肾炎的病因几乎均与免疫机制有关。由于循环血液中的抗原－抗体复合物附着在肾小球，当有新感染时，则在肾小球毛细血管基底膜上发生反应，引起基底膜损伤和肾小球肾炎的发生。常见的抗原有细菌（大多为化脓性细菌），如皮肤脓肿、子宫蓄脓；寄生虫，如弓形体、犬恶心丝虫等；恶性肿瘤；某些病毒传染病，如犬传染性肝炎、犬细小病毒病、结核病、钩端螺旋体病等；中毒性因素，如内源性毒素、毒血症、败血症、菌血症等。

【症状】

1. 急性肾小球肾炎：动物精神沉郁，体温升高，食欲不振，有时发生呕吐、腹泻。肾区敏感，触诊疼痛，肾肿胀。不愿活动，步态强拘，站立时背腰拱起，后肢集拢于腹下。出现尿频、尿淋漓或排尿困难，有的病例有血尿或尿闭。尿闭后腹围迅速增大，患病的动物屡屡做出排尿姿势，但无尿排出。动脉血压升高，第二心音增强。随着病程延长，由于血液循环障碍和全身淤血，可见眼睑、胸、腹下发生水肿。当发展为尿毒症时，则呼吸困难、衰竭无力、肌肉痉挛、昏睡、体温低下、呼气有尿臭味。

2. 慢性肾小球肾炎：发展缓慢，食欲不振，消瘦，被毛无光泽，皮肤失去弹性。体温正常或偏低，可视黏膜苍白。有的出现明显的水肿、高血压、血尿或尿毒症。初期多尿，后期少尿。口腔检查时，常见口腔和齿龈黏膜溃疡。肾单位有广泛性损伤，有进行性纤维化或萎缩性炎症时，可触知肾变硬。发展为尿毒症时意识丧失、肌肉痉挛、昏睡。病程可持续数月或数年，有的反复发作。

【诊断】应用尿蛋白/肌酐的比值检验和定量蛋白尿，可使犬猫肾小球疾病的诊断变得很容易。

1. 急性肾小球肾炎：尿量减少，比重上升，尿蛋白上升。尿沉渣中可见有透明的管型。有时可见有上皮管型及散在的红细胞、白细胞、病原菌。病犬精神沉郁、体温升高、厌食，有时有呕吐；肾区触压敏感，肾肿大。病犬不愿活动，站立时弓腰收腹，四肢收缩于腹下；强迫运动时，步态强拘，小步行走；病犬尿频，但尿量少；个别犬可见有血尿或无尿；病程较长的犬，可出现血液循环障碍、全身静脉淤血、眼睑、腹下、四肢末端可见水肿表现；个别犬可见有腹水症状出现。当出现尿毒症时，临床上可出现呼吸困难、全身肌肉痉挛、意识障碍、体温下降、衰弱无力或昏迷。

2. 慢性肾小球肾炎：慢性肾小球肾炎发展缓慢，临床表现轻。可见病犬逐渐消瘦，初期渴欲增加，代偿性多尿时尿量可达平时的 2 倍，尿中蛋白明显增高，后期可见有水肿、尿少、尿毒症、全身衰竭等症状；尿沉渣中可见有大量透明管型。本病病程较长，有的犬可反复发作，有消瘦、贫血等临床症状。

【治疗】犬肾小球肾炎的治疗原则为消炎、利尿，抑制免疫反应，防止尿毒症。

1. 消炎：青霉素 6 万 IU/kg，肌内注射；氨苄西林 20～40 mg/kg，肌内注射，每日 2 次。注意禁用卡那霉素、庆大霉素和磺胺类药物，因为这些药对肾有一定的损害。

2. 利尿：呋塞米 5 mg/kg，肌内注射，可根据病情决定给药次数。

3. 抑制免疫反应：用地塞米松 0.2 mg/kg，肌内注射；泼尼松 0.5 mg/kg，口服，每日 2 次。

4. 对症治疗，如解毒、强心，补充营养。

【预后】对犬猫免疫复合物性肾小球肾炎的预后需要十分谨慎，除非已经确定且排除了潜在病因。在治疗期间检测尿蛋白/肌酐比值和血清尿素氮和肌酐浓度，有助于判断预后。

## ［技能 79］猫泌尿系统综合征

猫泌尿系统综合征指猫泌尿道下段的原发性炎症，有时可引起尿路部分或完全阻塞。其术名是无菌性膀胱炎或间质性膀胱炎。

【病因】患病的猫有约 10%会出现无菌性或间质性膀胱炎。对某些没有表现出无菌性膀胱炎症状的猫，不一定有鸟粪石结晶或结石，但有可能为鸟粪石结晶尿。发生尿路阻塞的猫不常见尿路感染。饮食因素（高镁或高灰质饮食、过多食用干食物）、肥胖症、碱性尿、尿量减少和排尿次数减少、病毒（如猫的嵌杯样病毒、牛的 4 型疱疹病毒、猫和胞体形成病毒）、膀胱脐尿管掭室以及氨基葡聚糖的分泌减少都是猫发生间质性膀胱炎的病因，但目前病因不明。

【发病特征】过度肥胖的猫更易于发生无菌性膀胱炎。雄性动物和雌性动物发生本病的概率相同；但是公猫更容易发生由小体积的结石引起的尿路阻塞。中年猫较易感染此病，家猫是本病的高发群。

【临床表现】对于非阻塞性的病例，需要针对是否有尿频、尿痛、尿淋漓、血尿或排尿异常进行检查。尿路阻塞的猫表现为不适、焦虑、站立不安并会出现频繁排尿，舔外生殖器以及腹部疼痛。如果阻塞已持续 36～48 h，动物可能出现厌食、脱水、呕吐、虚脱、昏迷、体温过低或心动过缓。

【检查】如果猫出现尿路阻塞，则膀胱可能膨胀或者变硬（除非已经破裂）。对患病动物进行腹部触诊可以确定有无腹部疼痛出现。对阻塞性尿路梗阻的猫进行触诊时，需要十分小心以防出现医源性膀胱破裂。

【治疗】

1. 药物治疗：对于出现尿路阻塞的猫，在得到实验室检查结果之前就需要输液治疗。通过静脉输液的方法来维持正常的水代谢并对高血钾症进行治疗。对患有高血钾的猫需要给予0.9%氯化钠注射液进行治疗。如果在稍后的检查中发现血清钾的水平正常，就可以给予电解质平衡液。如果可能，通过尿道插管或轻柔阴茎按摩法可迅速地缓解阻塞，如果猫出现严重的精神沉郁，尽量减少对猫的限制和约束。有些猫需要进行全身麻醉。可用无菌等渗液将堵塞物或结石冲入膀胱。使用非金属的、光滑的、具有良好的润滑性的导管可以减少对尿道的损伤。如果导尿管不能顺利地往前推进，可进行辅助性的膀胱穿刺术。如果在进行导管插入术后没有出现正常的水流或出现排尿肌迟缓，需要在此缝合内置导尿管；但此操作容易引起泌尿系统疾病。在实施会阴尿道造口术之前，需要稳定动物病情。

2. 手术治疗：为了防止公猫尿路阻塞的复发，或者治疗导管插入（术）不能治愈的尿路阻塞，可以考虑实施会阴尿道造口术。这种方法对治疗继发于尿路阻塞或由导管插入（术）引起的尿路狭窄也很有用。

【并发症】会阴尿道造口术最严重的并发症是尿路狭窄。尿失禁很少见，但在手术后，多数猫仍会出现尿道括约肌功能的永久性缺失。有报道，猫在实施会阴尿道造口术后可能发生直肠脱出。

【预后】猫尿路阻塞的发病率超过35%，高发病率通常是由于患病动物的主人不能保证对动物进行长期的治疗，动物实施尿道造口术后，该病通常不会复发。

## ［技能80］膀胱炎

膀胱炎是指膀胱黏膜或黏膜下肌层的炎症，临床上猫比犬更为常见。常见的是出血性膀胱炎和卡他性膀胱炎。临床上表现排尿疼痛、尿频。尿沉渣检验时，多见膀胱上皮、脓球和大量红细胞以及尿酸盐类结晶体等。常见结晶体有磷酸铵镁和尿酸铵，其次还有一些碳酸盐、硅酸盐和草酸盐等。

【病因】膀胱炎主要是由病原微生物感染、严重积尿、膀胱结石和邻近器官炎症的蔓延以及外伤性刺激等引起的。

病原微生物的感染：多数通过血液循环或从尿道侵入膀胱，如大肠杆菌、葡萄球菌、化脓杆菌、变形杆菌等。

严重积尿：在犬猫不便排尿等情况下，造成积尿，越发严重时造成病态积尿，更加严重时则有生命危险。在这一情况下，膀胱过度充盈，使排尿肌收缩乏力，尿液无力排出，使膀胱麻痹，膀胱壁过度被压迫，也易引起膀胱炎。

膀胱结石：结石体对膀胱壁的长期摩擦会造成膀胱发炎。

邻近器官的炎症：子宫内膜炎、阴道炎、尿道炎、肾炎、输尿管炎等，均可蔓延至膀胱而导致膀胱炎。

外伤性刺激：常见于导尿引起的刺激所致的膀胱炎，也可见于外力击伤导致的膀胱炎。

【病理变化】急性膀胱炎会伴有黏膜充血，膀胱壁肿胀增厚，呈点状出血或弥漫性出血，有大量黏膜附于内膜上，严重者出现溃疡，黏膜表面有大量纤维性蛋白薄膜或黄色附着物。慢性膀胱炎则表现膀胱壁增厚或呈现被褶样变化。

【症状】

尿频：时常呈现排尿姿势，但尿少或呈点滴流出，尿中时常带有血液。

排尿疼痛：排尿时疼痛不安，越尿频则越明显。原因是膀胱根部黏膜肿胀不能排尿，或者是因为膀胱括约肌痉挛收缩而引起尿闭。

触诊检查：在腹下后部触诊时，表现触痛，膀胱高度充盈。如果让患病犬猫侧卧或仰卧，用手水平向膀胱部位触摸，可见膀胱呈梨状，波动感强。如果是膀胱麻痹，轻度按摩此部位，可促进其排尿。

体温：较为严重的膀胱炎，一般伴有体温升高。

整体表现：尿频症状之后，则为精神沉郁，不饮不食。严重的出血性膀胱炎，因尿中出现大量血液，会出现贫血现象，表现为结膜及口腔黏膜苍白，体态无力，如不及时治疗，会引起死亡。

【诊断】根据病因、症状、临床检查，询问病史和实验室诊断分析可以诊断。

【治疗】可以根据不同的病情采用不同的治疗方法。

1. 如果有积尿，要及时导尿，尽早缓解膀胱壁的张力。患膀胱炎的犬猫不分性别，均可以用特制的细而长的导尿管从尿道口向内轻轻插入直达膀胱内，尿液便可从导尿管内自行流出，或用注射器抽出尿液。随后再向膀胱内注入适当而且适量的消炎药。这种方法不适用于有尿道炎或由尿道炎引起的膀胱炎的犬猫。

2. 体外穿刺导尿。在有尿道阻塞用导尿管不能完成导尿的情况下，可以使用此方法。让患病犬猫侧卧（必要时麻醉进行），在侧腹部后位，用手轻触膀胱，找准位置，在膀胱根部将针头垂直刺入膀胱内，同时借助注射器内的负压作用，尿液便自动进入有负压的注射器中。用此种方法治疗膀胱炎引起的膀胱麻痹而积尿的犬猫效果良好。如果有膀胱结石或有尿道结石，需用手术方法取出。

3. 药物疗法。将尿液导出后，便可根据具体情况使用抗菌消炎药物。用口服尿路消炎药物效果良好，如吡哌酸、诺氟沙星等。遇有出血性膀胱炎时，可以配合使用止血药。在严重情况下，可以全身用药治疗。

【预后】患病犬猫多数以商品性包装食品为主要日粮，有可能与日粮及地区性水质硬度有关。

膀胱炎在诊断准确的情况下，治疗及时，正确用药，一般会有好的转归。但是，如果遇有从尿液中失血过多，造成严重的机体贫血，则有一定的危险性。

本病很易复发，发病时应及时治疗，不宜延误。发现越早，治疗越及时，则预后越佳。

## [技能 81] 尿道感染

犬的尿路感染多数是由细菌直接引起的，少数是因为真菌、原虫或是病毒感染。犬的尿路感染分为上尿路感染和下尿路感染，上尿路感染指的是肾盂肾炎，下尿路感染包括尿道炎和膀胱炎。肾盂肾炎又分为急性肾盂肾炎和慢性肾盂肾炎。

【病因】潮湿易引起细菌性尿路感染，雨季时犬腹部的毛总是潮湿则很容易感染。犬憋尿的时间过长、进食辛辣刺激性食物也会引起尿路感染，或者肾病继发尿路感染。

【症状】尿血症状较为突出，但犬排尿的特殊性使犬尿血很难被发现；犬尿道口会流出淡黄色的液体，犬会不停地舔；排尿不净，或是排尿疼痛。公犬可能还会出现尿道肿胀，而母犬则会出现尿道口红肿症状。如果犬尿路感染比较严重，会出现黏液性或脓性的尿道分泌物，还可排出坏死脱落的尿道黏膜。

【治疗】可以尝试选择用 1%～2%明矾溶液、0.02%呋喃西林溶液、2.5%硼酸溶液、0.1% 依沙吖啶溶液或 0.5%鞣酸溶液进行尿道冲洗，每天 2 次；尿路感染情况严重的犬，可以配合使用尿路消毒剂和抗生素类药物；呋喃妥因，每次按 6 mg/kg 给药，内服，每天 2～3 次；乌洛托品，每次内服 300～400 mg，每天 2 次。

## [技能 82] 尿结石

犬尿结石是体内形成的结石刺激、损伤尿道黏膜使尿路发生阻塞的一种疾病。结石一般在肾和膀胱内形成，经过输尿管和尿道向外排出，公犬尿道很长，坐骨弓部和阴茎骨部尿路比较狭窄，结石在此处很难随尿液排出体外，母犬尿结石主要是膀胱结石，个别犬在肾、输尿管、膀胱及尿道四个部分同时发生。本病多见于老年犬、高产母犬和小型犬。

【病因】尿结石的主要症状是排尿障碍、肾性腹痛和血尿。根据结石的分布位置可分为肾结石、输尿管结石、膀胱结石、尿道结石，其临床表现因结石分布、大小、形状及其对各器官损害程度和个体品种的差异有所不同。

1. 肾结石：常引发肾炎、肾盂肾炎、膀胱炎症。病犬精神沉郁，步态拘谨，食欲废绝，触诊肾区敏感，肾肿胀。有排尿欲望，并可能伴发血尿、菌尿等。体温因受到感染而升高。

2. 输尿管结石：多认为是肾结石下移阻塞输尿管。发病时病犬剧烈疼痛，触诊敏感，完全阻塞时，尿路受阻导致肾盂积水，对侧肾代偿性肥大，不完全阻塞时常见血尿、蛋白尿。

3. 膀胱结石：临床常见，母犬发病概率大于公犬，公犬常与尿道结石伴发。由于结石刺激膀胱，常引发膀胱炎症，出现尿频、尿急、弓背努责、里急后重等症状，严重感染时可见血尿。若尿道未阻塞，一般不会出现膀胱极度充盈。结石较小时，犬甚至无任何临床表现，有感染炎症时，体温升高。

4. 尿道结石：临床常见，多见于公犬，极易伴发膀胱结石。临床上，常见结石嵌在公犬阴茎狭窄部，也位于公犬尿道弯曲较大的坐骨弓处，常损伤和阻塞尿道。临床症状为突然尿闭，频频作排尿状，弓背努责，病犬表现极为痛苦、呻吟、坐立不安，常出现尿淋漓和血尿。触诊时腹壁紧张，感染膀胱充盈膨胀，严重时甚至发生膀胱破裂。常因病程延长导致尿毒症的产生，病犬体温升高，出现嗜睡昏迷，血象表现严重炎症反应。

【症状】根据犬尿路结石的位置不同，有不同的临床症状。有的会出现滴尿、排尿时间拉长、血尿和尿失禁等。长期的尿液排泄障碍会进一步出现犬呕吐、食欲不振及活动力下降等问题。

【治疗】在结石较小或病犬不宜进行手术治疗的情况下可以采取药物治疗，基本原则如下：

1. 利尿排石：采用利石素、石淋通、排石饮液等药物进行化石排石。应用氢氯噻嗪、呋塞米、氨茶碱等利尿药物促使尿液排出，防止出现尿液潴留、浓缩、尿道梗阻，引发结石的进一步生成。

2. 控制继发感染：采用大量抗生素如青霉素、头孢类抗生素和联合抗生素如普康素、恩诺沙星（拜有利）等，对病犬进行膀胱、尿道消炎。

3. 加强饮水：让病犬大量饮水，促进尿液生成，以便使利尿药物发挥功效。

4. 止血：对于血尿除了注意消炎外，还要注意用维生素 K、卡巴克洛、酚磺乙胺等止血药物进行止血。

【预防】加强饲养管理。

让病犬多饮水，增强尿液循环，防止尿液滞留，及时将引起结石形成的诱因排除。增加运动，增强犬的抗病能力。避免给犬饲喂高蛋白、高磷、高钙的食物。临床实践中，大部分病犬有食用高蛋白、高磷、高钙的鸡肝、羊肝等的历史。有调查表明，用鸡肝、羊肝饲喂的犬，结石的发病率远远高于食用其他食物的犬。

## ［技能 83］肾功能衰竭

肾功能衰竭是指肾组织发生急性肾功能不全或肾衰竭或肾单位绝对数减少所致的临床综合征，可分为急性肾功能衰竭和慢性肾功能衰竭。

【病因】多由外伤或手术造成的大出血、急性左心衰竭、严重脱水（呕吐、腹泻失去大量水分）等因素引起的肾脏严重缺血和由于某些化学毒物（如氯仿、磺胺类药物等）、生物毒素（如蛇毒、生鱼胆）等因素引起的肾脏中毒所致。

【症状】急性肾功能衰竭的临床表现可分 3 期。①少（无）尿期：多数病例此期可持续 5 d 左右。患病犬猫在原发病症状的基础上，排尿明显减少或无尿。由于水、盐及代谢产物排泄障碍，而出现水肿、心力衰竭、高钾血症、低钠血症、代谢性酸中毒、氮血症，且易发生感染等。②多尿期：若能度过少尿期，则尿量开始增加。但水及氮质代谢产物潴留依然显著，由于钾排出过快而发生低钾血症。有些犬猫出现心力衰竭，后肢瘫痪等症状。患病犬猫多死于该期，亦称危险期。耐过者，水肿开始消退，症状逐渐好转。③恢复期：经过多尿期后，尿量逐渐恢复正常。但由于患病犬猫体力消耗严重，表现肌肉无力、蜷缩等。恢复期的长短，取决于肾实质病变的程度。

【治疗】输液治疗是治疗肾衰的基础。治疗期间需要减少蛋白质的摄入，限制磷的摄入。

## [技能 84] 尿毒症

尿毒症是犬的肾功能衰竭，使得犬体内的代谢物及其他有毒物质无法很好地排出体外，从而导致毒素堆积而引起的一种机体中毒综合征。

【病因】吸收了肠道的毒性物质，如酚、酪胺苯乙二胺等由肠道吸收入血后，由于肾衰竭及肝脏解毒功能降低，毒物在血液内蓄积而引起中毒。由于肾脏衰竭，尿素进入肠腔，经肠道菌分解成氨及铵盐，再被吸收入血液内，引起神经系统中毒；某些蛋白质分解有毒产物，由于酸性代谢产物排泄障碍而发生酸中毒。

【临床症状】由于各组织器官损害，病犬表现为精神沉郁，意识不清，感觉障碍，嗜睡，食欲废绝，呕吐，消化道炎症，黏膜溃疡，腹泻，血便，血压升高，心功能不全，肺水肿、淤血。由于代谢障碍，病犬可表现为脱水，低钠、钙和高钾、磷、镁血症，酸中毒，高血脂，软骨症，营养不良等。

【诊断】血液检查，尿检。

【治疗】大量补充氨基酸和高能量、维生素制剂等，呋塞米 2～4 mg/kg，8～12 h 一次，或依他尼酸 1～2 mg/kg，一日两次，出现神经症状时，给予氯丙嗪 10～20 mg/kg 或苯巴比妥 2～5 mg/kg，一日三次口服。

## [技能 85] 红尿症

红尿症是指排出的尿液为红色，它不是一种独立疾病，而是某种病的一个症状。红尿一般包括血尿、血红蛋白尿、肌红蛋白尿、卟啉尿和药物红尿。

【病因】①血尿：见于尿结石、外伤、导尿、发情期的母犬猫，泌尿系统各部分的炎症和肿瘤、血小板减少症、化学毒物（如铜、水银、环磷酰胺、磺胺、苯）中毒，以及犬传染性肝炎、钩端螺旋体病、心丝虫病等。②血红蛋白尿：见于钩端螺旋体病、梨形虫病、巴尔通体病、自身免疫性溶血、尿结石、外伤、新生犬猫溶血、不相配的输血、毒蛇咬伤、严重烧伤和采食有毒植物，如洋葱、大葱、马铃薯等。③肌红蛋白尿：见于毒蛇咬伤。

【诊断】取尿液 5 ml 离心，取尿沉渣镜检，有大量红细胞者为血尿，无红细胞（或仅有少量红细胞）者为血红蛋白尿、肌红蛋白尿、卟啉尿或药物红尿；取无红细胞（或仅有少量红细胞）尿液做潜血试验，阳性者为血红蛋白尿或肌红蛋白尿，阴性者为卟啉尿或药物红尿；取潜血试验阳性尿 5 ml，加硫酸铵 2.5 g，混匀，滤液褪色者为血红蛋白尿，不褪色者为肌红蛋白尿；取潜血试验阴性尿用紫外线照射，发出红色荧光者为卟啉尿，无荧光者为药物红尿。

【治疗】

1. 止血。止血可防止血液进一步流失。酚磺乙胺，犬每次 250～500 mg，猫每次 120～250 mg，肌内或静脉注射，每日 2～3 次。或用维生素进行肌内注射，犬每次 10～30 mg，猫 15 mg，每天 2～3 次。

2. 抗菌消炎，防止细菌进一步繁殖损伤组织和分解尿素。

### [技能 86] 龟头包皮炎

龟头包皮炎是指龟头及包皮的炎症，为公犬的一种常见病。这与公犬包皮腔结构有关，几乎所有的公犬均患有轻度龟头包皮炎，但一般无临床症状。公猫少见本病。

【病因】急性龟头包皮炎主要由包皮和龟头部遭受机械性损伤引起。损伤之后，原来隐存在包皮囊腔的病原微生物即可侵入而发生急性感染。慢性龟头包皮炎主要由蓄积在包皮囊腔内的尿液和污垢分解产物长时间刺激引起，或由于急性炎症转化而成。

【诊断】检查时阴茎不能伸出包皮口，人为强迫地伸出包皮口，阴茎不能自行缩回，形成嵌顿性包茎，或者也不能人为将其引出包皮口；或者发现包皮腔穹窿处有肿大淋巴样结节，或发生包皮与龟头粘连。

【症状】龟头包皮炎的一般症状是包皮呈炎症性肿胀，包皮被毛处皮肤潮红，动物不断舔咬，局部温度增高，疼痛、敏感，有时出现小的溃疡和糜烂，从包皮口流出浆液性或脓性分泌物，并将包皮上的长毛黏附着形成干涸的痂皮，可见包皮囊壁层和龟头表面，常覆盖有炎性渗出物，其渗出物的性质因炎症类型而异。

【治疗】首先用碱性温水或肥皂水清洗包皮内的污物，用纱布刮除包皮内淋巴样结节。包皮与龟头粘连时应将其粘连组织切除。包皮每天涂抗生素软膏，连用 3～5 d。肿胀明显时局部可用温热疗法和进行其他理疗。如有全身症状也可全身应用广谱抗生素，连用 3～5 d。

## 任务 12 犬猫神经系统疾病

### [技能 87] 脑膜脑炎

脑膜脑炎是软脑膜及脑实质的一种炎性疾病，临床以高热伴发脑膜刺激为特征。

【病因】小动物脑膜脑炎由感染性和非感染性因素引起。感染性因素包括病毒感染，病毒沿神经干或经血液循环进入神经中枢，引起非化脓性脑炎；细菌感染，细菌经血液转移引起继发性化脓性脑膜脑炎；原虫感染和霉菌感染。

【症状】从神经症状大体上可分为脑膜刺激症状、一般脑症状和局部脑症状。

1. 脑膜刺激症状：轻微刺激或触碰，可引起强烈的疼痛反应，或引起肌肉强直性痉挛，头向后仰。

2. 一般脑症状：病初呈现高度兴奋，体温升高，感觉敏感，反射亢进，易惊恐，狂躁不安等，后期呈嗜睡、昏睡状态，反射减退或消失，常卧地不起，意识丧失。

3. 局部脑症状：眼球震颤、瞳孔大小不等，鼻唇部肌肉痉挛，牙关紧闭，唇歪斜、耳下垂、舌脱出、吞咽障碍及视力丧失。

单纯性脑炎，体温升高不常见，但化脓性脑膜脑炎体温升高，有的可达41℃。犬瘟热脑炎的神经症状常见嘴角、头部、四肢、腹部单一肌群或多肌群出现阵发性有节奏的抽搐。一般脑炎死亡率高，偶尔恢复也容易留下后遗症。

【治疗】对于兴奋不安的病犬应给予镇静、解痉，可肌注25%氯丙嗪2 ml，强烈兴奋时可用25%硫酸镁每次10 ml，或安溴注射液每次15 ml。然后用5%葡萄糖250 ml、10%葡萄糖200 ml、维生素2 g、利巴韦林2 ml，混合静脉注射。对于精神沉郁、心脏衰竭的病犬应强心补液，可用5%葡萄糖200 ml、40%乌洛托品5 ml、20%安钠咖2 ml、10%维生素C 4 ml，混合静脉注射。同时降低颅内压，减轻脑水肿，用20%甘露醇150 ml，或10%氯化钠100 ml静脉注射。结合抗菌消炎，用10%磺胺嘧啶钠10 ml或40%乌洛托品10 ml、10%葡萄糖200 ml混合后静脉注射。

## [技能88] 脑积水

脑积水是指脑室和蛛网膜下腔积聚大量脑脊液，压迫脑实质，导致意识、知觉和运动功能障碍的一种慢性脑病。

【病因】可分为先天性和后天性两大类。其中，先天性脑积水多发生在小型犬和短头型犬种如吉娃娃、小型贵宾犬、北京犬等身上，主要与脑导水管畸形、枕骨大孔发育不良、蛛网膜颗粒异常、小脑发育不全有关。

【症状】脑积水多为慢性经过，其临床症状与颅内压升高的程度及脑组织受压的部位、程度有关。主要表现：意识障碍，嗜睡、呆立、痴呆、癫痫发作等，感觉迟钝，皮肤敏感性降低，轻微刺激无反应。听觉障碍，对微弱的声音不作出任何反应。运动障碍，无目的地行走或做画圈运动，眼球震颤，肌肉僵直，后躯麻痹。全身症状，食欲减退，体温正常或偏低，心动徐缓、节律不齐。

【治疗】一般为加强护理，降低颅内压，促进脑脊液吸收，缓和病情。使用维生素A或多种维生素复合剂，改善营养和利尿，对个别病例可能有效。

## [技能89] 癫痫

癫痫（Epilepsy）即俗称的“羊角风”或“羊癫风”，是大脑神经元突发性异常放电，导致短暂的大脑功能障碍的一种慢性疾病。

【病因】癫痫主要有两种类型，原发性癫痫和继发性癫痫。原发性癫痫又称自发性癫痫或真性癫痫。一般认为和遗传因素有关，大脑皮层及皮层下中枢对外界刺激敏感性增高，易引起本病的发生。继发性癫痫，通常继发于脑及脑膜炎、脑内肿瘤、脑内寄生虫、脑震荡、脑损伤及某些疾病，如犬瘟热、心血管疾病、代谢病（低血钙、低血糖、尿毒症、毒血症等）；中毒性疾病如一氧化碳中毒，使脑供氧不足。另外，高度兴奋、恐惧和强烈刺激均可引起癫痫的发作。

【症状】主要症状是意识丧失和强直性痉挛。临床可分为大发作型和小发作型两种。

大发作型：病犬突然倒地、惊厥，发生强直性或阵发性痉挛，全身僵硬、四肢伸展、头颈向背侧或一侧弯曲，有时四肢划动呈游泳状。随肌肉抽搐、意识和知觉丧失，牙关紧闭，口吐白沫；眼球转动、巩膜明显、瞳孔散大、鼻唇颤动、大小便失禁。发作时间持续数秒至几分钟。

小发作型：突然发生一过性意识障碍，呆立不动，反应迟钝或无反应，痉挛抽搐症状轻微并且短暂，大多表现在局部，如眼睑颤动、眼球旋动、口唇震颤等。发作的间隔时间长短不一，有的一天发作几次或数次，有的间隔数天、数月甚至一年以上，在发作间隔期其表现和健康犬完全一样。

【治疗】加强护理，保持安静，减少刺激。对症治疗：苯妥英钠 5～10 mg/kg，每日 2 次，口服；苯巴比妥，5～10 mg/kg，口服；扑米酮，10～20 mg/kg，皮下注射，每日 2 次；地西泮，5 mg/kg，每日 2 次，口服或肌内注射。

## ［技能 90］日射病及热射病

热射病是指在高温潮湿环境下，动物机体产热和散热平衡失调，积热过多引起中枢神经功能紊乱的现象。日射病是动物机体在高温季节头部受阳光直射，引起脑膜充血和脑实质病变导致的中枢神经系统功能严重障碍的现象。二者在兽医临床上统称为“中暑”。本病以体温显著升高、呼吸和循环障碍、神经症状为特征。犬多发生，特别是大型犬、短头品种犬；猫对热抵抗力强，较少发生。

【病因】多发生于高温环境中的犬，如阳光直射的密闭汽车内、水泥地面的铁皮小屋、通风不良的饲养场所等；热性疾病、心血管系统及泌尿系统疾病、过度肥胖阻碍散热；手术中长时间的气管插管也是致病因素之一；容易发生上呼吸道疾病的短头品种犬及经常不安、神经质的犬也容易发生。

【症状】临床上日射病和热射病同时存在，很难区分。二者通常没有前驱症状，突然出现特征性高热，体温急剧升高到 41～42℃；呼吸浅表急促，严重者并发肺充血和肺水肿，出现呼吸困难；心跳加快，末梢静脉怒张，黏膜鲜红随后发紫；皮肤干热、干燥、瞳孔散大；如不治疗，则站立困难，出现肌肉痉挛和抽搐，卧地不起，陷入昏迷。有的意识紊乱、兴奋不安、癫狂冲撞。随着病情恶化，病犬出现心力衰竭，脉搏快而弱、静脉淤血。动物张口伸舌，口鼻出现白沫和血沫，甚至突然倒地，发生急性死亡。

【诊断】根据发病史、热喘、高体温、脑神经症状容易作出诊断。血液检验时血细胞比容显著升高；蛋白尿、管型、血液尿素氮上升反映肾功能障碍；出现弥散性血管内凝血（DIC）时，纤维蛋白原减少，凝血时间、凝血酶原激活时间延长，纤维蛋白原降解产物增加。

【治疗】将动物放在阴凉、通风良好的环境中休息。采取冷水冲洗、灌肠和冰袋冷敷，灌服 0.2%冷氯化纳溶液等措施降温；药物降温可用氯丙嗪，1～2 mg/kg，肌内或静脉注射，同时具有镇静作用。体温将接近正常体温时，应停止降温，以免体温过低发生虚脱。强心补液可肌内注射安纳咖，复方氯化钠注射液以每小时 10 ml/kg 的速度静脉注射。纠正酸中毒用 5%碳酸氢钠，静脉注射。呈现肺水肿时可静脉注射 10%葡萄糖酸钙以制止渗出。症状严重时可使用肝素 1 mg/kg、地塞米松 1 mg/kg，肌内或静脉注射。严重的日射病或热射病犬猫如果抢救不及时或不当，常导致死亡。

# 任务 13　犬猫营养代谢性疾病

## ［技能 91］肥胖症

肥胖症是指体内脂肪组织增多、过剩的状态，是由于机体的总能量摄取超过消耗，剩余部分以脂肪的形式储积，导致脂肪组织增加。多数犬猫肥胖是由于过食，这是生活条件好的犬猫最常见的营养性疾病，其发病率远远高于各种营养缺乏症。一般认为体重超过正常值的 15%就是肥胖。在发达国家和地区，24%～44%的犬超重，而体重不足的瘦犬仅占 2%～3%。猫的肥胖症统计占 6%～12%，现在要更高。

【病因】引起犬猫肥胖症的原因主要是能量的摄取超过消耗。在成年动物中，摄取的能量每超过消耗量 29.3～37.7 kJ，体重就会增加 1 g，因此犬猫摄食量仅比必需量增加 1%，到中年就会超重 25%。引起犬猫肥胖症的因素较多：营养过剩，食品的适口性改善和自由采食法普及造成采食过多，再加上运动不足，是营养过剩的主要原因；与年龄、性别和品种有关，年龄越大，越容易发生肥胖。雌性比雄性多发，内分泌功能紊乱，如绝育手术、垂体肿瘤、肾上腺功能亢进、胰岛素分泌过剩、下丘脑功能减退、甲状腺功能减退等都有可能导致肥胖；其他疾病，如患有呼吸道疾病、肾病和心脏病的犬猫也容易患肥胖症；遗传因素，如肥胖症的犬猫，其后代也易发生肥胖。

【症状】患肥胖症的犬猫体态丰满，皮下脂肪丰富，用手不易触摸到肋骨。尾根两侧及腰部脂肪隆起，腹部下垂或增宽；食欲亢进或减少，不耐热，不爱活动，行动缓慢，动作不灵活，走路摇摆，易疲劳，易喘，容易发生关节炎、椎间盘病、膝关节前十字韧带断裂等骨关节病；患心脏病、高血压、脂肪肝、糖尿病、胰腺炎、脂溢性皮炎、便秘、腹胀、溃疡、繁殖障碍的可能性加大，麻醉和手术危险性增加；对传染病的抵抗力下降；寿命缩短。由内分泌和其他疾病引起的肥胖症，除表现出上述肥胖的一般症状外，还有各种原发病的症状表现。如甲状腺功能减退和肾上腺皮质功能亢进引起的肥胖症有特征性的脱毛、掉皮屑和皮肤色素沉积等变化，患肥胖症的犬猫血液胆固醇和血脂升高。

【治疗】肥胖症的防治应以预防为重点，在治疗方面可以采取以下措施：

1. 减食疗法：制订限制食物供给的计划，并得到相关人员的充分理解和全力配合。要减少给食量和次数，可以每天饲喂平时量的 60%～70%，分 3 次或 4 次定时定量饲喂。

2. 饲喂高纤维、低能量的全价减肥处方食品，以每周减少体重的1%～2%为宜。一旦体重达到标准，即可供给必要的维持食量。

3. 运动疗法：每天进行有规律的中等强度的运动20～30 min。

4. 药物减肥：可以使用缩胆囊素等食欲控制剂，催吐剂、淀粉酶阻断剂等消化吸收抑制剂，使用甲状腺激素、生长激素等提高代谢效率。

【预防】防止发育期的动物肥胖是预防成年动物肥胖的最有效方法，防止减重成功后再复发肥胖。

## ［技能92］高脂血症

高脂血症是指血中脂质（胆固醇、磷脂、中性脂肪、游离脂肪酸）中的一种或几种增多，血清呈乳浊状态的疾病。

【病因】

1. 内源性：甲状腺功能减退、肾上腺皮质功能亢进、糖尿病、急性胰腺炎、内分泌系统出现脂质代谢调节障碍、肝脏合成脂质异常或肾脏疾病等，都可引起本病。

2. 外源性：摄取高脂肪性食物，可造成高脂血症。但采食后，血清脂质呈一过性增高，这是正常生理变化。

3. 运动不足所致肥胖，可成为本病的诱因。

【症状】主要表现为肥胖、不愿活动、体重增加。

【临床病理】病犬的总胆固醇、中性脂肪及β－脂蛋白含量比健康犬高一倍，血清（浆）呈乳白色。但应注意采食后到采血的时间要长些。

【治疗】对继发引起的高脂血症，应主要治疗原发病。由食物性因素引起的，应改喂低脂肪或无脂肪的食物。对营养良好或原因不明的高脂血症犬，巯丙酰甘氨酸100～200 mg/d皮下或静脉注射，或口服片剂，连用2周有效。

## ［技能93］低血糖症

母犬低血糖症是妊娠母犬在分娩前后应激而引起的血糖降低的代谢性疾病，临床主要表现为神经症状。

【病因】引起血糖降低的主要因素为胎儿数过多，导致营养需要过高及分娩后初生仔犬大量哺乳。

幼犬一过性低血糖症是由于寒冷或饥饿所诱发的低血糖和消化器官功能障碍，多见于3月龄的小型玩赏犬。

【症状】母犬表现为肌肉痉挛，步态强拘，反射亢进，全身呈强直性或间歇性抽搐。体温升高，达41～42℃，呼吸和心跳加快。尿有铜臭味，酮体反应呈强阳性。这是机体动员分解大量脂肪，而使中间代谢物酮体生成增加的结果。

幼犬病初精神沉郁，步态不稳，颜面肌肉抽搐，全身阵发性痉挛，很快陷入昏睡状态。此时血糖值可减少到 30～50 mg/100ml。

猎犬功能性低血糖症是严重神经质的猎犬在狩猎 1～2 h 后，表现为步态不稳，癫痫样抽搐，数分钟后可恢复。这是机体糖代谢不全而突然造成低血糖所致。

【临床病理】病犬血糖值在 30 mg/100ml 以下，血液酮体 30 mg/100ml 以上。

【鉴别诊断】本病与低血钙症的临床症状相似，通过血糖、血钙测定及尿酮体检查，不难鉴别。本病多见于分娩前后 1 周左右的母犬，低血钙症可见于任何时期。

【治疗】母犬 20%葡萄糖注射液 1.5 ml/kg 静脉滴注，或 10%葡萄糖注射液 2.4 ml/kg 与等量林格氏液混合皮下注射，注射 3～4 h 后再口服 10%葡萄糖注射液 250 mg/kg，至分娩后 48 h 或临床症状消失为止。疑似低血钙症的犬，用 10%葡萄糖酸钙或氯化钙静脉滴注。

幼犬 20%葡萄糖注射液用等量林格氏液稀释，以 10 ml/（kg · h）的速度静脉滴注。同时投予醋酸泼尼松 0.2 mg/kg 皮下注射。有食欲的病犬，每日可少食多餐，给予2～3 g 砂糖，可防止发生低血糖。

猎犬使用前 1 h 左右，分 2～3 次给予高蛋白食物。狩猎过程中，多次饲喂含高糖的食物，可预防本病。使用猎犬当天的清晨，口服肾上腺皮质激素药，也有效。

为防止该病的发生，应多注意营养调理。在易发病阶段饲喂以糖类为主的食物。

## ［技能 94］佝偻病

佝偻病和软骨病是由于维生素 D 缺乏或钙、磷代谢障碍所致的动物骨营养不良综合征。

【病因】食物中钙、磷不足或钙、磷比例失调是导致佝偻病或软骨病发生的重要原因之一。食物中理想的钙、磷比例，犬是（1.2～1.4）：1，猫为（0.9～1）：1，并应占饲料总成分的 0.3%。尤其要注意磷含量不宜过多，如大量饲喂动物肝脏，可引起的钙、磷失调。

【症状】本病在 1～3 月龄的幼犬容易发生。病初表现不明显，只呈现为不爱活动，逐渐发展表现为关节肿胀，前肢腕关节变形、疼痛；四肢变形，呈 X 形（外弧）或 O 形（内弧）肢势。病犬喜卧、异嗜。病犬站立时，四肢不断交换负重，跛行。头骨，鼻骨肿胀，硬腭突出，牙齿发育不良，容易发生龋齿和脱落。

【治疗】

1. 日光浴：尽量多晒太阳。

2. 给予维生素 D 制剂：可一次性口服或肌内注射维生素 D，每次 1 500～3 000 IU/kg，注意不要造成维生素 D 过剩。食料中添加鱼肝油，用量为每千克体重 400 IU/d。

3. 给予钙制剂：如骨粉、鱼粉等，0.5～5 g/kg，搅拌饲喂，口服碳酸钙 1～2 g/kg，每日 1 次；或内服乳酸钙，每次 0.5～2 g，维生素 D 胶性钙注射液（骨化醇胶性钙注射液），每次 0.25 万～0.5 万 IU，肌肉或皮下注射，也可静脉注射 10%氯化钙或 10%葡萄糖酸钙液，犬 10～30 ml，猫 5～15 ml，滴注时速度宜慢。

4. 其他：根据粪便检验结果，如发现寄生虫或虫卵时要驱虫，腹泻时给予健胃助消化药，同时应给予品质优良的蛋白饲料。

### 附：维生素D过剩症

维生素D过剩症是由于投入维生素D过多或犬接受紫外线照射过量而引起的，主要以钙沉着于各脏器为特征。常见于幼龄犬。

【病因】正常成年犬的维生素D每日必需量为6.6 IU/kg，发育期幼犬为20 IU/kg。对犬长期投予维生素D必需量的100～1 000倍，则可引起中毒。常见的原因为治疗或预防佝偻病，一次投予大剂量的维生素$D_3$，幼犬中毒剂量为30万～50万IU/kg口服或1次肌内注射量超过30万IU/kg。运输和寒冷等应激条件下，即使投予少量维生素D，也可发病。投予维生素$D_3$的同时，口服钙制剂，可加快、加重病情。

【症状】初期表现为精神沉郁，食欲不振并逐渐废绝，多饮，多尿。急性中毒的犬，表现为干呕、呕吐、腹泻、脱水，有的在数日内死亡。慢性中毒时，幼犬极度发育不良，成年犬体重明显减轻。肺和肾脏发生钙沉着，表现出肺炎和急性肾功能不全的症候。

【临床病理】

1. 血钙升高达15～25 mg/100 ml（正常值为9.5～12 mg/100 ml）。

2. 由于钙沉着于肾皮质部，而出现蛋白尿、管型尿，血清尿素氮轻度或重度升高。

3. 死后解剖，可见心、肺、肾、胃、肠等由于钙沉着而发白、变硬，消化道出现狭窄或闭塞，肾脏明显混浊、坏死。

【诊断】根据症状和临床病理可初步诊断。

1. X线检查：严重病例，肺部X线摄影，整个肺部X线不易透过，呈高度污浊的肺炎像；心脏阴影由原来的圆形变成方形。口服钡剂造影，胃呈扩张像，胃壁厚而增大。

2. 心电图检查：高血钙症时，心电图的T波增高，ST段上升。

【治疗】对疑似本病的犬要尽快确诊，及早停止投予钙剂和维生素$D_3$，限制含钙多的食物，轻症犬即可逐渐恢复。

对急性重症病犬，目前尚无可靠的治疗方法，可对症治疗，补液，改善脱水状况。对于细菌感染予以对肾脏毒性低的抗生素，以防细菌感染。加强饲养管理，减少应激刺激。

## ［技能95］泌乳惊厥（产后抽搐症）

泌乳惊厥是以低血钙症和运动神经异常兴奋而引起肌肉强直性痉挛为特征的严重代谢性疾病，多发生于分娩后7～20 d产仔数多的小型母犬，偶见于分娩前、分娩中及分娩后的中型母犬。

【病因】发病机理尚不十分清楚。一般认为，随着胎儿的发育和骨骼的形成，血钙进入乳中的量也增大，当血钙进入乳中的量超过母体动员钙与肠道吸收钙之和后，就会引起运动神经兴奋性增高而发病。

饲喂低营养或营养不均衡的食物，是本病的诱因。

【症状】病初母犬运步蹒跚，流涎，呻吟，步态强拘。随后出现肌肉震颤，全身肌肉强直性或间歇性痉挛，卧地不起。病犬体温升高达 40℃以上，呼吸急促，心悸亢进。可视黏膜充血，眼球向上翻动，口角常附有白色泡沫。如不及时治疗，多于 1～2 d 后窒息死亡。

【治疗】10%葡萄糖酸钙 5～20 ml 缓慢静脉注射。对持续痉挛的犬，戊巴比妥钙 100 mg/kg静脉注射。泼尼松 2 mg/kg 口服或皮下注射。若病情有所缓解，可间歇投予乳酸钙制剂 500 mg/kg 及维生素 D 5 000～10 000 IU/kg，每日 1 次。母犬发病后要与仔犬隔离，采取人工哺乳，以改善母犬的营养状态，母犬多饮骨头汤。

# 任务 14　犬猫中毒性疾病

## ［技能 96］中毒性疾病的一般治疗措施

中毒的治疗一般分三个步骤进行：①预防毒物进一步被吸收；②特效解毒疗法；③支持和对症疗法。

### 一、预防毒物吸收

1. 除去毒源：严格控制可疑毒源，不使畜禽继续接触或食入；对可疑饲料、呕吐物等应及时收集销毁；如果毒物的性质未定，应考虑更换场所、饮水、饲料和用具，直到确诊为止。

2. 内服导泻剂：

盐类导泻剂：对有机汞、有机砷、有机磷中毒可用，禁用油类导泻剂，因它们可溶解在油中，从而加快吸收。

油类导泻剂：有明显的出血性胃肠炎的病例，可应用油类导泻剂，因为盐类导泻剂可加快胃肠炎的发生发展。

3. 催吐：适用于犬、猫。作用于化学感受器、兴奋呕吐中枢的药物最为有效。通常应用阿扑吗啡和吐根糖浆。

4. 洗胃：从消化道进入的毒物，洗胃是一种有效排除毒物的方法。洗胃彻底与否，是影响中毒病是否反跳的重要因素。一般在毒物进入消化道 4～6 h 以内洗胃效果较好。首先抽出胃内容物，留作毒物鉴定，继而反复冲洗，最后经胃管灌入解毒剂、导泻剂或保护剂。

5. 吸附法：吸附法是把毒物分子自然地黏合到一种不能被吸收的载体上，通过消化道向外排出，所有吸附剂中以万能解毒药和活性炭等效果最好。

### 二、特效解毒药

特效解毒药是针对中毒发病机理，解其毒作用的特效药物或拮抗治疗药物，主要有：①有机磷农药中毒解毒剂，如胆碱酯酶复能剂和抗胆碱剂（阿托品、氢溴酸山莨菪碱、溴甲胺太林)；②氟乙酸钠、氟乙酰胺中度的解毒剂，如甘油乙酸酯及乙酰胺；③氰化物中毒的解毒剂，如亚硝酸钠、硫代硫酸钠、羟钴胺及氯钴胺；④高铁血红蛋白还原剂，主要有亚甲蓝和苯甲胺蓝；⑤金属络合剂，如依地酸钙二钠可以驱铅，二巯基丙磺酸钠、二巯丁二钠及青霉胺能驱铅、汞及砷等。

## 三、进行支持和对症疗法

维护呼吸功能，防止窒息，用3%的双氧水100 ml加入500 ml 0.9%氯化钠注射液中静脉滴注。兴奋呼吸中枢药物可选用尼克刹米、二甲弗林、山梗菜碱。当出现肺水肿时应限制输液量浓度，输液浓度要高，量要少。当需要提高血管致密性（降低血管通透性）时可选用钙制剂、地塞米松、维生素C、消炎药等。治疗时需保持安静，维护心脏功能，防止心力衰竭，可选用强心剂药物如毛花苷C、樟脑磺酸钠、安钠咖等。补液可促毒物排出，但尤其需注意补钾。

# ［技能97］有机磷杀虫药中毒

磷分为黄磷和红磷。因红磷不溶解，吸收困难，所以引起磷中毒的主要是黄磷。黄磷的毒性很大，犬对磷的毒性感受性又特别强。含黄磷4%～8%的物质摄取大于或等于0.1 g/kg，即出现中毒症状。黄磷对局部有腐蚀作用，吞咽后严重刺激消化道黏膜，呈急性肠胃炎变化。磷被吸收入血后，以肝、肾为主发生脂肪变性。急性磷中毒死亡多由肝脏功能障碍所致。慢性中毒犬可长期生存。

【病因】黄磷是灭鼠药、体外杀虫药、农药等的成分，爆竹、火柴盒的擦过部分也含黄磷，如果犬误食这些物质则可引起中毒。

【症状】磷中毒的症状与磷的性状、分量及胃肠内容物多少有关，食入30 min至数小时后表现消化道刺激症状，持续2～3 d后，出现肝大、变性或肾功能障碍。

病犬频频呕吐（血性物）、腹泻、饮欲增加，大量流涎。呕吐物及排泄物呈大蒜臭味。重症犬表现出腹痛、不安、黏膜点状出血、黄疸、循环衰竭、痉挛等神经症状。

【临床病理】病初血细胞比容值、血清尿素氮及总蛋白量稍高，以后尿量逐渐减少乃至尿闭。随病情发展，血清总胆红素增高（直接值大于间接值）、血清酶（ALP、GOT、GPT、γ-GTP等）活性升高，血清总蛋白和A/G比值降低，血清胶体反应阳性（交叉反应、卢戈耳反应等）。血糖降低，血氮升高，由于肾功能衰竭而出现蛋白尿及血尿，甚至发现少尿或无尿。

取样镜检，呕吐物及排泄物可发荧光。

【治疗】抑制酶在体内氧化，减少氧的消耗和碳酸生成。

1. 催吐、洗胃、促进排泄：将硫酸铜0.1～0.5 g用5～10 ml水溶解后灌服催吐。用0.1%～0.2%高锰酸钾50～100 ml或同量的0.1%～0.5%过氧化氢溶液洗胃。口服硫酸钠5～10 g，促进毒物排出。为抑制磷对消化道的刺激，减少磷的吸收，可给予口服矿物油。

2. 对症治疗：用0.9%氯化钠注射液或复方氯化钠注射液和5%葡萄糖等量混合后，

40 ml/kg 静脉滴注或皮下注射。出现肝功能障碍时，静脉注射葡萄糖 5～10 g，每日 3～4 次。并用葡醛内酯、DL-蛋氨酸等保肝药。用 10%葡萄糖酸钙或天门冬氨酸钙 5～10 ml 与等量的 20%葡萄糖液混合后缓慢静注，每日 3 次。根据病情可考虑用强心剂、维生素 B 族及维生素 K 等。

## ［技能 98］氟乙酰胺中毒

氟乙酰胺又名敌蚜胺、氟素儿，是一种用于杀灭棉铃虫的剧毒农药，早已被禁止使用。20 世纪 70 年代，因农药缺乏，有人将此农药用在稻谷上杀害虫而污染饲草，造成耕牛有机氟中毒。由于该农药毒性大，鼠药商将其化合物合成灭鼠药而用在灭鼠上，结果导致家禽、鸟类误食而发生中毒。犬猫常因采食被氟乙酰胺鼠药毒死的鼠尸、鸟尸而引起二次中毒。

【发病机理】有机氟化合物进入动物机体后，转化为氟乙酸，后者与细胞内线粒体的辅酶 A 作用，生成氟乙酰辅酶 A，再与草酰乙酸反应，生成氟柠檬酸，氟柠檬酸可以抑制乌头酸酶，中断正常的三羧酸循环，使丙酮酸代谢受阻，妨碍正常的氧化磷酸化过程。

有机氟本身对神经系统有强大的诱发痉挛作用，故亦可出现神经系统症状。有机氟也直接作用于心肌，导致心律失常、室颤等，导致急性循环障碍。

【症状】有机氟急性中毒时，出现以中枢神经系统障碍和心血管系统障碍为主的两大症候群。前者称神经型，后者称心脏型。中毒后潜伏期较短。

反刍动物中毒后有两种类型。突发型无明显先兆症状，经 9～18 h 后突然倒地，剧烈抽搐，惊厥，角弓反张，来不及抢救，迅速死亡。潜伏型，一般在摄入毒物潜伏 1 周后经运动或刺激后突然发作，尖叫，惊恐，在抽搐中死于心力衰竭。

犬、猫中毒表现兴奋，狂奔，嚎叫，心律不齐，心动过速，呼吸困难，在短时间内，因循环和呼吸衰竭而死亡。

【病理变化】尸检见到尸僵快，心脏扩张，心肌变性，心内、外膜见出血点。脑膜充血、出血，肝、肾淤血、肿大，出血性胃肠炎。

【诊断】根据病史和以中枢神经系统功能障碍和心血管系统功能障碍为主的临床表现，可作出初步诊断。确诊要结合实验室检测可疑样品的有机氟，证实有有机氟的存在。

【治疗】发现中毒后，立即停喂可疑饲料，尽快排出胃肠内毒物，先用 0.1%高锰酸钾溶液洗胃，忌用碳酸氢钠溶液。可投给鸡蛋清、碱式硝酸铋，保护胃肠黏膜。

及时使用乙酰胺干扰氟乙酸的作用，减轻中毒症状。按 0.1～0.3 g/kg，用 0.5%盐酸普鲁卡因稀释，分 2～4 次肌内注射，首次剂量为每日量的 1/2，连用 3～7 d。

也可用乙二醇乙酸酯（甘油乙酸酯、醋精）100 ml 溶于 500 ml 水中灌服；或用 5%乙醇和 5%醋酸，各 2 ml/kg 灌服。

有人采用乙酰胺和纳洛酮（1～5 mg/d，肌内注射）合用，疗效较好。严重者可配合强心补液、镇静、兴奋呼吸中枢等对症治疗。

## ［技能 99］抗凝血灭鼠药中毒

灭鼠药是用来控制鼠害的一类药剂。常见品种依其化学结构分为茚满二酮类、香豆素类、有机磷类、有机氟类、硫脲类、无机盐类和其他类。

【病因】动物误食污染了灭鼠药的饮水或灭鼠毒饵。犬猫多因吃了灭鼠药毒死的老鼠而引起二次中毒。也有人为使用灭鼠药投毒，引起动物中毒的发生。

灭鼠药按其毒性和作用速度可分为：①慢效药类，包括茚满二酮类和香豆素类，它们统称为抗凝血灭鼠药。误食这类灭鼠药中毒后需要经过一定的潜伏期，才能逐渐出现临床症状。②速效药类，包括有机磷类、有机氟类、硫脲类、无机盐类和其他类。它们的特点是毒性大，作用迅速，多在食后短时间内出现中毒反应，是造成动物急性中毒死亡的主要鼠药。

茚满二酮类和香豆素类中毒：

这类灭鼠药的毒理机制相似，都是通过抗凝血作用而发挥毒性，故一并介绍。茚满二酮类灭鼠药主要有杀鼠酮、敌鼠钠盐、氯鼠酮、氟鼠酮等。香豆素类的常见品种有杀鼠灵、克灭鼠、杀鼠醚、鼠得克、溴敌隆、大隆等。

【发病机理】这类灭鼠药的毒性作用是破坏凝血机制和损伤毛细血管。其抗凝血作用是因其化学结构与维生素 K 相似，进入机体后对维生素 K 产生竞争性抑制，使凝血酶原和凝血因子Ⅶ、Ⅸ、Ⅹ的合成受阻，使出血凝血时间延长。此外，它们又可直接损伤毛细血管壁，发生无菌性炎症，使管壁通透性和脆性增加，因此易破裂出血。

【症状】中毒症状一般在误食后即出现呕吐、食欲不振或废绝，皮肤发绀，尤其在翅下、腹部更明显。尿血，粪便带血，血液凝固不良，腹痛，心音弱且心率快。后因出血导致心力衰竭而死亡。

【治疗】应及早洗胃、导泻和催吐，洗胃禁用碳酸氢钠溶液。为了消除凝血障碍，应使用维生素 K，按每千克体重 1 mg 维生素 K 加入 10％葡萄糖溶液中，静脉注射，每 12 h 一次，连用 3～5 d。

## ［技能 100］洋葱和大葱中毒

洋葱和大葱都属百合科，葱属。犬猫采食后易引起中毒，主要表现为绯红色或红棕色尿液，犬发病较多。犬猫洋葱中毒世界各地均有报道，我国 1998 年首次报道了犬大葱中毒。

【病因及发病机理】犬猫采食了含有洋葱或大葱的食物后，如包子、饺子、铁板牛肉、大葱烧羊肉等，便可引起中毒。洋葱或大葱含有辛香味挥发油——N－丙基二硫化物或硫化丙烯，此类物质不易被蒸煮、烘干等加热破坏，老洋葱或大葱中含量较多。N－丙基二硫化物或硫化丙烯能降低红细胞内葡萄糖－6－磷酸脱氢酶（G6PD）活性。G6PD 能保护红细胞内血红蛋白免受氧化变性破坏，如果 G6PD 活性减弱，氧化剂能使红血红蛋白变性凝固，从而使红细胞快速溶解和形成海恩茨小体。老龄红细胞含 G6PD 少，中毒后比幼龄红细胞更易氧化变性溶解，体弱动物红细胞也易溶解。红细胞溶解后，从血红蛋白尿中排出，使尿液变红，严重溶血时，尿液呈红棕色。

【症状】犬猫采食洋葱或大葱中毒 1～2 d 后，主要表现为绯红色或红棕色尿液。中毒轻者，症状不明显，有时精神欠佳，食欲差，排淡红色尿液。中毒较严重者，表现精神沉郁，食欲不振或废绝，走路蹒跚，不愿活动，喜卧，眼结膜或口腔黏膜发黄，心率增快，喘气，虚弱，排深红色或红棕色尿液，体温正常或降低，严重中毒可导致死亡。

【诊断】根据有采食洋葱或大葱食物的病史和临床症状可作出初诊，确诊要进行血液化验和尿液检查。

实验室检验：血液随中毒程度轻重，逐渐变得稀薄，红细胞数、血细胞比容和血红蛋白减少，白细胞数增多。红细胞内或边缘上有海恩茨小体；血清总蛋白、总胆红素、直接及间接胆红素、尿素氮和天门冬氨酸氨基转移酶活性均呈不同程度增加；尿液颜色呈红色或红棕色，密度增加，尿潜血、蛋白和尿血红蛋白检验阳性，尿沉渣中红细胞少见或没有。

【防治】立即停止饲喂洋葱或大葱性食物；应用抗氧化剂维生素 E；支持疗法进行输液，补充营养；给适量利尿剂，促进体内血红蛋白排出；溶血引起严重贫血的犬猫，可进行静脉输血治疗，每千克体重 10～20 ml。

## ［技能 101］变质食物中毒

【病因】食物中毒一般是指犬猫食入变质的食物如肉、乳、蛋、鱼等污染毒素的饲料，过期食物、腌制品，冰箱保存时间长的食物或者发馊残菜引起的中毒。

【症状】贪食过多的犬猫开始症状不明显，急性有个别犬猫突然死亡，一般是在 12 h 左右。多数犯病犬猫表现精神沉郁，厌食或者拒食，流涎，频渴，呕吐，黏膜发绀，个别鼻出血，下颌淋巴结肿大，个别体温升高达 40℃。腹泻，大便恶臭，拉出有黏液的大便，或者拉出酱油色的稀便。

【防治】保肝、解毒、消炎、输液等治疗。

## ［技能 102］阿托品类药物中毒

【病因与机制】误服阿托品类药物或误服含有阿托品类的植物，过量使用阿托品类药物引起阿托品中毒，含有阿托品的滴眼药液流入鼻腔，皮肤黏膜处敷用颠茄膏也可引起吸收中毒。阿托品类药物能阻断节后胆碱能神经所支配的效应器中的乙酰胆碱受体。用药过量时，主要表现为副交感神经作用解除后的症状以及中枢神经系统（CNS）兴奋，对烟碱样症状则无对抗作用。

【临床症状】口干、咽干、皮肤干燥、夏天体温升高等，由腺体分泌减少所致；心率加快；瞳孔扩大，视力模糊，看近物不清；腹胀、便秘，老年可能有排尿困难；颜面、皮肤潮红由血管扩张所致，严重中毒可因外周血管舒张、血管运动中枢麻痹而出现血压下降乃至休克；烦躁、幻觉、谵妄、惊厥等中枢兴奋症状，最后出现昏迷、呼吸抑制等危重症状，最终因呼吸衰竭死亡。

【治疗】

1. 催吐及洗胃：误服毒物后可用压舌板刺激咽喉部以催吐，或服用1%硫酸铜溶液以催吐。亦可用1∶5000高锰酸钾溶液、2%碳酸氢钠溶液或浓茶水进行洗胃。洗胃后可用硫酸钠导泻，中毒时间较长者可用0.9%氯化钠溶液清洁肠道。

2. 解毒及对抗剂的应用：

（1）新斯的明：可用新斯的明每次0.05～0.08 mg/kg，皮下或肌内注射，每3～4 h一次。

（2）水杨酸毒扁豆碱：每次0.03～0.06 mg/kg，皮下注射，严重者可静脉注射，每15～30 min一次，有对抗阿托品的作用。

（3）眼内接触毒物者可用硼酸水洗眼。

3. 促进毒物的排泄：给予电解质。可输注10%葡萄糖，并加入大剂量维生素C，静脉注射呋塞米，每次1～2 mg/kg，以促进毒物的排泄。

4. 对症治疗：

（1）烦躁不安、惊厥者，应注意保护，防止受伤，可适当应用地西泮或10%水合氯醛等药物。但忌用抑制呼吸中枢的吗啡和长效巴比妥类药物。

（2）有嗜睡、昏迷及呼吸中枢抑制等症状时，可酌用呼吸中枢兴奋剂（如安钠咖），必要时可行气管插管使用人工呼吸机维持呼吸。

（3）高热者可行物理降温，亦可肌内注射阿尼利定和柴胡制剂。有休克症状者，积极行抗休克治疗。

# 任务15　犬猫内分泌系统疾病

## ［技能103］甲状腺功能减退

甲状腺功能减退简称甲减，是指甲状腺激素合成和分泌不足引起的全身代谢减慢的症候群。临床上以易疲劳、嗜睡、畏寒、皮肤增厚、脱毛和繁殖功能障碍为特征。本病常见于犬，猫相对少见。

【病因】按发病原因可分为原发性和继发性甲状腺功能减退两类。原发性甲状腺功能减退是因淋巴细胞、浆细胞和巨噬细胞弥散性或结节样浸入甲状腺组织，引起腺泡进行性破坏、压迫而萎缩或消失。亦可因甲状腺泡细胞自发性萎缩和消失引起，占整个甲状腺功能减退病例的90%。继发性甲状腺功能减退可因垂体受压迫而萎缩；或因垂体本身肿瘤，造成促甲状腺激素（TSH）分泌和释放不足；或因下丘脑病损，引起促甲状腺激素释放激素（TRH）的分泌和排放不足，使垂体前叶的TSH分泌减少，随之引起甲状腺功能减退。

【症状】原发性甲状腺功能减退通常发生在中年和老年犬，2 岁以下犬发病较少，病犬年龄一般为 3～8 岁，且多发于大型和中型的纯种犬，如拳师犬、可卡犬、大丹犬、杜宾犬、比格犬等。病初易于疲劳，睡觉时间延长，畏寒，体温偏低，喜欢睡在炉灶或暖气管旁，反应迟钝。皮肤、被毛干粗，在躯干腹侧、大腿内侧、颈两侧皮肤有色素沉着和对称性脱毛，皮脂腺萎缩。由于中性或酸性黏多糖积累，使皮肤增厚，特别是前额和面部显得臃肿，称为黏液样水肿。母犬发情减少或不发情，公犬睾丸萎缩无精子。部分病犬呈现频渴、多尿、贪食。血检患病犬有高胆固醇血症和血清肌酸激酶（CK）活性升高。病程较长的，还有中等程度的正细胞性贫血，有时亦可出现甘油三酯血症、血浆蛋白浓度升高等。继发性甲状腺功能减退最明显的症状是体力下降或丧失，病情发展没有原发性甲状腺功能减退明显。病犬行动迟缓，头大腿短，发育缓慢，痴呆。先天性继发性甲状腺功能减退常伴有垂体性侏儒；后天性继发性甲状腺功能减退，常伴有神经症状，如抑郁、运动紊乱、眼睑下垂等。先天性下丘脑性甲状腺功能减退可伴有克汀病，但无甲状腺肿大，生长受阻，头颅宽大，腿短粗，与身体不成比例，痴呆。获得性下丘脑性甲状腺功能减退，体力下降明显，睡眠时间延长，在紧急状态下显得很紧张。

【诊断】甲状腺功能减退无明显的特征性症状，因此不能单凭症状作出病性诊断，需结合实验室检验进行确诊。

1. 用放射免疫方法（RIA）测定血浆 $T_4$ 和 $T_3$ 浓度：健康犬的血浆 $T_4$ 和 $T_3$ 浓度分别为 15～40 μg/L 和 500～1 500 ng/L，如 $T_4$ 浓度低于 15 μg/L，$T_3$ 浓度低于 500 ng/L，可认为是甲状腺功能减退。然而，有时 $T_3$ 浓度下降，$T_4$ 浓度正常，用 L－甲状腺激素治疗无效，用 L－三碘甲状腺原氨酸治疗效果良好。这可能是因外周血液，$T_4$ 转变为 $T_3$ 过程受阻之故。

2. 注射 TSH 测定血浆中 $T_4$ 对 TSH 的反应，正常犬静脉或肌内注射 TSH（每千克体重 0.5 IU），8 h 后 $T_4$ 浓度可升高 2～3 倍。

3. 甲状腺活组织穿刺，染色、镜检：原发性甲状腺功能减退，甲状腺腺泡萎缩以至消失，而继发性甲状腺功能减退，甲状腺腺泡完好，上皮细胞显得扁平，由于胶质积累，腺泡扩大。

4. 注射 TRH：垂体性甲状腺功能减退可呈先天性侏儒症，同时可继发糖皮质激素缺乏（下丘脑性甲状腺功能减退的动物表现呆笨和呆睡）。用 TRH 注射后，血浆 $T_4$ 和 TSH 浓度升高者，为下丘脑性甲状腺功能减退，如 $T_4$ 和 TSH 浓度几乎不变者，则为垂体性甲状腺功能减退。

【治疗】

急性型：首先静脉注射 0.9%氯化钠注射液；补充糖皮质激素，如琥珀酸钠皮质醇、泼尼松琥珀酸钠和磷酸钠地塞米松，首次剂量的 1/3 静脉注射，1/3 肌内注射，1/3 稀释在 5%葡萄糖氯化钠溶液中静脉滴注；肌内注射醋酸去氧皮质酮油剂；静脉注射 5%碳酸氢钠溶液。上述治疗后 30 min，病情仍然不见好转，可静脉滴注去甲肾上腺素，并观察注射后脉搏及尿量的变化；肌内注射琥珀酸钠皮质醇，每日 3 次；肌内注射醋酸去氧皮质酮油剂，每日 1 次，至病畜呕吐停止、自由采食及精神状态正常。

慢性型：肌内注射琥珀酸钠皮质醇每日 3 次；肌内注射醋酸去氧皮质酮油剂，每日 1

次，至血清钠、钾含量恢复正常，呕吐停止，能采食；口服氯化钠（犬和猫），连用 1 周；口服氢化可的松，每日 2 次，连用 1 周后每日 1 次；每 3～4 周肌内注射新戊酸盐去氧皮质酮，或每天服用醋酸氟氢可的松。

## ［技能 104］甲状腺功能亢进

甲状腺功能亢进简称甲亢，是猫的一种常见内分泌疾病，但在犬中很少见。甲状腺功能亢进是中年和老年猫的一种疾病，发病年龄为 12～13 岁，变化范围为 6～21 岁，只有 6%病猫年龄小于 10 岁，无性别和品种差异。

【病因】甲状腺功能性腺瘤影响一叶或两叶腺体的功能，是猫甲状腺功能亢进的常见病因，约占 98%，常常是双侧性的。有时过度使用甲状腺激素替代药物治疗人为引起甲状腺功能亢进，但很少见；在犬类则甲状腺病是常见病因，但很少是功能性的，并少见于猫。

【临床症状】与甲状腺激素过度分泌，进而刺激机体有关。猫甲状腺功能亢进的临床症状差异很大，受甲状腺功能亢进持续期、机体系统对过量激素的处理能力以及其他疾病因素影响，一般而言，该病呈渐进性发展。主要症状为进行性消瘦，伴有食欲旺盛，畜主容易误认为动物健康状态良好，直到发现体重减轻并伴有其他症状（如呕吐、腹泻）和行为改变（如多动、神经过敏、攻击行为等）。病猫常发现心脏异常，如心动过速，心率超过 240 次/分，听诊有心脏收缩期杂音，某些严重病例发生心脏衰竭，包括肺水肿、胸腔积液或腹水引起的呼吸困难，这一般是甲状腺激素过量的继发病。心电图检查显示心动过速，R 波振幅增加，心肌肥大。虽然患病动物不表现皮肤损伤，但会发生被毛不整。在大多数病例中，出现一侧或两侧明显的甲状腺突出，一般难以触诊。

【诊断】本病主要依据实验室诊断和甲状腺功能试验。实验室诊断采用血液和生化检测，最常见的血液变化是红细胞相对增多，表现为轻度或中度的红细胞数、PCV 和血红蛋白浓度增加。血清中 ALT、AST、AP 和 LDH 活性增加，但并非特异性增加。甲状腺功能试验主要是甲状腺激素浓度增加可以诊断为甲状腺功能亢进。大部分病例的血清中 T3 和 T4 浓度增加非常明显，必要时可以进行 T3 抑制实验和 TRH 刺激实验。

【治疗】治疗甲状腺功能亢进有三种方法，即抗甲状腺药物、外科手术切除甲状腺和放射性碘疗法。抗甲状腺药物如卡比吗唑是抑制甲状腺激素合成的药物，口服后迅速转化为甲巯咪唑，或直接使用甲巯咪唑。卡比吗唑开始使用剂量为 5 mg/kg，口服，每日 3 次，3～15 d后检测血液甲状腺激素水平，调整治疗方案。甲巯咪唑，口服 10 mg/kg，但副作用较大。原发性甲状腺瘤必须采用手术摘除的方法，但应注意手术过程中对甲状旁腺的保护以及并发症。放射性碘疗法是治疗甲状腺功能亢进的安全有效方法，但必须将病猫固定在指定场所。限制移动，直到放射剂量降到可接受水平。常用放射剂为碘，剂量根据临床症状的严重程度确定。部分病例中并发肾功能紊乱，血清中尿素和肌酐升高，这些情况与蛋白质代谢增加和肾前氮血症有关，在治疗伴有氮血症的病例时，应谨慎选择治疗方法。

## ［技能 105］糖尿病

糖尿病是由于神经内分泌紊乱造成糖代谢障碍，使血、尿中葡萄糖含量升高的疾病，主要见于 5 岁以上的老年犬。

【病因】凡引起胰岛素分泌减少的疾病或病变，如急、慢性胰腺炎，胰腺萎缩及纤维化，胰岛萎缩、玻璃样变和水肿变性等，都可发生糖尿病。这是因为胰岛素可促进细胞膜对葡萄糖的转化、糖的氧化和糖原合成，抑制糖原的异生和分解。胰岛素过低造成血中葡萄糖增高，尿中葡萄糖不能完全再吸收而丢失。

【症状】病犬精神不振，易疲劳，体重降低；多尿、频渴，尿带水果样的甜味。尿中葡萄糖可达 4%～10%，甚至 11%～16%。病犬可出现白内障，角膜混浊，皮肤、黏膜干燥，尿相对密度增高（1.035～1.060），橙黄色，含有糖，后期有酮体。血糖 8.4～28 mmol/L（150～500 mg/100ml，正常为 60～100 mg/100ml）。

【治疗】改善饮食，多喂肉和脂肪；开始用格列苯脲（优降糖）口服，饭前使用，不见效时再使用胰岛素治疗，每千克体重注射 1～10 IU/d，根据病情使用。该病由于尿中丢失糖，故糖原、脂肪和蛋白质不断分解，造成大量中间代谢产物（酮体）蓄积，引起酸中毒，最后发生糖尿性昏迷，治疗用碳酸氢钠等控制酸中毒。

## ［技能 106］肾上腺皮质功能亢进

肾上腺皮质功能亢进是指一种或数种肾上腺皮质激素分泌过多，以皮质醇增多较为常见，又称为库欣综合征（Cushing syndrome），是犬最常见的内分泌疾病之一。母犬多于公犬，且以 7～9 岁的犬多发，猫很少发生。

【病因】

1. 垂体依赖性因素：主要见于垂体肿瘤性肾上腺皮质增生，约占自发性库欣综合征的 80%。垂体肿瘤能分泌过量的 ACTH，引起肾上腺皮质增生和皮质醇分泌亢进。

2. 肾上腺依赖性因素：一侧或两侧性肾上腺腺瘤或癌肿常分泌过量的肾上腺糖皮质激素，约占犬自发性库欣综合征的 10%～20%。

3. 医源性因素：由于大量或长期口服、注射或局部使用皮质类固醇药物引起，其临床症状与自然发生病例相似。

【症状】临床上往往以肾上腺糖皮质激素过多所引起的症状为主，有的亦可兼有肾上腺盐皮质激素间或性激素过多的症候。按临床症状发生频率的递减顺序是：多尿、频渴、垂腹、两侧对称性脱毛、肝大、食欲亢进、肌肉无力萎缩、嗜睡、持续性发情或睾丸萎缩、皮肤色素过度沉着、皮肤钙质沉着、不耐热、阴蒂肥大、神经缺陷或抽搐。

犬猫大多表现多尿、频渴、垂腹和两侧性脱毛等症候群。日饮水超过 100 ml/kg，日排尿超过 50 ml/kg，先是后肢的后侧方脱毛，然后是躯干部，头和末梢部很少脱毛。皮肤增厚，弹性减退，形成皱褶。皮肤色素过度沉着，多为斑块状。皮肤钙质沉着，呈奶油色斑块状，周围为淡红色的红斑环。病犬可发生肌肉强直，通常先发生于一侧后肢，然后是另一侧后肢，最后扩展到两前肢。休息或在寒冷条件下，步态僵硬尤为明显。

【实验室检查】常见相对性或绝对性外周淋巴细胞减少，犬少于 $1\times10^9$/L，猫少于 $1.5\times10^9$/L，血清 ALP 活性升高。还见有中性粒细胞增多、酸性粒细胞减少（$<0.1\times10^9$/L）和单核细胞增多。肾上腺皮质功能试验包括筛选试验血浆皮质醇含量测定、小剂量地塞米松抑制试验、ACTH 刺激试验、高血糖素耐量试验和特殊试验（大剂量地塞米松试验）两大类。

【治疗】治疗本病多采用药物疗法和手术疗法，可单独实施，亦可配合应用。首选药物为米托坦，犬口服剂量为 30～50 mg/kg，显效后每周服药一次。猫对该药的毒性尤为敏感，不宜使用。此外，还可选用酮康唑、氨基格鲁米特等药物或手术切除肿瘤。

## ［技能 107］肾上腺皮质功能不全

肾上腺皮质功能不全是指一种、多种或全部肾上腺皮质激素的不足或缺乏，以全部肾上腺皮质激素的缺乏最为多见，又称为艾迪生病（Addison's disease），多见于 2～5 岁母犬，猫也有发生。

【病因】各种原因的双侧性肾上腺皮质严重破坏（90％以上）均可引发本病。原发性肾上腺功能减退常见于钩端螺旋体病、子宫蓄脓、犬传染性肝炎、犬瘟热等传染性疾病和化脓性疾病及肿瘤转移、淀粉样变、出血、梗死坏死等病理过程。近年发现，约有 75％的病犬血中存在抗肾上腺皮质抗体，病变发生淋巴细胞浸润，故认为自体免疫可能是本病的主要原因。

继发性肾上腺皮质功能减退见于下丘脑或垂体破坏性病变及抑制 ACTH 分泌药物的使用不当。

【临床表现】急性型突出的临床表现是低血容量性休克症候群，大都处于虚脱状态。慢性病例急性发作的，出现体重减轻、食欲减退、虚弱等慢性症状。

慢性型主要表现为渐进性虚弱，肌肉无力，精神抑制，食欲减退，胃肠紊乱，呕吐，腹泻。按临床症状发生频率的递减顺序是：精神沉郁，虚弱，食欲减退，周期性呕吐、腹泻或便秘，体重减轻。

【诊断】根据临床表现和诊断性试验结果作出诊断。诊断性试验多选用促肾上腺皮质激素试验。犬静脉注射 ACTH 0.25 mg 后 1 h，血浆或血清皮质醇低于 138 nmol /L 即可确诊为糖皮质激素缺乏；注射后 4 h，中性粒细胞与淋巴细胞比值未超过基线水平 30％或酸性粒细胞绝对值减少未超过基线水平 50％，指示糖皮质激素缺乏。

心电图描记：显示 T 波振幅增加，P 波宽而平，PR 间期延长，QRS 间期增宽，房室阻滞或异位起搏点。

【实验室检查】常见肾性或肾前性氮质血症、低钠血症（<137 mmol/L）和高钾血症（>5.5 mmol/L），血清钠、钾比由正常的 27∶1～32∶1 降至 23∶1 以下，尿钠升高，尿钾降低，可发生代谢性酸中毒，代偿性呼吸性碱中毒、低氯血症、高磷血症和高钙血症。血液常规检查，相对性中性粒细胞减少，淋巴细胞增多，相对性嗜酸性粒细胞增多，轻度正细胞正色素非再生性贫血。

【治疗】

1. 急性艾迪生病。治疗原则：抗休克治疗（纠正动物脱水和酸中毒、维持电解质平衡）。

在急性脱水休克情况下，首先静脉输注0.9%氯化钠注射液（不可用高渗氯化钠溶液以免引起细胞内脱水），第1 h按20～80 ml/kg，并加入琥珀酸钠脱氢皮质醇2～10 mg/kg，或50～100 mg/kg的皮质醇类皮质激素（例如氢化可的松之类）混合输注。病情严重时，需用大剂量皮质醇类皮质激素。如出现低血糖，可加输5%葡萄糖氯化钠注射液；为了纠正酸中毒需输注碳酸氢钠溶液（输入量参照糖尿病计算方法）。以后可根据实验室检验结果，输注液体、电解质和纠正酸中毒，但要每隔2～6 h输注1次地塞米松（2～4 mg/kg），或肌内注射新戊酸盐去氧皮质酮2.2 mg/kg，每25 d 1次。

当动物处于稳定状况时，改用口服醋酸氟氢可的松片（每片含0.1 mg）维持治疗，20 kg的犬，每天服用2～4片，不宜间断，但可按犬体重大小适当增减。也可应用皮下植入醋酸脱氢皮质酮丸（125 mg），每丸可维持10个月，10个月后取出旧丸另植新丸。在进行上述治疗的同时，还要多补饲食盐，每隔3个月进行一次体检和实验室检验。

2. 慢性阿狄森氏病变。采取替代疗法：盐皮质酮三甲基醋酸酯的微晶形悬液，其有效期大约为3周。每日注射25 ml可保证吸收到1 mg的醛固酮类皮质激素，这样就能保持电解质平衡。也可改用醋酸去氧皮质酮丸剂进行治疗：通过外科无菌手术，在局部麻醉下沿背中线皮下植入一丸（每丸约含醛固酮类皮质激素125 mg，每日可释放0.5 mg去氧皮质酮），每植一丸平均能维持6～8个月。同时每日早晨口服糖皮质激素（可用泼尼松2.5～5 mg）和氯化物（氯化钠1 g/d），出现紧急情况时按上述计量2～4倍服用。患病动物每6个月复查一次，再植一丸醋酸去氧皮质酮（不要等上一丸完全耗尽再植）。

【测试模块】

## 一、选择题

1. 下列哪种不是犬尿结石的临床特征？（　　）

A. 腹痛　　B. 排尿障碍　　C. 体温升高　　D. 血尿

2. 宠物发生胃肠炎时以下哪一类药物不是止泻药？（　　）

A. 磺胺脒　　B. 硫酸钠　　C. 鞣酸蛋白　　D. 碱式碳酸铋

3. 子宫蓄脓指（　　）内积有脓液。

A. 阴道内　　B. 卵巢　　C. 子宫腔　　D. 盆腔

4. 尿道结石继发（　　）可引起死亡。

A. 肾炎　　B. 肾结石　　C. 尿毒症　　D. 肾衰竭

5. 宠物发生有机磷中毒的特效解毒剂是（　　）。

A. 硫酸镁　　B. 阿托品　　C. 乙酰胺　　D. 亚甲蓝

6. 宠物患高脂血症有易患（　　）倾向。

A. 高血压　　B. 甲亢　　C. 糖尿病　　D. 肾衰竭

7. 犬食入大量洋葱会引起中毒，少量会引起贫血，这种贫血属于（　　）。

A. 失血性贫血　　B. 溶血性贫血
C. 再生障碍性贫血　　D. 营养性贫血

8. 犬发生佝偻病前期症状是（　　）。
A. 食欲废绝　　B. 跛行　　C. 异嗜癖　　D. 瘫痪

9. 较少发生胰腺炎的犬是（　　）。
A. 雄犬　　B. 雌犬　　C. 幼龄犬　　D. 肥胖犬

10. 对膀胱炎的治疗描述不正确的是（　　）。
A. 冲洗膀胱用1%高锰酸钾溶液　　B. 尿路消毒用乌洛托品静注
C. 净化尿液口服氯化铵　　D. 肌内注射卡巴克洛

11. 下列属于犬甲状腺功能减退症状的是（　　）。
A. 机体代谢率增加　　B. 性欲亢进
C. 双侧性脱毛　　D. 精子活力升高

12. 下列不能直接引起宠物肺水肿的病因是（　　）。
A. 左心功能不全　　B. 快速大量静脉输液
C. 运动不足　　D. 过敏性变态反应

## 二、问答题

1. 简述犬猫中暑的治疗方法。
2. 简述犬猫尿道炎的临床症状。
3. 简述急性肾功能衰竭与慢性肾功能衰竭的区别。
4. 简述犬猫急性胰腺炎的临床症状。
5. 简述犬猫咽炎的防治原则和防治方法。
6. 简述犬猫口炎的一般临床症状。
7. 简述犬猫中毒性疾病治疗原则。

# 项目四 犬猫外科手术

【知识目标】

1. 掌握术前准备、术后处理措施的理论知识。
2. 掌握犬猫常见外科手术的适应证、麻醉、止血、手术操作的理论知识。
3. 掌握各种麻醉药物的使用方法及注意事项。

【技能目标】

1. 熟练进行施术动物的术前准备、人员准备、器械及敷料准备。
2. 熟练进行术后一般护理。
3. 熟练使用常见外科手术器械。
4. 熟练进行各种缝合。
5. 熟练进行犬猫常见外科手术。

## 任务16 犬猫外科手术基本操作

### [技能108] 无菌技术

无菌技术是在外科范围内防止伤口（包括手术创伤）发生感染的综合性预防性技术，即采用物理和化学的方法来杀灭微生物或抑制微生物生命活动的措施，其目的是消除细菌，防止感染。习惯上所说的灭菌术是指用物理方法彻底杀灭一切微生物。而使用各种化学消毒剂达到抗感染的目的，称为抗菌术。在手术过程中通常把灭菌术和抗菌术配合起来应用，以达到预防感染的目的。

#### 一、外科常用无菌技术

##### （一）物理性灭菌法

1. 煮沸灭菌法：适用于手术器械和常用物品的灭菌。一般用清洁的水加热，水沸3~5 min后将金属器械放入沸水中，待水第二次沸腾时计算时间，维持30 min（急用时不能少于10 min），可将一般的细菌杀死，但不能杀灭芽孢。因此对可疑污染细菌芽孢的器械或物品，必须煮沸 60 min，而有的芽孢甚至需数小时才会被杀死。使用 2%碳酸氢钠或 0.25%氢氧化钠碱性溶液煮沸灭菌，可以将水的沸点提高到 102～105℃，消毒时间可缩短到 10 min，还可以防止金属器械生锈（但不能用于橡胶制品的灭菌）。如果消毒玻璃注射器，可将其放入冷水中逐渐加热至沸腾，以防骤热而破裂。煮沸灭菌时，应注意严守操作规程：物品在消毒前应刷洗干净，去除油垢，打开器械关节，并将其浸没在水面以下，煮沸器的盖子应关严密；应避免中途加入物品，如必须加入，则消毒时间应自重新煮沸后开始计算。

2. 高压蒸汽灭菌法：可以杀灭一切细菌和芽孢。高压蒸汽灭菌需用特制的灭菌器，有手提式、立式以及卧式高压蒸汽灭菌器。不同的物品，所需的压力、温度和时间不同（表 4－1）。

**表 4－1 不同物品进行高压蒸汽灭菌所需的压力、温度与时间**

| 物品种类 | 压力（MPa） | 温度（℃） | 时间（min） |
|---|---|---|---|
| 布料、敷料 | 0.137 2 | 126.6 | 30 |
| 金属器械、搪瓷 | 0.102 9 | 121.6 | 45 |
| 玻璃器皿 | 0.102 9 | 121.6 | 30 |
| 乳胶、橡胶物品 | 0.102 9 | 121.6 | 20 |
| 药液 | 0.102 9 | 121.6 | 15～20 |

手提式高压蒸汽灭菌器的使用方法：在灭菌前应向锅内加水，水应该浸没加热管，然后放入套筒，同时装入待灭菌的物品。手术金属器械应分类别清点后装入布袋内，金属注射器应松开螺旋，玻璃注射器应抽出针栓后装入布袋内。各种敷料、缝合材料清点后用布袋装好。将需要灭菌的物品按一定的顺序放于灭菌锅内，拧紧盖上的螺旋，充电加热。待锅内的水沸腾后，压力表上升时，先打开排气阀，放出锅内冷空气后，关闭排气阀。继续加热，待压力表指示的温度达到 121.6～126.6℃时，维持 30 min。在加热过程中，如果锅内压力过大，排气阀会自动放气。灭菌完毕，打开排气阀缓慢放出蒸汽，待气压表指示为“0”。如灭菌物品为敷料包、器械、金属用具等，可采用快速排气阀。如果是消毒液体类物品或试剂则应自然降温，不可放气，否则液体会猛然溢出。旋开锅盖，及时取出锅内物品，不要待其自然冷却后再取出，否则物品会变湿而影响使用。取出的手术包应放入干燥箱内烘干，备用。

3. 电离辐射灭菌法：利用 γ 射线、X 线或电子辐射能穿透物品并杀灭其中微生物的低温灭菌方法，称为电离辐射灭菌法。手术缝线、纱布、脱脂棉、外科手术器械、手术敷料、塑料制品、尼龙制品等均可用此法消毒。

4. 火焰灭菌法：只是在紧急情况下用于消毒搪瓷或钢精类器皿。一般不用于消毒器械，特别是精细的血管钳及缝针等，以防其变钝。

5. 干热灭菌法：由于干热穿透力低，且温度过高易损坏物品，一般少用。多用于玻璃器皿、注射器及针头的灭菌。温度为 160℃（维持 2 h）、170℃（维持 1.5 h）或 180℃（维持 1 h）。

### （二）化学药品消毒法

作为灭菌的手段，化学药品消毒并不理想，尤其对细菌的芽孢往往难以杀灭。化学药品消毒的效果受药品的种类和浓度、温度、作用时间等因素的影响。但是化学药品消毒法不需要特殊设备，使用方便，尤其对于不宜用热力灭菌的物品，仍是一种有效的补充手段，特别是在紧急手术情况下更为方便。常用化学药品的水溶液浸泡医疗器械进行消毒，一般浸泡 30 min，可达到消毒效果。

用化学药品消毒法进行医疗器械的消毒，要考虑的因素有：①考虑消毒剂对医疗器械上微生物的灭活能力。②消毒剂必须对器械无损害作用，或不影响其化学和物理性状及功能，而且消毒后器械上面残留的消毒剂应易于消除。③考虑对动物体的刺激性。

兽医临床上常用的化学消毒液：新洁尔灭、乙醇、煤酚皂溶液、甲醛溶液、过氧乙酸、碘酊等。

应用化学药品消毒时，应注意以下事项：①在物品灭菌前应将其油垢擦净，松开关节，内外套分开。②浸泡时，物品应浸没在溶液之中，盖紧容器。③浸泡溶液应定期检查更换，放入的物品不能带水，防止影响药液浓度。④使用经化学药品消毒过的器械前要用灭菌蒸馏水或 0.9%氯化钠溶液冲洗干净。

## 二、手术器械及物品的准备与消毒

手术中所用的器械和其他物品的种类繁多，性质各异，有金属制品、玻璃或搪瓷以及棉花织物、塑料、尼龙、橡胶制品等。而灭菌和消毒的方法也很多，且各种方法都有其特点。所以，在施术时可根据消毒的对象、器械、物品的种类及用途来选用。

### （一）手术器械的准备与灭菌

手术时所需使用的手术器械（主要指常规金属手术器械）都应该清洁，不得粘有污物或灰尘等。首先要检查所准备的器械的数量，以保证整个手术过程的需要，还要注意每件器械的性能，以保障正常的使用。不常用的器械或新启用的器械，要用温热的清洁剂除去表面的保护性油类或其他保护剂，然后用大量清水冲去残存的清洁剂后备用。为了保护手术刀片应有的锋利度，最好用小纱布包好，用化学药物浸泡消毒（不宜高压灭菌）。对有弹性锁扣的止血钳和持针钳等，要将锁扣松开，以免影响弹性。注射针头或缝针等小物品，最好放在一定的小容器内，或是整齐有序地插在纱布块上，防止散落而造成使用上的不便。每次所用的手术器械，可包在一个较大的布质包单内，这样便于灭菌和使用。

手术器械最常用的灭菌方法是高压蒸汽灭菌和化学药物浸泡消毒。若无上述条件时，也可以采用煮沸灭菌法。

### （二）玻璃、瓷、搪瓷类器皿的准备与灭菌

所有这些用品都应充分清洗干净，易损易碎者要用纱布适当包裹保护。若体积小，可以考虑用高压蒸汽灭菌、煮沸灭菌或化学消毒药物浸泡灭菌（玻璃器皿切勿骤冷，以免破损）。大件的器物如大方盘、搪瓷盆等，可以考虑使用乙醇火焰烧灼灭菌。注意乙醇的数量要适当，太少时不能充分燃烧，达不到消毒目的；太多则燃烧过久，会造成搪瓷的崩裂。

关于注射器的灭菌，现以普遍使用一次性注射器，保证了灭菌的要求。如果需要消毒玻璃注射器，事先应将注射器洗刷干净，把内拴和外管按标码用纱布包好，再将针头别在

纱布外表处。临床上多用高压蒸汽灭菌法，没有条件时也可采用煮沸灭菌法。

### （三）橡胶、尼龙和塑料类用品的准备与灭菌

临床上常用的各种插管和导管、手套、橡胶布、围裙及各种塑料制品，有些不耐高压，有些更不能耐高热（高热会使其融化变形造成损坏），这些用品都应清刷干净，并用净水充分漂洗后消毒备用。橡胶制品可以选用高压灭菌（很易老化失去弹性）或煮沸灭菌，也可以采用化学药液浸泡消毒法消毒。在消毒灭菌时，应该用纱布将物品包好，防止橡胶制品直接接触金属容器而造成局部损坏。有些专用的插管和导管等，也可以在小的密闭容器内（如干燥器）用甲醛熏蒸法消毒。目前这类用品很多都是一次性的，减少了消毒工作。

### （四）敷料、手术创巾、手术衣帽和口罩等物品的准备与灭菌

目前已经使用一次性的止血纱布、手术创巾、手术衣帽及口罩等，减少了灭菌过程。多次重复使用的这类用品都用纯棉材料制成，临床使用之后可以回收。回收的上述用品均需经过洗涤处理，不得黏附被毛或其他污物，然后按不同规格分类整理、折叠，再经灭菌后使用。

## 三、手术场地的准备与消毒

手术室的条件对预防手术创的空气尘埃感染十分重要，应因地制宜，尽可能创造一个比较完善的手术环境。手术室的基本要求如下：①手术室应有一定的面积和空间，一般小动物手术室不小于 10 $m^2$，房间高度在 2.8～3 m 较为合适。天花板和墙壁应平整光滑，以便于清洁和消毒。地面应防滑，并有利于排水。②手术室内采光要良好，并配备无影灯和其他照明设施。③室内要有良好的给排水系统，尤其是排水系统，管道应较粗，便于疏通。④手术室既要有良好的通风系统，又要能保持适当的温度（一般以 20～25℃为宜）。在设计上要合理，要考虑自然通风或是强制通风，门窗装置要紧密。有条件的通气最好有过滤装置，保暖或防暑可安装空调机。⑤有条件的手术室还需设立相应的清洗间、器械物品消毒间、更衣间及仪器设备存储间。⑥手术室内只允许放置必要的器具、物品，如手术台、器械台、无影灯、手术反光灯、输液架及保定用具等。

手术室消毒的最简单方法是使用5%石炭酸或3%甲酚皂溶液进行喷洒，可以起到一定的效果。因这些药液具有刺激性，故消毒后必须通风换气，以排除刺激性气味。在消毒手术室之前，应先对手术室进行清扫。另外，紫外光灯照射消毒、化学药物熏蒸消毒（如甲醛熏蒸法、乳酸熏蒸法）等方法也常用于手术室空间、设施的消毒。

## 四、手术人员的准备和消毒

手术人员进入手术室前必须剪短指甲，剔除甲沟中的污垢。手部有创口，尤其有化脓感染创口的不能参加手术。手部有小的新鲜伤口且必须参加手术时，应先用碘酊消毒伤口，暂时用胶布封闭，再进行消毒。手术时戴上手套。手术人员的准备主要包括更衣、手臂皮肤的消毒以及穿戴无菌手术衣和手套。

1. 更衣：手术人员在准备室脱去外部的衣裤、鞋帽，换上手术室专用的衣裤和套鞋。

上衣要求袖口只达腋窝。手术帽应将头发全部遮住，口罩必须同时全部盖住口和鼻。估计手术时出血或渗出液较多时，可加戴橡皮围裙，以免湿透衣裤。

2. 手、臂的清洁与消毒：手、臂的准备，范围包括双手、前臂和肘关节以上 10 cm 的皮肤。消毒主要有两个步骤：机械刷洗和化学药品浸泡。

机械刷洗使用肥皂、流动水刷洗，除去污垢、脱落的表皮及附着的细菌，同时脱去皮脂。此法操作得当，可去掉皮肤表面 95%以上的细菌，而且油污除去后，可使下一步骤的化学药品浸泡消毒效果更好。

未刷洗前，应用肥皂和温水洗净双手和前臂。然后用软硬适中的消毒毛刷，蘸 10%～20%肥皂水刷洗，从手指开始逐步向上直至肘关节以上 10 cm。双手洗刷完后，用流动清水将肥皂冲洗干净。如此反复洗刷 2～3 遍，通常历时 5～10 min。刷洗完毕，双手向上，使水自手部向肘部方向流去，然后用无菌小毛巾从手开始将肘关节以下范围的皮肤擦干后，进行化学药品浸泡消毒。

手臂的化学药品消毒最好是用浸泡法，将双手和前臂置于消毒溶液中浸泡，范围应超过肘关节，以保证化学药品均匀而有足够的时间作用于手臂的各个部分。专用的泡手桶可节省药液和保证浸泡的高度。如果用普通脸盆浸泡则必须不时地用纱布块浸蘸消毒液，轻轻擦洗，使整个手臂保持湿润。可用于手臂消毒的化学药品很多，兽医临诊上常用的药液的浓度和浸泡所需时间见表 4－2。

**表 4－2　常用手臂皮肤消毒的药液及浸泡所需时间**

| 药品名称 | 浓度 | 浸泡时间（min） | 浸泡前刷洗时间（min） |
|---|---|---|---|
| 乙醇 | 70%（以重量计） | 3 | 10 |
| 新洁尔灭 | 0.05%～0.10% | 5 | 3 |
| 氯己定 | 0.02% | 3 | 3 |

3. 穿手术衣和戴手套：穿手术衣和戴手套，能使术者手臂的接触感染控制在最低限度。手术衣，根据动物外科手术的特点，可有长短袖之分。如腹腔手术时，经常整个手臂进入腹腔，以短袖为好；体表手术时，以长袖手术衣为宜。

穿无菌手术衣时，要离开其他人员和器具、物品。由器械助手打开手术衣包，术者提起衣领的两侧，抖开手术衣，在将手术衣轻抛向上的同时，顺势将两手臂迅速伸进衣袖中，并向前上伸长，由助手在身后牵拉手术衣后襟；然后术者交叉两臂，提起腰部衣带，以便助手在身后系紧。

戴手套有干戴（经高压蒸汽灭菌，或由工厂生产已经消毒处理并包装好的灭菌手套）和湿戴（用化学药液浸泡消毒，如用 0.1%新洁尔灭溶液浸泡 30 min）两种方法。戴干手套时，先穿好手术衣，后戴手套。操作时，未戴手套的手不可触及手套外面，只能提手套翻折部分的内面；已戴手套的手不可触及手套的内面。戴湿手套时，先戴手套，后穿手术衣。手套内盛无菌药液（如 0.1%新洁尔灭溶液），将双手伸入手套内，带好手套，抬手使手套内的药液顺势从腕部流出。最后，将手术衣袖口套入手套袖口内。

术中手套发生破裂，或接触胃肠内容物、脓液而被污染，在转入无菌手术时，要重新更换无菌手套。更换手套前，用消毒液重新洗刷手臂。

手术人员准备结束后，如手术尚不能立即开始，应将双手抬举至于胸前，并用灭菌纱布掩盖。

## 五、施术动物术部准备与消毒

术部的常规处理分为三个步骤：术部除毛、术部消毒和术部隔离。

### （一）术部除毛

手术前必须先用毛剪逆毛流方向剪除术部的被毛，并用温肥皂水反复擦洗，去除油脂。再用剃须刀顺着毛流方向剃毛。除毛的范围超过手术切口周围 10～15 cm。剃完毛后，用肥皂反复擦洗并用清水洗净，最后用灭菌纱布拭干。对于剃毛困难的部位，可用脱毛剂（6.0%～8.0%硫化钠水溶液，为减少其刺激性可在每 100 ml 溶液中加入甘油 10 g）涂于术部，待被毛呈糊状时（约 5 min），用纱布轻轻擦去，再用清水洗净即可。

### （二）术部消毒

术部除毛并洗净后，消毒通常由助手在手、臂消毒后尚未穿戴手术衣和手套前执行。助手用镊子夹取纱布或棉球蘸化学消毒溶液涂擦手术区，消毒的范围要相当于剃毛区。一般无菌手术，应先由拟订手术区中心部向四周涂擦；如是已感染的创口，则应由较清洁处向患处涂擦。

术部的皮肤消毒，最常用的药物是 5%碘酊和 70%乙醇。碘酊涂擦 2 次，待完全干后，再用 70%乙醇溶液擦拭 2 次。对口腔、鼻腔、阴道、肛门等处黏膜的消毒不可使用碘酊，可用刺激较小的 0.05%～0.1%新洁尔灭、0.1%依沙吖啶等溶液，涂擦 2～3 次。重复涂擦时，必须待前次药品干后再涂。消毒时，注意手不要触及动物皮肤。眼结膜用 2%～4%硼酸溶液消毒，四肢末端手术用 2%煤酚皂溶液进行脚浴。

### （三）术部隔离

采用大块有孔手术巾覆盖于手术区，仅在中间露出切口部位，使术部与周围完全隔离。也可用 4 块小手术巾依次围在切口周围，只露出切口部位以隔离术部。手术区一般应铺盖两层手术巾，其他部位至少有一层大无菌手术巾。手术巾一般用巾钳固定在动物体上，也可用数针缝合代替巾钳。手术巾要足够大以遮蔽非手术区。在铺手术巾前，应先认定部位，一经放下，不要移动，如需移动只许自手术区向外移动，不可向手术区内移动。第一层铺毕，助手应将手臂浸入消毒液中再泡 2～3 min，然后穿手术衣，戴手套，再铺盖第二层手术巾。

## 六、器械、物品使用前的准备与用后处理

### （一）使用前准备

1. 器械、物品应有数量清单，按清单准备好，先洗刷干净，再进行消毒或灭菌。

2. 器械方盘、器械和物品经不同方法消毒灭菌后，在严格的无菌操作下，在器械台或器械方盘上铺好两层灭菌白布单，再放上灭菌的器械和物品包，由器械助手把器械、敷

料分别排列待用。

（二）使用后处理

1. 手术结束后，应清点器械、敷料，如有缺少应查明原因，特别是胸腔、腹腔手术，要防止器械、敷料遗留于动物体内。

2. 金属器械用后应及时刷洗血凝块，特别注意止血钳、手术剪的活动轴及其齿槽。用指刷在清水内刷洗干净，然后把器械放在干燥箱内烘干；或经煮沸后，立即用干纱布擦干，保存待用。若为不常用器械，应涂油保管。

3. 被血液浸污的敷料，应放入5%氨水内浸洗，或直接用肥皂在清水中洗净。经灭菌后，仍可使用。

4. 被碘酊浸染的敷料，可放入沸水中煮或放入2%硫代硫酸钠溶液中浸泡1 h，脱碘后洗净。

5. 金属器械、玻璃和搪瓷类器皿、橡胶类物品、手术巾等，如接触过脓液或胃肠内容物，必须在使用后置入2%甲酚皂中浸泡1 h，进行初步消毒，然后用清水洗刷再煮沸15 min，擦干后保存。如果接触过破伤风或气性坏疽病例的，则应置入2%甲酚皂中浸泡数小时，然后洗刷并煮沸1 h，晾干后保存。凡接触过脓液或带芽孢细菌的敷料应即予以焚毁。

## ［技能109］麻醉技术

麻醉是指在施行外科手术时，利用化学药物或其他手段，使动物的知觉或意识暂时消失，或局部痛觉暂时迟钝或消失，以便顺利进行手术的方法。其主要目的在于安全有效地消除手术动物的疼痛感觉，防止剧烈疼痛引起休克；避免人或动物发生意外损伤；保持动物安静，有利于安全和细致地进行手术操作；减少动物骚动，便于无菌操作。

兽医外科麻醉方法有药物麻醉、电针麻醉、激光麻醉等，但仍以药物麻醉应用最为广泛。根据麻醉剂对机体的作用不同，可分为局部麻醉和全身麻醉两大类。

### 一、全身麻醉

全身麻醉是指利用某些药物对动物中枢神经系统产生广泛的抑制作用，从而暂时地使机体的意识、感觉、反射和肌张力部分或全部丧失，但仍保持生命中枢功能的一种麻醉方法。

全身麻醉时，如果仅单纯采用一种全身麻醉剂施行麻醉的，称为单纯麻醉；如果为了增强麻醉药的作用，减低其毒性和副作用，扩大麻醉药的应用范围而选用几种麻醉药联合使用的则称为复合麻醉。在复合麻醉中，如果同时注入两种或数种麻醉剂的混合物以达到麻醉目的的方法，称为混合麻醉（如水合氯醛－硫酸镁、水合氯醛－乙醇等）；在采用全身麻醉的同时配合应用局部麻醉，称为配合麻醉法。间隔一定时间，先后应用两种或两种以上麻醉剂的麻醉方法，称为合并麻醉。在进行合并麻醉时，在使用麻醉剂之前，先用一种中枢神经抑制药达到浅麻醉，再用另一种麻醉剂以维持麻醉深度，前者称为基础麻醉。

根据麻醉强度，又可将全身麻醉分为浅麻醉和深麻醉。前者是给予较少量的麻醉剂使动物处于欲睡状态，反射活动降低或部分消失，肌肉轻微松弛；后者使动物出现反射消失和肌肉松弛的深睡状态。

动物在全身麻醉时会形成特有的麻醉状态，表现为镇静、无痛、肌肉松弛、意识消失等。全身麻醉是可以控制的，也是可逆的，当麻醉药从体内排出或在体内代谢后，动物将逐渐恢复意识，不对中枢神经系统有残留作用或留下任何后遗症。根据全身麻醉药物进入动物体内的途径不同，可将全身麻醉分为吸入麻醉和非吸入麻醉两大类。

### （一）吸入麻醉

吸入麻醉是指采用气态或挥发性液体的麻醉药，使药物经呼吸由肺泡毛细血管进入血液循环，并到达神经中枢，使中枢神经系统被抑制而产生全身麻醉效应。用于吸入麻醉的药物为吸入麻醉药。吸入麻醉的优点是可迅速准确地控制麻醉深度，能较快终止麻醉，复苏快。缺点是操作比较复杂，麻醉装置价格昂贵。

常用的吸入麻醉药有麻醉乙醚、氟烷、甲氧氟烷、安氟醚（恩氟烷）、异氟醚、氧化亚氮等。

常用的麻醉装置（麻醉机）可以提供动物氧气、麻醉气体和进行人工呼吸，是临床麻醉和急救时不可缺少的设备。麻醉机根据其呼吸环路系统分为开放式、半开放式或半紧闭式、紧闭式 3 种。

### （二）非吸入麻醉

非吸入性全身麻醉是指麻醉药不经吸入方式而进入动物体内并产生麻醉效应的方法。实际应用中常采用非吸入性全身麻醉，该种麻醉方法操作简便，不需特殊的设备，不出现兴奋期，比较安全。缺点是不易灵活掌握用药剂量、麻醉深度和麻醉持续时间。给药途径有静脉注射、皮下注射、肌内注射、腹腔内注射、口服及直肠内灌注等。常用的非吸入性全身麻醉药如下：

1. 隆朋：商品名叫麻保静，化学名称为 2，6－二甲苯胺噻嗪，具有中枢性镇静、镇痛和肌松作用。该药现已广泛用于羊、犬、猫等小动物，同时也有效地用于各种野生动物。临床上常以其盐酸盐配成 2%～10%水溶液供肌内注射、皮下注射或静脉注射用，一般肌内注射后 10～15 min，静脉注射后 3～5 min 出现作用，镇静可维持 1～2 h，镇痛延缓时间15～30 min。1%苯噁唑溶液（回苏 3 号）可逆转其药效。

剂量：犬、猫皮下注射，2.2 mg/kg，静脉注射减半；灵长类动物肌内注射，2～5 mg/kg；狮、龙、熊等肌内注射，5～8 mg/kg。

2. 氯胺酮：镇痛作用较强，但对中枢的某些部位产生兴奋作用。麻醉后显示镇静作用，但受惊扰仍能觉醒并表现有意识反应，这种特殊的意识和感觉分离的麻醉状态叫作“分离麻醉”。本品在兽医临床上用于犬、猫及多种野生动物的化学保定、基础麻醉和全身麻醉。肌内、腹腔或静脉注射均可，剂量为 10～15 mg/kg，5 min 后产生药效。由于使用氯胺酮后动物会出现流涎，多在用药前 15 min 皮下注射阿托品。

3. 速眠新合剂（846 合剂）：该药具有镇痛广泛、诱导和苏醒平稳等特点，广泛应用于犬科动物、猫科动物。肌内注射剂量为犬、猴 0.1～0.15 ml/kg，猫、兔 0.2～0.3 ml/kg。

犬科动物在给药后 4~7 min 内有呕吐表现（特别是当胃内充满的情况下），但当胃内空虚时则不出现呕吐，表现为安静，全身肌肉松弛、无痛，表明已进入麻醉状态，一般维持 1 h 以上。为了减少唾液腺及支气管腺体的分泌，可在麻醉前 10～15 min皮下注射阿托品 0.05 mg/kg。如果手术时间较长，可用速眠新合剂进行追加麻醉。手术结束后需要动物苏醒时，可用速眠新合剂的拮抗剂——苏醒灵 4 号静脉注射，注射剂量与速眠新合剂的麻醉剂量比例一般为（1~1.5）：1，注射后 1~1.5 min 动物即苏醒。

### （三）犬、猫的全身麻醉

1. 速眠新合剂麻醉法：本法是目前临床应用较为广泛的麻醉方法，用量及效果可参看前述内容。

2. 氯胺酮麻醉法：用药前常规注射阿托品，防止流涎。注射阿托品后 15 min，肌内注射氯胺酮 10~15 mg/kg（犬）、10~30 mg/kg（猫），5 min 后产生药效，一般可持续 30 min，适当增加用量可相应延长麻醉持续时间。如果因过量出现全身性强直性痉挛，而不能自行消失时，可静脉注射地西泮 1~2 mg/kg。临床上又常将氯胺酮与其他神经安定药混合应用以改善麻醉状况。常用的方法有以下几种：

（1）氯丙嗪+氯胺酮麻醉法：麻醉前给予阿托品，以氯丙嗪 3~4 mg/kg（犬）、1 mg/kg（猫）肌内注射，15 min 后给予氯胺酮 5~9 mg/kg（犬）、15~20 mg/kg（猫），肌内注射。麻醉平稳，持续 30 min。

（2）隆朋+氯胺酮麻醉法：先给予阿托品，再肌内注射隆朋 1~2 mg/kg，15 min 后肌内注射氯胺酮 5~15 mg/kg。持续 20~30 min。

（3）地西泮+氯胺酮麻醉法：地西泮 1~2 mg/kg 肌内注射，之后约经 15 min 再肌内注射氯胺酮也能产生平稳的全身麻醉。

3. 硫喷妥钠麻醉法：将硫喷妥钠稀释成 2.5%的溶液，按 25 mg/kg 计算总药量进行静脉注射，其前一半或是 2/3 以较快的速度静脉注射，大约 1 ml/s。当动物呈现全身肌肉松弛、眼睑反射减弱、呼吸平稳、瞳孔缩小时，改为缓慢注射。通常如上述 1 次麻醉给药可以麻醉 15~25 min。当动物有所觉醒骚动或有叫声时，再从静脉适量推入药液，以延长所需的麻醉时间。

## 二、局部麻醉

利用某些药物有选择性地暂时阻断神经末梢、神经纤维以及神经干的冲动传导，从而使其分布的或支配的相应局部组织暂时丧失痛觉的一种麻醉方法，称为局部麻醉。局部麻醉适用于较浅表的小手术。局部麻醉的优点是动物保持清醒，重要器官功能干扰轻微，并发症少，且简便易行。

### （一）常用的局部麻醉药

1. 盐酸普鲁卡因：注入组织后 1~3 min 出现麻醉，一次量可维持 0.5~1 h。本品穿透力弱，不宜用作表面麻醉。

2. 盐酸利多卡因：本品局部麻醉强度和毒性在 1%浓度以下时，与盐酸普鲁卡因相似，在 2%浓度以上时其麻醉强度增强至 2 倍，并有较强的穿透力和扩散性，作用出现的时间长，能持久，一次给药量可维持 1 h 以上。

3. 盐酸丁卡因：本品的麻醉作用强，迅速，并具有较强的穿透力，常用于表面麻醉，毒性比盐酸普鲁卡因强 12～15 倍，麻醉强度大 10 倍。表面麻醉的强度比盐酸利多卡因强 10 倍。点眼时不散大瞳孔，不妨碍角膜愈合，因此该药常用于表面麻醉，可使用 1%～2%溶液。

## （二）常用的局部麻醉方法

1. 表面麻醉：利用麻醉药的渗透作用，使其透过黏膜而阻滞位于黏膜下的神经末梢，称表面麻醉。

麻醉部位及浓度：眼结膜及角膜用 0.5%丁卡因或 2%利多卡因；鼻、口、直肠黏膜用 1%～2%丁卡因或 2%～4%利多卡因，一般隔 5 min 用药一次，共用 2～3 次。使用方法是将该药滴入术部或填塞、喷雾于术部。

2. 局部浸润麻醉：将局部麻醉药物沿手术切口线注射于手术区的组织内，阻滞神经末梢，称局部浸润麻醉。常用 0.5%～1%盐酸普鲁卡因。麻醉方法是将针头插至皮下，边注药边推进针头至所需的深度及长度。亦可先将针插入到所需深度及长度，然后边退针边注入药液。

（1）直线麻醉法：施行直线麻醉时，根据切口长度，在切口一端将针头刺入皮下，并沿切口方向向前刺入所需部位，然后边退针边注入药液，至拔出针头。再以同法由切口另一端进行注射，用药量根据切口长度而定。适用于体表手术或切开皮肤时。

（2）菱形麻醉法：用于术野较小的手术，如圆锯术、食道切开术等。先在切口两侧的中间各确定一个刺针点 A、B，然后确定切口两端 C、D，便构成一个菱形区。麻醉时先由 A 点刺入至 C 点，边退针边注入药液。针头拨至皮下后，再刺向 D 点，边退针边注药液。然后再以同样的方法由 B 点刺入针头至 C 点，注入药液后再刺向 D 点注入药液。

（3）扇形麻醉法：用于术野较大、切口较长的手术，如开腹术等。在切口两侧各点，针头刺向切口一端，边退针边注入药液，针头拨至皮下转变角度刺入切口边缘，再边退针边注入药液，如此反复进行数次，再以同法麻醉另一侧。麻醉针数以切口长度而定，一般需 4～6 针不等。

（4）多角形麻醉法：适用于横径较宽的术野。在病灶周围选择数个刺针点，使针头刺入后能达病灶基部，然后以扇形麻醉的方法进行注射，将药液按上述方法注入切口周围皮下组织内，形成一个环形封锁区，故也称封锁浸润麻醉法。

（5）深部组织麻醉法：深部组织施行手术时，如创伤、开腹术等，需要使皮下、肌肉、筋膜及其结缔组织达到麻醉，可采取锥形麻醉法或分层麻醉法将药液注入各层组织之间，其方法同上述几种麻醉方法。按照上述麻醉方法注射麻醉药后，停 10 min 左右，检查麻醉效果。检查的方法可采用针刺、止血钳钳夹麻醉区域的皮肤等，观察有无疼痛反应。无反应则表示效果确实。

3. 传导麻醉（神经阻滞）：在神经干周围注射局部麻醉药，使其所支配的区域失去痛觉，称为传导麻醉。优点是使用少量麻醉药就可产生较大区域的麻醉。常使用 2%盐酸利多卡因或 2%～3%盐酸普鲁卡因，所用浓度及用量与所麻醉的神经大小成正比。

4. 硬膜外腔麻醉：属于脊髓麻醉，是将局部麻醉药注入脊髓硬膜外腔，阻滞某一部分脊神经，使躯干的某一节段被麻醉，常用于腹腔、乳房及生殖器官等手术的麻醉。根据不同手术的需要可选择腰荐间隙或荐尾间隙硬膜外腔麻醉。

（1）腰荐间隙硬膜外腔麻醉：多用于动物的后躯、臀部、阴道、直肠、后肢以及剖腹产、胎位异常、乳房切除等手术。

犬猫进行腰荐间隙硬膜外腔麻醉时，使其侧卧保定，并使甘背腰弓起，其注射点是两侧髂骨翼内角横线与脊柱中轴线的交点。在该处最后腰椎棘突顶和紧靠其后的相当于腰荐的凹陷部。垂直刺入针头，可感觉到弓间韧带的阻力，刺入深度约 4 cm，然后注入局部麻醉剂。

使用2%～3%盐酸普鲁卡因的剂量：犬猫 2～5 ml。5～15 min 后开始进入麻醉，可维持1～3 h。

（2）荐尾间隙硬膜外腔麻醉：一般用于马和牛的麻醉（因为马和牛的第一、第二尾椎间隙往往因脊椎愈合而消失）。

（3）注意事项：①麻醉时注射器、针头及麻醉部位应严格消毒，以免引起感染。②硬膜外腔麻醉，保定要可靠，以防发生事故。要严格控制针刺深度，部位要准确，严防伤及脊髓。③硬膜外腔麻醉注射前，身体前部应稍高于后部，否则药物向前扩散，能阻滞膈神经和交感神经，引起呼吸困难，心动过缓，血压下降，严重者会发生死亡。侧卧保定的动物，其下侧的麻醉效果比上侧的好。

## 三、麻醉的注意事项

1. 麻醉前，应对动物进行健康检查，了解其整体状态，以便选择适宜的麻醉方法。全身麻醉前要停止饲喂，小动物要禁食 12 h，停止饮水 4～8 h，以防止腹压过大，甚至发生食物反流或呕吐。

2. 麻醉操作要正确，严格控制剂量。麻醉过程中注意观察动物的状态，特别要监测动物的呼吸、循环、反射功能以及脉搏、体温变化，发现不良反应，要立即停药，以防中毒。

3. 麻醉过程中，如药量过大，动物出现呼吸、循环系统功能紊乱，如呼吸浅表，脉搏细弱而节律不齐，瞳孔散大等症状时，要及时抢救。可注射樟脑磺酸钠或苏醒灵等中枢兴奋剂。

4. 麻醉后，要注意护理。动物开始苏醒时，其头部常先抬起，护理员应注意保护，以防其摔伤或导致脑震荡。开始挣扎站立时，应及时扶持其头颈并提尾抬起后躯，至自行保持站立为止，以免发生骨折等损伤。寒冷季节，当麻醉伴有出汗或体温下降时，应注意保温，防止动物发生感冒。

# ［技能 110］组织分离技术

## 一、常用外科手术器械及其使用方法

外科手术器械是施行手术必需的工具。熟练掌握常用手术器械的使用方法，与保证手术基本操作的正确性关系很大，掌握外科手术器械的使用方法是外科手术的基本功。

常用的基本手术器械有手术刀、手术剪、手术镊、止血钳、持针钳、缝合针、创巾钳、肠钳、牵开器、有沟探针等。

### （一）手术刀

手术刀主要用于切开和分离组织，有固定刀柄和活动刀柄两种。前者刀片部分与刀柄为一整体，目前已很少使用，后者由刀柄和刀片两部分构成，可以随时更换刀片。常用的刀柄规格为 4、6、8 号，用于安装较大刀片，只能安装 19、20、21、22、23、24 号大刀片；3、5、7 号刀柄用于安装 10、11、12、15 号小型刀片。其按刀刃的形状可分为圆刃手术刀、尖刃手术刀和弯形尖刃手术刀等。

1. 更换刀片法：安装新刀片时，左手握持刀柄，右手用止血钳或持针钳夹持刀片。先使刀柄顶端两侧浅槽与刀片中孔上端狭窄部分衔接，向后轻压刀片，使刀片落于刀柄前端的槽缝内。更换刀片时，与上述动作相反，右手用止血钳或持针钳夹持刀片近侧端，轻轻抬起并向前推，使刀片与刀柄脱离。

2. 执刀法：执刀的姿势和动作的力量根据不同的需要有下列几种。

(1) 指压式（卓刀式）：为常用的一种执刀法。以拇指与中指、无名指捏住刀柄的刻痕处，食指按在刀背缘上，用腕与手指力量切割，适用于切开皮肤、腹膜及切断钳夹组织。

(2) 执笔式：如同执钢笔，用刀尖部进行切割。用于需要小力量短距离精细操作时，适用于切割短小切口，分离血管、神经等重要的组织或器官。

(3) 全握式（抓持式）：全手握持刀柄，拇指与食指紧捏刀柄之刻痕处，用于切割范围广或较坚韧的组织，如切开筋膜、慢性增生组织等。

(4) 反挑式（挑起式)：刀刃向上，刀尖刺入组织后向上或由内向外面挑开。此法多用于小脓肿切开，以免损伤深部组织，也常用于腹膜切开。

不论采用何种执刀方式，拇指均应放在刀柄的刻痕处，食指稍在其他指的近刀片端以稳住刀柄并控制刀片的方向和力量。在应用手术刀切开或分离组织时，除特殊情况外，一般要用刀刃突出的部分，避免用刀尖插入深层看不见的组织内，从而误伤重要的组织和器官。

手术刀的使用范围，除了刀刃用于切割组织，还可以用刀柄做组织的钝性分离，或代替骨膜分离器剥离骨膜。在手术器械数量不足的情况下，还可代替手术剪切开腹膜、切断缝线等。

### （二）手术剪

依据用途不同，手术剪可分为两种：一种是沿组织间隙分离和剪断组织的组织剪，另一种是用于剪断缝线的剪线剪。为了适应不同性质和部位的手术，组织剪分大小、长短和弯直几种。直剪用于浅部手术操作，弯剪用于深部组织分离。执剪的方法是以拇指和第四指插入剪柄的两环内，但不宜插入过深；食指轻压在剪柄和剪刃交界的关节处，中指放在第四指一侧指环的前外方柄上，准确地控制剪的方向和剪开的长度。

### （三）手术镊

手术镊用于夹持、稳定或提起组织，以便剥离、剪开或缝合。镊的尖端分为有齿及无齿（平镊），又有短型、长型、尖头与钝头之别。有齿镊损伤性大，用于夹持坚硬组织。无齿镊损伤小，用于夹持纤弱或脆弱的组织及器官。

执镊方法是用拇指对食指和中指执拿镊子的中部，左、右手均可使用。在手术过程中常用左手持镊夹住组织，右手持手术刀或剪刀进行手术，或持针进行缝合。

### （四）止血钳

止血钳又叫血管钳，主要用于夹住出血部位的血管或出血点，以达到直接钳夹止血的作用，有时也用于分离组织、牵引缝线。止血钳一般有弯、直两类，并分大、中、小等规格。直钳用于浅表组织和皮下止血，弯钳用于深部止血。止血钳尖端带齿者，叫有齿止血钳，多用于夹持较厚的坚韧组织或拟行切除的病变组织以防滑脱。

持止血钳法与持剪法基本相同，拇指及第四指分别插入止血钳的两环内，食指放在轴上起稳定止血钳的作用，特别是用长止血钳时，可避免钳端摆动。松钳方法：用右手时，将拇指及第四指插入柄环内并捏紧使扣分开，再将拇指内旋即可；用左手时，拇指及食指插入柄环，拇指向下压，中指、第四指向上顶推另一柄环，二者相对用力，即可松开。

### （五）持针钳

持针钳也叫持针器，用于夹持缝针缝合组织，一般有两种形式，即握式持针钳和钳式持针钳。使用持针钳夹持缝针时，缝针应靠近持针钳的尖端，尽量用持针钳尖端夹持缝针，若夹在齿槽床中间，则易将针折断。一般持针钳应夹住缝针针尾1/3处，缝线应重叠1/3，以便操作。持钳法有两种：一种是手掌把握持针钳之后半，各手指均在环外，食指放在近钳轴处。用此种握持法进行缝合时穿透组织准确有力。另一种方法同执剪法，拇指及第四指分别置于钳环内，用于缝合纤细组织或在术野狭窄的腔穴内进行的缝合。用持针钳钳夹弯针进行缝合时，缝针应垂直或接近垂直于所缝合部位组织，针尖刺入组织后，术者循针之弯度旋转腕部将针送出。拔针时也应循针的弯弧拔针。

### （六）缝合针

缝合针简称缝针，由不锈钢制成，主要用于闭合组织或贯穿结扎。缝针分为两种类型：一种是带线缝针或称无眼缝针，其缝线已包在针尾部，针尾较细，单股缝线穿过组织，缝合孔道小，因此对组织损伤小，又称为“无损伤缝针”。这种缝针有特定包装，保证无菌，可以直接利用，多用于血管、肠管缝合。另一种是有眼缝针，这种缝针能多次利用，比带线缝针便宜。有眼缝针以针孔不同分为两种：一种为穿线孔缝合针，缝线由针孔穿进；另一种为弹机孔缝合针，针孔有裂槽，缝线由裂槽压入针眼内，目前已少用。根据形状缝针可分为弯针和直针两种。弯针有1/2弧型、3/8弧型和半弯型。弯针缝合较深组织，并可在深部腔穴内操作，使用时需用持针器钳住缝针。直针用于操作空间较宽阔的浅表组织缝合，使用时不需持针器。

缝针尖端横断面分为圆形和三角形。断面为圆形者称为圆针，一般用于软组织的缝合。断面为三角形者称为三棱针，一般限于缝合皮肤，也用于缝合软骨及粗壮的韧带等坚韧组织。

### （七）牵开器

牵开器又称拉钩，用于牵开术部表面组织，加强深部组织的显露，以利于手术操作。其可分为手持式牵开器和固定牵开器两种。手持式牵开器，由牵开片和手柄两部分组成，按手术部位和深度的需要，牵开片有不同的形状、长短和宽窄。手持式牵开器的优点是可随手术操作的需要灵活地改变牵引的部位、方向和力量；缺点是手术持续时间较久时，助手容易疲劳。

固定牵开器用于牵开力量大、手术人员不足或显露不需要改变的手术区。必要时用纱布垫将拉钩与组织隔开，以减少不必要的损伤。

### （八）巾钳

巾钳又称创巾钳，用以固定手术巾。使用方法是连同手术巾一起夹住皮肤，防止手术巾移动以及避免手或器械与术部以外的被毛接触。

### （九）肠钳

肠钳用于肠管手术，以阻断肠内容物的移动、溢出或肠壁出血。肠钳结构上的特点是齿槽薄，弹性好，对组织损伤小，使用时必须外套乳胶管，以减少对组织的损伤。

### （十）探针

探针分普通探针和有沟探针两种，用于探查窦道，借以引导窦道及瘘管的切除或切开。在腹腔手术中，常用有沟探针引导切开腹膜。

器械的整理和传递由器械助手负责。器械助手在手术前应将所用的器械分类依次放在器械台的一定位置上，传递时器械助手必须将器械之握持部分递交于术者或第一助手的手掌中。

## 二、组织分离的一般原则与注意事项

### （一）一般原则

组织切开是显露术野的重要步骤。浅表部位手术，切口可直接位于病变部位上或其附近。深部切口，根据局部解剖特点，既要有利于显露术野，又不能造成过多的组织损伤。组织分离一般应遵循下列原则：

1. 切口应接近病变部位，最好能直接到达手术区，并能根据手术需要，便于延长扩大。

2. 切口在体侧、颈侧以垂直于地面或斜行的切口为好，体背、颈背和腹下沿正中线或靠近正中线的纵向切口比较合理。

3. 切口避免损伤大血管、神经和腺体的输出管，以免影响术部组织或器官的功能。

4. 切口应该有利于创液的排出，特别是脓汁的排出。

5. 二次手术时，应该避免在瘢痕上切开，因为瘢痕组织再生力弱，易发生弥漫性出血。

### （二）注意事项

按上述原则选择切口后，操作上需要注意下列问题：

1. 切口大小必须适当。切口过小，不能充分显露；不必要的大切口，会损伤过多组织。

2. 切开时，必须按解剖层次分层进行，并注意保持切口从外到内的大小相同，或缩小，绝不能里面大外面小。切口两侧要用无菌巾覆盖、固定，以免操作过程中把皮肤表面细菌带入切口，造成污染。

3. 切开组织必须整齐，力求一次切开。手术刀与皮肤、肌肉垂直，防止斜切或多次在同平面上切割，造成不必要的组织损伤。

4. 切开深部筋膜时，为了预防深层血管和神经的损伤，可先切一小口，用止血钳分离张开，然后再剪开。

5. 切开肌肉时，要沿肌纤维方向用刀柄或手指分离，少做切断，以减少损伤，影响愈合。

6. 切开腹膜、胸膜时，要防止损伤内脏。

7. 切割骨组织时，先要切割分离骨膜，尽可能地保存其健康部分，以利于骨组织愈合。

在进行手术时，还需要借助拉钩帮助显露。负责牵拉的助手要随时注意手术过程，并按需要调整拉钩的位置、方向和力量。并可以利用大纱布垫将其他脏器从术野推开，以增加显露。

## 三、组织分离的方法和不同组织的分离

### （一）组织分离的方法

组织分离的操作方法分为锐性分离和钝性分离两种。

1. 锐性分离：用手术刀或剪进行切开或剪开，对组织损伤小，术后反应也少，愈合较快，适用于比较致密的组织。用刀分离时，以刀刃沿组织间隙做垂直的、轻巧的、短距离的切开。用剪刀时以剪刀尖端伸入组织间隙内，不宜过深，然后张开剪柄，分离组织，在确定没有重要的血管、神经后，再予以剪断。为了避免发生副损伤，必须熟悉解剖构造，需在直视下辨明组织结构时进行。

2. 钝性分离：用刀柄、止血钳、剥离器或手指等进行，适用于组织间隙或疏松组织间的分离，如正常肌肉、筋膜和良性肿瘤等的分离。方法是将这些器械或手指插入组织间隙内，用适当的力量，分离周围组织。钝形分离时，组织损伤较重，往往残留许多失去活性的组织细胞，因此术后组织反应较重，愈合较慢。钝形分离切忌粗暴，避免重要组织结构的撕裂或损伤。

### （二）不同组织的分离

根据组织性质不同，组织切开分为软组织（皮肤、筋膜、肌肉、腱）切开和硬组织（软骨、骨、角质）切开。

1. 皮肤切开法：

（1）紧张切开：为了防止皮肤和皮下组织切口不一致，较大的皮肤切口应由术者与助手用手在切口两旁或上、下将皮肤展开固定，或由术者用拇指及食指在切口两旁将皮肤撑紧并固定，术者用刀刃尖端与皮肤垂直，用力均匀切开皮肤全层后，逐渐将手术刀放平与皮肤间成 30°～40°，用刀刃进行切开。切至计划切开的全长时，将刀柄抬高与皮肤垂直，用刀刃部结束皮肤切口。切开时用力要均匀、适中，要求能一次将皮肤全层整齐、深浅均匀地切开。要避免多次切割，以免切口边缘参差不齐，出现锯齿状的切口，影响创缘对合和愈合。

（2）皱襞切开：如果在切口的下面有大血管、大神经、分泌管或其他重要器官，而皮下组织甚为疏松，为了使皮肤切口位置正确且不误伤其下层组织，术者和助手应在预定切线的两侧，用手指或镊子提拉皮肤呈垂直皱襞，并进行垂直切开。

在施行手术时，皮肤切开最常用的是直线切口。但根据手术的具体需要，可做下列几种形状的切口：①梭形切开：主要用于切除病理组织（如肿瘤、瘘管、放线菌病灶）和过多的皮肤。②“U”形切开：多用于脑部与鼻旁窦手术中的圆锯术。③“T”形及“十”字形切开：多用于需要将深部组织充分显露或摘除时应用。

2. 皮下组织及其他软组织的分离：切开皮肤后组织的分割宜逐层分离，保持视野干净、清楚，以便识别组织，避免或减少对大血管、大神经的损伤。原则上以钝性分离为主，必要时可使用刀、剪分离。只有当切开浅层脓肿时，才采用一次切开的方法。

（1）皮下疏松结缔组织的分离：皮下结缔组织内分布有许多小血管，故多采用钝性分离。方法是先将组织刺破，再用手术刀柄、止血钳或手指进行剥离。

（2）筋膜和腱膜的分离：用刀在其中央做一小切口，然后用弯止血钳在此切口上、下将筋膜下组织与筋膜分开，沿分开线剪开筋膜。筋膜的切口应与皮肤切口等长。对薄层筋膜，确认没有血管时可用手术刀或手术剪锐性分离。若筋膜下层有神经血管，则用手术镊将筋膜提起，用反挑式执刀法做一小孔，插入有沟探针，沿针沟向外切开。

（3）肌肉的分离：一般是沿肌纤维方向做钝性分离。方法是先用手术刀或手术剪顺肌纤维方向做一小切口，然后用刀柄、止血钳或手指将切口扩大到所需要的长度。但在紧急情况下，或肌肉较厚并含有大量腱质时，为了使手术通路广阔和排液方便也可横断切开。对于横过切口的较小血管可用止血钳钳夹，或用缝线行双重结扎后，从中间将血管切断。

（4）腹膜的分离：切开腹膜时，为了避免伤及内脏，一般由术者用有齿镊或止血钳提起切口一侧的腹膜，助手用镊子或止血钳在距术者所夹腹膜对侧约 1 cm 处将另一侧腹膜提起，然后从中间做一小切口，术者利用食指和中指或有沟探针引导，再用手术刀或手术剪分割。

（5）肠管的切开：肠管侧壁切开时，一般于肠管纵带上或肠系膜缘对侧肠壁上纵行切开，并应避免损伤另侧肠壁。

（6）索状组织的分离：索状组织（如精索）的分割，除了可应用手术刀（剪）做锐性切割，还可用刮断、拧断等方法，以减少出血。

(7) 良性肿瘤、放线菌病灶、囊肿及内脏粘连部分分离：宜用钝性分离。方法：对未机化的粘连可用手指或刀柄直接剥离；对已机化的致密组织可先用手术刀切一小口，再钝性剥离。剥离时手的主要动作应是前后方向或略施加压力于一侧，使较疏松或粘连最小部分自行分离，然后将手指伸入组织间隙，再逐步深入。在深部非直视情况下，为了避免组织及脏器的严重撕裂或大出血，应尽可能少用或慎用手指左右大幅度的剥离动作。对某些不易钝性分离的组织，可将钝性分离与锐性分离结合使用，一般是用弯剪伸入组织间隙，用推剪法，即将剪尖微张，轻轻向前推进，进行剥离。

3. 骨组织的分离：分离骨组织常用的器械有圆锯、线锯、骨钻、骨凿、骨钳、骨剪、骨匙及骨膜剥离器等。

首先应分离骨膜，然后再分离骨组织。分离骨膜时，先用手术刀切开骨膜（切成“十”字形或“工”字形），然后用骨膜分离器分离骨膜。分离骨膜时，应尽可能完整地保存健康部分，以利骨组织愈合。骨组织的分离一般是用骨剪剪断或骨锯锯断。当锯（剪）断骨组织时，不应损伤骨膜。为了防止骨的断端损伤软部组织，应使用骨锉锉平断端锐缘，并清除骨片，以免遗留在手术创内引起不良反应和障碍愈合。

## [技能 111] 止血技术

止血是手术过程中经常遇到而又必须立即处理的基本操作技术。手术中完善的止血，可以保持术野清晰，便于操作，还可以减少失血量，有助于术后的恢复，有利于争取手术时间，避免误伤重要器官，预防并发症的发生。因此要求手术中的止血必须迅速而可靠，并在手术前采取积极有效的预防性止血措施，以减少手术中出血。

### 一、出血的种类

血液自血管中流出的现象，称为出血。在手术过程中或意外损伤血管时，即伴随出血。按照受伤血管的不同，出血的种类有以下 4 种：

1. 动脉出血：由于动脉压力大，血液含氧量丰富，所以动脉出血的特征为血液鲜红，呈喷射状流出，喷射线出现规律性起伏并与心脏搏动一致。动脉出血一般自血管断端的近心端流出，指压动脉管断端的近心端，则搏动性血流立即停止；反之则出血状况无改变。

2. 静脉出血：静脉出血时血液以较缓慢的速度从血管中呈均匀不断地泉涌状流出，颜色为暗红或紫红。一般血管远心端的出血较近心端多，指压出血静脉管的远心端则出血停止。

3. 毛细血管出血：毛细血管出血时血液色泽介于动脉、静脉血液之间，多呈渗出性点状出血。一般可自行止血或稍加压迫即可止血。

4. 实质出血：实质出血见于实质器官、骨松质及海绵组织的损伤，为混合性出血，即血液自小动脉与小静脉内流出，血液颜色和静脉血液相似。由于实质器官中含有丰富的血窦，而血管的断端又不能自行缩入组织内，因此不易形成断端的血栓。

## 二、术前出血的预防

### （一）全身预防性止血法

一般在手术前给动物注射增高血液凝固性的药物和同类型血液，借以提高机体抗出血的能力，减少手术过程中的出血。常用下列几种方法：

1. 输血：目的在于增高施术动物血液的凝固性，刺激血管运动中枢反射性地引起血管的痉挛性收缩，以减少手术中的出血。在术前 30～60 min 输入同种同型血液，大动物 500～1000 ml，中、小动物 100～300 ml。

2. 注射增高血液凝固性以及血管收缩的药物：可肌内注射 0.3%凝血质注射液，以促进血液凝固；肌内注射维生素 K 注射液，以促进血液凝固，增加凝血酶原；肌内注射卡巴克洛注射液，以增强毛细血管的收缩力，降低毛细血管渗透性；肌内注射酚磺乙胺注射液，以增强血小板功能及黏合力，减少毛细血管渗透性；肌内注射（或静脉注射）对羧基苄胺（抗血纤溶芳酸），以减少纤维蛋白的溶解而发挥止血作用，对于手术中的出血及渗血、尿血、消化道出血有较好的止血效果。

### （二）局部预防性止血法

1. 肾上腺素止血：应用肾上腺素做局部预防性止血常配合局部麻醉进行。一般在每 100 ml 盐酸普鲁卡因溶液中加入 0.1%肾上腺素溶液 2 ml，利用肾上腺素收缩血管的作用，达到减少手术局部出血的目的。另还可增强盐酸普鲁卡因的麻醉作用，其作用可维持 20 min 至 2 h。

2. 止血带止血：适用于四肢、阴茎和尾部手术。用橡皮管止血带或其代用品时，局部应垫以纱布或手术巾，以防损伤软部组织、血管及神经。橡皮管止血带的装置方法：用足够的压力（以止血带远侧端的脉搏刚能消失为度），于手术部位上 1/3 处缠绕数周固定之，其保留时间不得超过 2～3 h，冬季不超过 40～60 min。在此时间内如手术尚未完成，可将止血带临时松开 10～30 s，然后重新缠扎。松开止血带时，宜采取多次“松、紧、松、紧”的办法，严禁一次松开。

## 三、手术过程中的止血法

1. 压迫止血：用纱布压迫出血的部位，可使血管破口缩小、闭合，促使血小板、纤维蛋白和红细胞迅速形成血栓而止血。在毛细血管渗血和小血管出血时，如机体凝血功能正常，压迫片刻，出血即可自行停止。对于较大范围的渗血，利用温热的 0.9%氯化钠溶液、1%～2%麻黄素溶液、0.1%肾上腺素溶液等浸湿再拧干的纱布块进行压迫，有利于止血。术中用纱布压迫，还可以清除术部的血液，辨清组织和出血径路及出血点，以利于采取其他止血措施。在止血时，必须是按压，不能擦拭，以免损伤组织或使血栓脱落。

2. 钳夹止血：利用止血钳最前端夹住血管的断端，扣紧止血钳压迫，扭转止血钳 1～2 周，能使血管断端闭合，或用止血钳夹住片刻，除去钳夹，从而达到止血的目的。钳夹方向应尽量与血管垂直，钳住的组织要少，切不可做大面积钳夹。较大的血管断端钳夹时间应稍加延长或予以结扎。

3. 结扎止血：多用于明显而较大血管出血的止血。结扎止血法有单纯结扎止血和贯穿结扎止血两种。

(1) 单纯结扎止血：先以止血钳尖端钳夹出血点，助手将止血钳轻轻提起，使之尖端向下，术者用丝线绕过止血钳所夹住的血管及少量组织，助手将止血钳放平，将尖端稍挑起并将止血钳侧立，术者在钳端的深面打结。在打完第一个单结后，由助手松开并撤去止血钳，再打第二个单结。结扎时所用的力量也应大小适中，结扎处不宜离血管断端过近，所留结扎线尾也不宜过短，以防线结滑脱。

(2) 贯穿结扎止血：又称缝合结扎止血，是用止血钳将血管及其周围组织横行钳夹，用带有缝针的丝线穿过断端一侧，绕过一侧，再穿过血管或组织的另一侧打结的方法，称为"8"字缝合结扎。两次进针处应尽量靠近，以免将血管遗漏在结扎之外。如将结扎线用缝针穿过所钳夹组织（勿穿透血管）后先结扎一结，再绕过另一侧打结，撤去止血钳后继续拉紧线再打结。

贯穿结扎止血的优点是结扎线不易脱落，适用于大血管或重要部位的止血。在不易用止血钳夹住的出血点，不可以用单纯结扎止血，而宜采用贯穿结扎止血的方法。

4. 填塞止血：在深部大血管出血一时找不到血管断端，钳夹或结扎止血困难时，采用灭菌纱布紧塞于出血的创腔或解剖腔内，压迫血管断端以达到止血目的。在填入纱布时，必须将创腔填满，以便有足够的压力压迫血管断端。填塞止血留置的敷料通常是在12～24 h后取出。

5. 烧烙止血：用电烧烙器或烙铁烧烙作用使血管断端收缩封闭而止血。其缺点是损伤组织较多，多用于弥漫性出血的止血。使用烧烙止血时，应将电阻丝或烙铁烧得微红才能达到止血的目的，但也不宜过热，以免组织炭化过多，使血管断端不能牢固堵塞。烧烙时，烙铁在出血处稍加按压后即迅速移开，否则组织黏附在烙铁上，当烙铁移开时会将组织扯离。

6. 缝合止血：利用缝合使创缘、创壁紧密接触产生压力而止血的方法，常用于弥漫性出血和实质器官出血的止血。

7. 电凝止血：利用高频电流通过电刀使组织触电产热，达到凝固组织和止血目的。使用方法是用止血钳夹住血管断端，向上轻轻提起，擦干血液，将电凝器与止血钳接触，待局部发烟即可。电凝时间不宜过长，否则烧伤范围过大，影响切口愈合。在空腔脏器、大血管附近及皮肤等处不可用电凝止血，以免组织坏死，发生并发症。

电凝止血的优点是止血迅速，不留线结于组织内，但止血效果不完全可靠，凝固的组织易于脱落而再次出血，所以对较大的血管仍以结扎止血为宜，以免发生继发性出血。

8. 其他止血：

(1) 药物止血：用1%～2%麻黄素溶液或0.1%肾上腺素溶液浸湿的纱布进行压迫止血。临床上也常用上述药品浸湿系有棉线绳的棉包作为鼻出血、拔牙后齿槽出血的填塞止血，待止血后拉出棉包。

(2) 止血明胶海绵止血：止血明胶海绵止血多用于一般方法难以止血的创面出血、实质器官、骨松质及海绵质出血。使用时将止血海绵铺在出血面上或填塞在出血的伤口内，即能达到止血的目的。如果在填塞后加以组织缝合，更能发挥优良的止血效果。止血明胶海绵的种类很多，如纤维蛋白海绵、氧化纤维素海绵、白明胶海绵及淀粉海绵等。它们止血的基本原理是促进血液凝固和提供凝血时所需要的支架结构。止血明胶海绵能被组织吸收和使受伤血管日后保持贯通。

(3) 活组织填塞止血：用自体组织如网膜填塞于出血部位。通常用于实质器官的止血，如肝脏损伤用网膜填塞止血，或用取自腹部切口的带蒂腹膜、筋膜和肌肉瓣，牢固地缝在损伤的肝脏上。

(4) 骨蜡止血：外科临床上常用市售骨蜡制止骨质渗血，用于骨的手术和断角术。

## 四、急性出血的急救

### （一）输血疗法

输血疗法是给患病动物静脉输入保持正常生理功能的同种属动物血液的一种治疗方法。

给患病动物输入血液可部分或全部地补偿机体所损失的血液，扩大血容量，同时补充血液的细胞成分和某些营养物质。输血有止血作用，是促进凝血过程的结果。输入血液能激化肝、脾、骨髓等各组织的功能，并能促血小板、钙盐和凝血活酶进入血流中，这些对促进血液凝固有重要作用。输血具有对患病动物刺激、解毒、补偿以及增强生物学免疫功能等作用。

输血适用于大失血、外伤性休克、营养性贫血、严重烧伤、大手术的预防性止血等。患有严重的心血管系统疾病、肾脏疾病和肝病等者忌用。

### （二）补充血容量

失血量较少时，一般情况下可得到代偿，并且随着骨髓造血功能增强，失去的血可获得补足。中等量的失血可用补液代替输血，可静脉注射0.9%氯化钠注射液或5%葡萄糖氯化钠溶液，病畜体质差的需补以全血或把全血和晶体溶液（如0.9%氯化钠注射液、复方氯化钠溶液等）以1∶1混合后输入。大量失血时除用0.9%氯化钠注射液等晶体溶液补足外，由于无法维持血中的胶体渗透压，单纯补入晶体溶液，但很快经肾脏排出，仍然无法保持必要的血容量，一般都必须输入全血、血浆等。血源困难时可用右旋糖酐和平衡液来代替血浆。

### （三）应用止血药

1. 局部止血药：常用的局部止血药有3%三氯化铁、3%明矾、0.1%肾上腺素、3%醋酸铅等，有促进血液凝固和使局部血管收缩的作用。方法是用纱布浸透上述的某一种药液后填塞于创腔。

2. 全身止血药：常用10%氯化钙等药液静脉注射，也可用凝血质、维生素K等药液进行肌内注射，能增强血液的凝固性，促进血管收缩而止血。

## ［技能 112］缝合技术

缝合是将已经切开、切断或因外伤而分离的组织、器官进行对合或重建其通道，是外科手术中的基本操作技术，也是创口能否良好愈合、外科治疗能否成功的关键因素。缝合的目的在于促进止血，减少组织紧张度，防止创口裂开，保护创伤免受感染，为组织再生创造良好条件，以期加速创伤的愈合。

### 一、缝合材料

缝线是用于闭合组织和结扎血管的缝合材料。选择缝线应根据缝线的生物学和物理学特性、创伤局部的状态以及各种组织创伤的愈合速度来决定。

缝合材料按照在动物体内吸收的情况分为吸收性缝合材料和非吸收性缝合材料。缝合材料在动物体内，60 d 内发生变形，其张力强度很快丧失的为吸收性缝合材料。缝合材料在动物体内 60 d 以后仍然保持其张力强度的为非吸收性缝合材料。缝合材料按照其材料来源分为天然缝合材料和人造缝合材料。

#### （一）可吸收缝线

可吸收缝线分动物源的和合成的两类。前者是胶原异体蛋白，包括肠线、胶原线和筋膜条等；后者为聚乙醇酸缝线。

1. 肠线：由羊肠的黏膜下组织或牛的小肠浆膜组织制成，主要为结缔组织和少量弹力纤维。肠线分普通肠线和铬制肠线两类。普通肠线在组织中 3～7 d 被吸收而失去张力，仅用于愈合迅速的组织。普通肠线主要用于浆膜、黏膜等组织，或用于小血管的结扎和感染创口。铬制肠线是肠线经过铬盐处理，减少被胶原吸收的液体，其张力强度增加，变性速度减小。所以，铬制肠线吸收时间延长（14 d），可减少软组织对肠线的反应性。铬制肠线是手术常用的肠线，一般用于尿道黏膜、胃肠黏膜、膀胱、子宫及眼科手术；被感染的皮肤、肌肉等的缝合也用铬制肠线。肠线一般均经灭菌后密封在安瓿或塑料袋中保存，使用时将安瓿打破或撕开袋口，用 0.9％氯化钠溶液浸泡后应用。

2. 聚乙醇酸缝线：为一种非成胶质人造吸收性缝线，是羟基乙酸的聚合物。聚乙醇酸缝线的张力比铬制肠线强 25％，在活体上 6 d 后其张力不变，组织反应与肠线相比明显减小，完全吸收需 100～120 d。但打结时易滑脱，必须打三叠结或多叠结。聚乙醇酸缝线适用于清净创和感染创缝合。不应该缝合愈合较慢的组织（韧带、腱），因为该缝线张力强度丧失较快。

#### （二）不可吸收缝线

1. 丝线：蚕茧的连续性蛋白纤维，是传统的、广泛应用的非吸收性缝线。它的优点是有柔韧性，组织反应小，质软不滑，打结方便，来源容易，价格低廉，拉力较好。但不能被吸收，在组织内为永久性异物。

丝线有黑色和白色两种，并有多种型号。

丝线灭菌不当，如高压蒸汽灭菌时间过长、温度及压力过高或重复灭菌等，易变脆、拉力减小。一般要求条件是 $6.67\times10^5$ Pa 维持 20 min。煮沸灭菌对丝线影响较少，但重复煮沸，或时间过长，丝线膨胀，拉力减弱。因此在每一次消毒后，未用完的丝线应及时浸泡在 95%乙醇内保存，待下次手术时直接取出使用。

2. 棉线：棉线的组织反应轻微，也便于打结，但拉力较差。除心、血管手术外，几乎所有使用丝线的地方均可用棉线代替。使用棉线的注意事项与丝线基本相同。

3. 金属缝线：现在使用的金属缝线是不锈钢丝，为铬镍不锈钢。消毒简便，刺激性小，拉力大，在污染伤口应用可减少感染的发生。其缺点是不易打结，并有割断或嵌入组织的可能性，且价格较贵。其适用于骨的固定，筋膜、肌腱的缝合，亦可用于皮肤减张缝合。缝合张力大的组织，应垫橡皮管，以防钢丝割裂皮肤。

## 二、缝合的基本要求

在愈合能力正常的情况下，愈合是否完善与缝合的方法及操作技术有一定的关系。为了确保愈合，缝合时要遵守下列各项原则：

1. 严格遵守无菌操作。缝合时尽量局限在术区，防止和有菌物件接触，以防止感染。被污染的器材均应弃去或重新消毒后再用。

2. 缝合前必须彻底止血，清除创内凝血块、异物及无生机的组织。

3. 为了使创缘均匀接近，在两针孔之间要有相当距离，以防拉穿组织。

4. 缝针刺入和穿出部位应彼此相对，针距相等，否则易使创伤形成皱襞或裂隙。

5. 凡无菌手术创或非污染的新鲜创经外科常规处理后，可做对合密闭缝合。具有化脓腐败过程以及具有深创囊的创伤可不缝合，必要时做部分缝合。

6. 在组织缝合时，一般是同层组织相缝合，除非特殊需要，不允许把不同类的组织缝合在一起。缝合、打结应有利于创伤愈合，如打结时既要适当收紧，又要防止拉穿组织。缝合时不宜过紧，否则将造成组织缺血。

7. 合理应用缝针、缝线，正确地选用缝合方法。按照组织张力的大小，选用不同粗细的缝针和缝线。细小的组织应用细线、小针。

8. 松紧适宜。过松，创缘裂开，运动时创缘不时发生摩擦，不利于愈合；过紧，缝合部血液循环发生障碍，组织反应重，易导致水肿，反而使缝线环更趋紧张，缝线嵌入组织，以致局部发生缺血性坏死或缝线断裂、创口裂开。

9. 创缘、创壁应互相均匀对合，皮肤创缘不得内翻，创伤深部不应留有死腔、积血和积液。缝合的深浅要适宜，缝线应正好穿过创底。过深会造成皮肤内陷，过浅在皮肤下造成死腔。缝合后的皮肤应稍微外翻，以利愈合。在条件允许时，可做多层缝合。

10. 缝合的创伤，若在手术后出现感染症状，应迅速拆除部分缝线，以便排出创液。

## 三、结的种类及打结的方法

打结是外科手术最基本的操作之一，正确而牢固地打结是结扎止血和缝合的重要环节。

（一）结的种类

正确的结有方结、三叠结和外科结三种。如若操作不正确，可能出现假结或滑结，这两种结应避免发生。

1. 方结：又称平结，由两个方向相反的单结组成。此结比较牢固，不易滑脱，是手术中最常用的结，用于结扎较小的血管和各种缝合时的打结。

2. 三叠结：又称加强结、三重结，是在方结的基础上再加一个与第二单结方向相反（与第一单结方向相同）的单结，共 3 个单结。此结的缺点是遗留于组织中的结扎线较多。三叠结常用于有张力部位的缝合、大血管和肠线的结扎。

3. 外科结：打第一个单结时绕两次，使摩擦面增大，故打第二个结时第一单结不易滑脱和松动。此结牢固可靠，多用于大血管、张力较大的组织和皮肤缝合。

4. 假结：又称斜结或十字结，是打方结时，因打第二个单结的动作与第一个单结相同，使两个单结方向一致而形成。

5. 滑结：打方结时，虽然是两手交叉打结，但两手用力不均，只拉紧一根线而形成。

（二）打结方法

常用的有三种方法，即单手打结法、双手打结法和器械打结法。

1. 单手打结法：最常用的一种方法，左右手均可打结。一手持线端打结时，需要另一只手持另一线端进行配合，否则用力不均或紧线方向错误可能出现滑结。右手单手打结法，左手持线端，右手持较长线端或线轴。若结扎线的游离端短线头在结扎右侧，可依次先打第一个单结，然后再打一个方向相反的单结。若短端在结扎点的左侧，也可用左手照正常顺序进行打结。

2. 双手打结法：第一个单结与单手打结法相同，第二个单结换另一只手以同样方法打结。该结扎较为方便可靠，不易出现滑结，适用于深部、较大血管的结扎或组织器官的缝合。左、右手均可为打结之主手，第一、第二两个单结的顺序可以颠倒。

3. 器械打结法：用持针钳或止血钳打结，适用于结扎线过短、狭窄的术部、创伤深入和某些精细手术的打结。方法是把持针钳或止血钳放在缝线的较长端与结扎物之间，用长线头端缝线环绕持针钳一圈后，用持针钳夹住短线头，交叉拉紧即可完成第一单结；打第二结时将长线头用相反方向环绕持针钳一圈后，再用持针钳夹住短线头拉紧，成为方结。

（三）打结注意事项

1. 打结收紧时要求三点成一直线，即左、右手的用力点与结扎点成一直线，不可成角向上提起，否则容易使结扎点撕脱或结松脱。

2. 无论用何种方法打结，第一结和第二结的方向不能相同，即两手需交叉，否则即成假结。如果两手用力不均，可成滑结。

3. 用力均匀，两手的距离不宜离线太远，特别是深部打结时，最好用两手食指伸到结旁，以指尖顶住双线，两手握住线端，徐徐拉紧，否则易松脱。埋在组织内的结扎线头，在不引起结扎松脱的原则下，剪短以减少组织内的异物。重要部位的结扎线和肠线头留长些，缝合皮下的细丝线留短些。丝线、棉线一般留 3～5 mm，较大血管的结扎应略长，以防滑脱；肠线留 4～6 mm，不锈钢丝留 5～10 mm，并应将钢丝头扭转埋入组织中。

4. 正确的剪线方法是术者结扎完毕后，将双线尾提起略偏术者的左侧，助手用稍张开的剪刀尖沿着拉紧的结扎线滑至结扣处，再将剪刀稍向上倾斜，然后剪断，倾斜度越大，所留线头越长，倾斜的角度取决于要留线头的长短。

## 四、缝合的种类与缝合技术

### （一）缝合的种类

外科手术软组织缝合的种类多，可依缝合后两侧组织边缘的位置状况将常用的缝合方法归纳为单纯缝合法、内翻缝合法及外翻缝合法。各种缝合又可依据缝合时一根线在缝合过程中是否打结和剪断分为间断缝合和连续缝合。一根线仅缝一针或两针，单独一次打结，称为间断缝合。以一根缝线在缝合中不剪断缝线打结，仅在缝合开始和创口闭合缝合结束时打结的缝合方法称为连续缝合。

1. 单纯缝合法：

（1）结节缝合：又称为单纯间断缝合，是最常用的缝合方式。缝合时，将缝针引入 15～25 cm 缝线，于创缘一侧垂直刺入，于对侧相应的部位穿出打结。每缝一针，打一次结。缝合时要求创缘密切对合。缝线距创缘距离，根据缝合的皮肤厚度来决定，一般小动物 0.3～0.5 cm，大动物 0.8～1.5 cm。缝线间距要根据创缘张力来决定，使创缘彼此对合，一般间距 0.5～1.5 cm。打结在切口同一侧，防止压迫切口，用于皮肤、皮下组织、筋膜、黏膜、血管、神经、胃肠道缝合。结节缝合的优点是操作相对容易、迅速。在愈合过程中，即使个别缝线断裂，其他邻近缝线不受影响，不致整个创面裂开，能够根据各种创缘的伸延张力正确调整每个缝线张力。如果创口有感染可能，可将少数缝线拆除排液。对切口创缘血液循环影响较小，有利于创伤的愈合。其缺点是需要较多时间，使用缝线较多。

（2）单纯连续缝合：又称螺旋形缝合，是用一根长的缝线自始至终连续地缝合一个创口，最后打结，即开始先做一结节缝合，打结后剪去缝线短头，用其长线头连续缝合，以后每缝一针，对合创缘，避免创口形成皱褶，使用同一缝线以等距离缝合，拉紧缝线，最后将线尾留在穿入侧，与缝针所带之双股缝线打结。此种缝合法具有缝合速度快、打结少、创缘对合严密、止血效果较佳等优点。但抽线过紧，可使环形缝合缩小，若有一处断裂或因伤口感染而需剪开部分缝线做引流时，均可导致伤口全部裂开。常用于有弹性、无太大张力的较长创口，如用于皮下组织、筋膜、血管、胃肠道的缝合。

（3）“8”字形缝合法：又称为十字缝合法，可分内“8”字形和外“8”字形两种。内“8”字形缝合多用于数层组织构成的深创的缝合，在创缘的一侧进针，在进针侧的创面中部出针，第二针于对侧创面中部稍下方进针，方向指向创底，通过创底出针后，再穿向第一针出针处出针的稍下方出针，最后于第二进针点的稍上方进针，于相对的创缘处出针。外“8”字形缝合时，从第一针开始，缝针从一侧到另一侧出针后，第二针平行于第一针从第一针进针侧穿过切口到另一侧，缝线的两端在切口上交叉形成“X”形，拉紧打结。其用于张力较大的皮肤和腱的缝合。

（4）连续锁边缝合法：又称锁扣缝合，这种缝合方法开始与结束与单纯连续缝合相似，只是每一针要从缝合所形成的线襻内穿出。此种缝合的缝线均能使创缘对合良好，并使每一针缝线在进行下一次缝合前就得以固定，压在创缘一侧。其多用于皮肤直线形切口及薄而活动性较大的部位缝合。

（5）表皮下缝合：适用于小动物表皮下缝合。缝合从切口一端开始，缝针刺入真皮下，再翻转缝针刺入另一侧真皮，在组织深处打结。其应用于连续水平褥式缝合平行切口。最后缝针翻转刺向对侧真皮下打结，埋置在深部组织内。一般选择可吸收性缝合材料。这种缝合法的优点是能消除表皮缝针孔所致的小瘢痕，操作快、节省缝线。其缺点同连续缝合，且这种缝合方法张力强度较差。

（6）减张缝合：适用于张力大的组织缝合，可减少组织张力，以免缝线勒断针孔之间的组织或将缝线拉断。减张缝合常与结节缝合一起应用。操作时，先在距创缘比较远处(2～4 cm)做几针等距离的结节缝合（减张）；缝线两端可系缚纱布卷或橡胶管等（也叫圆枕缝合），借以支持其张力，其间再做几针结节缝合即可。

2. 内翻缝合法：

要求缝合后两侧组织边缘内翻，使吻合口周围浆膜层互相粘连，外表光滑，以减少污染，促进愈合。其主要用于胃肠、子宫、膀胱等空腔器官的缝合。

（1）伦勃特氏缝合法：又称为垂直褥式内翻缝合法，是胃肠手术的传统缝合方法，分为间断与连续两种，常用的为间断伦勃特氏缝合法。在胃或肠吻合时，其用以缝合浆膜肌层。

间断伦勃特氏缝合法是胃肠手术中最常用、最基本的浆膜肌层内翻缝合法。于距吻合口边缘外侧约 3 mm 处横向进针，穿浆膜肌层后于吻合口边缘附近穿出；越过吻合口于对侧相应位置做方向相反的缝合。每两针间距 3～5 mm，结扎不宜过紧，以防缝线勒断肠壁浆膜肌层。

连续伦勃特氏缝合法是于切口一端开始，先做一浆膜肌层内翻缝合并打结，再用同一缝线做浆膜肌层连续缝合至切口另一端结束时再打结。其用途与间断内翻缝合相同。

（2）库兴氏缝合法：又称连续水平褥式内翻缝合法，这种缝合法是从连续伦勃特氏缝合演变来的。缝合方法是于切口一端开始先做一浆膜肌层间断内翻缝合，再用同一缝线于距切口边缘 2～3 mm 处刺入一侧肠壁的浆膜肌层，缝针在黏膜下层内沿与切口边缘平行方向行针 3～5 mm；穿出浆膜肌层，垂直横过切口，在与出针直接对应的位置穿透对侧浆膜肌层做缝合。结束时，拉紧缝线再做间断伦勃特氏缝合后结扎。其适用于胃、子宫浆膜肌层缝合。

（3）康乃尔氏缝合法：又称连续全层内翻缝合法，其缝合法与库兴氏缝合基本相同，仅在缝合时缝针要贯穿全层组织，随时拉紧缝线，使两侧边缘内翻。其多用于胃、肠、子宫壁缝合。

（4）荷包缝合：又称袋口缝合，即在距缝合孔边缘 3～8 mm 处沿其周围做环状的浆膜肌层连续缝合。缝合完毕后，先做一单结，并轻轻向上牵拉，将缝合孔边缘组织内翻包埋后，拉紧缝线，完成结扎。其主要用于胃肠壁上小范围的内翻缝合，如缝合小的胃肠穿孔。此外还用于胃肠、膀胱插管引流固定的缝合方法及肛门、阴门暂时缝合以防脱出。

3. 外翻缝合法：

缝合后切口两侧边缘外翻，里面光滑。常用于松弛皮肤的缝合、减张缝合及血管吻合等。

（1）间断垂直褥式缝合：是一种减张缝合。缝合时，缝针先于距离创缘 8～10 mm 处刺入皮肤，经皮下组织垂直横过切口，到对侧相应处刺出皮肤。然后缝针翻转在穿出侧距切口缘 2～4 mm 刺入皮肤，越过切口到相应对侧距切口 2～4 mm 处刺出皮肤，与另一端缝线打结。该缝合要求缝针刺入皮肤时，只能刺入真皮下，切口两侧的刺入点要求接近切口，这样可使皮肤创缘对合良好，又不使皮肤过度外翻。缝线间距为 5 mm。该缝合方法具有较强的抗张力强度，对创缘的血液供应影响较小。

（2）间断水平褥式缝合：这种缝合特别适用于牛、马和犬的皮肤缝合。针刺入皮肤，距创缘 2～3 mm，创缘相互对合，越过切口到对侧相应部位刺出皮肤；然后缝线与切口平行向前约 8 mm，再刺入皮肤，越过切口到相应对侧刺出皮肤，与另一端缝线打结。该缝合要求缝针刺入皮肤时要刺在真皮下，不能刺入皮下组织，这样皮肤创缘对合才能良好。根据缝合组织的张力，每个水平褥式缝合间距为 4 mm 左右。该缝合具有一定抗张力条件，对于张力较大的皮肤，可在缝线上放置胶管，增加抗张力强度。

（3）连续外翻缝合：多用于腹膜缝合和血管吻合。若胃肠胀气、张力较大或重症所致腹膜水肿，均需用连统外翻法缝合以避免腹膜撕裂。缝合时自腔（管）外开始刺入腔（管）内，再由对侧穿出，于距创缘 1～5 mm 处再向相反方向进针。两端可分别打结或与其他缝线头打结。

## （二）各种软组织的缝合技术

1. 皮肤的缝合：一般常用单纯间断缝合法，每侧边距为 0.5～1 cm，针距 1.0～1.5 cm。可根据皮下脂肪厚度及皮肤的弛张度而略有增减。皮下脂肪厚者，边距及针距均可适当增加；皮肤松弛者，应适当变小。缝合皮肤时必须用断面为三棱形的弯针或直针。缝合材料一般选用丝线。缝合结束时在创缘侧面打结，打结不能过紧。皮肤缝合完毕后，必须再次将创缘对合。

2. 皮下组织的缝合：选用圆弯针进行缝合。缝合时要使创缘两侧皮下组织相互靠拢，消除组织的空隙，可减小皮肤缝合的张力。使用可吸收性缝线或丝线做单纯间断缝合，打结应埋置在组织内。

3. 肌肉的缝合：肌肉缝合要求将纵行纤维紧密连接，瘢痕组织生成后，不能影响肌肉收缩功能。缝合时，应用结节缝合分别缝合各层肌肉。当小动物手术时，肌肉一般是纵行分离而不切断，因此肌肉组织经手术细微整复后，可不需要缝合。对于横断肌肉，因其张力大，应该在麻醉或使用肌松剂的情况下连同筋膜一起进行结节缝合或水平褥式缝合。

4. 腹膜的缝合：一般用 0 号或 1 号缝线、圆弯针行单纯连续缝合。如腹膜张力较大，缝合容易撕破时，可用连续水平褥式缝合或连续锁边缝合。若腹膜对合不齐或个别针距较大时，可加补 1～2 针单纯间断缝合。腹膜缝合必须完全闭合，不能使网膜或肠管漏出或嵌闭在缝合切口处形成疝。

5. 血管的缝合：血管缝合常见的并发症是出血和血栓形成。血管断端吻合要严格执行无菌操作，防止感染。血管内膜紧密相对，因此血管的边缘必须外翻，让内膜接触，外膜不得进入血管腔。缝合处不宜有张力，血管不能有扭转。血管吻合时，应该用弹力较低的无损伤的血管夹阻断血流。缝合处要有软组织覆盖。

6. 空腔器官的缝合：空腔器官（胃、肠、子宫、膀胱）的缝合，根据空腔器官的生理解剖学和组织学的特点，缝合时要求良好的密闭性，防止内容物泄漏；保持空腔器官的正常解剖组织学结构和蠕动收缩功能。因此，对于不同器官，缝合要求是不同的。

（1）胃缝合：胃内具有高浓度的酸性内容物和消化酶。缝合时要求保持其良好的密闭性，防止污染，缝线要保持一定的张力，因为术后动物呕吐或胃扩张会对切口产生较强压力，术后胃腔容积减少，对动物影响不大。因此，胃缝合第一层库兴氏缝合；第二层缝合在第一层缝合上面，采用浆膜肌层间断缝合或连续伦勃特氏缝合。

（2）小肠缝合：小肠血液供应好，肌肉层发达，其解剖特点是低压力导管，而不是蓄水囊。内容物是液态的，细菌含量少。小肠缝合后 3～4 h，纤维蛋白覆盖密封在缝线上，产生良好的密闭条件，术后肠内容物泄漏发生概率较小。由于小肠肠腔较小，缝合时应防止肠腔狭窄。因此，可行间断全层内翻缝合法再行浆膜肌层内翻缝合。较小的胃肠道穿孔可用间断或平行褥式缝合法将内层掩盖。

（3）大肠缝合：大肠内容物是固态的，细菌含量多。大肠缝合并发症是内容物泄漏和感染，内翻缝合是唯一安全的方法。内翻缝合浆膜与浆膜对合，防止肠内容物泄漏，并能保持足够的缝合张力强度。内翻缝合采用第一层连续全层或连续水平内翻缝合，第二层采用间断垂直褥式浆膜肌层内翻缝合。内翻缝合部位血管受到压迫，血流阻断，术后 3 d 黏膜水肿、坏死，5 d 内翻组织脱落。黏膜下层、肌层和浆膜保持接合强度。术后 14 d 左右瘢痕形成，炎症反应消失。

（4）子宫缝合：剖腹取胎术实行子宫缝合时，因为子宫缝合不良会导致母畜不孕、术后出血和腹腔内脏粘连。缝合时最好是做两层浆膜肌层内翻缝合，使线结既不露于子宫内膜，也不在子宫表面暴露。

空腔器官缝合时，要求使用无损伤性缝针（圆针），以减少组织损伤。

### （三）组织缝合的注意事项

1. 目前外科临床中所用的缝线（可吸收或不吸收的）对机体来讲均为异物，因此在缝合过程中要尽可能地减少缝线的用量。

2. 缝线在缝合后的张力与缝合的密度（即针数）成正比，但是为了减少伤口内的异物，缝合的针数不宜过多，一般间隔为 1～1.5 cm，使每针所加于组织的张力相近似，以便均匀地分担组织张力。缝合时不可过紧或过松，过紧引起组织缺氧，过松引起对合不良，以致影响组织愈合。皮肤缝合后应将积存的液体排出，以免造成皮下感染和肿胀。

3. 不同组织缝合要选用相应的针和线。一般将三棱针限于缝合皮肤或瘢痕及软骨等坚韧组织。其他组织缝合均用不同规格的圆针。缝线的粗细要求以能抗过组织张力为准。缝线太粗，不易扎紧，且存留异物多，组织反应明显。

4. 组织应按层次进行缝合，较大的创伤要由深至浅逐层缝合，以免影响愈合或裂开。浅而小的伤口，一般只做单层缝合，但缝合必须通过各层组织，缝合时应使缝针与组织垂直刺入，拔针时要按针的弧度和方向拔出。

5. 根据腔性器官的生理解剖和组织学的特点，缝合时应注意以下问题：缝合时要求闭合性好，不漏气不透水，更不能让内容物溢入腹腔；保持原有的收缩功能。为此，缝合时应尽量采用小针、细线，缝合组织要少，除第一道做单纯连续缝合外，对于肠管，第二道一般不宜做一周性的连续缝合，以免形成缺乏弹性的瘢痕环，收缩后发生狭窄，影响功能。空腔器官缝合的基本原则是切开的浆膜向腔体内翻，浆膜面相对，借助于浆膜在受损后析出的纤维蛋白原，在酶的作用下很快凝固为纤维蛋白黏附在缝合部，修补创伤。为此，在第二道缝合时均应以浆膜对浆膜的内翻缝合。

### 五、拆线

拆线是指拆除皮肤缝线。缝线拆除的时间，一般是在手术后 7～8 d，凡营养不良、贫血、老龄动物、缝合部位活动性较大、边缘呈紧张状态等，应适当延长拆线时间（10～14 d）。但创伤已化脓或创伤缘已被线撕断不起缝合作用时，可根据创伤治疗需要随时拆除全部或部分缝线。拆线方法如下：

1. 先用 0.9%氯化钠溶液洗净创围，尤其是线结周围；再用 5%碘酊消毒创口、缝线及创口周围皮肤，将线结用镊子轻轻提起，剪刀插入线结下，紧贴针眼并轻压线结侧皮肤，露出原来埋在皮下的部分缝线，将线剪断。

2. 用镊子将缝线拉出，拉线方向应向拆线的一侧，动作要轻巧，如强行向对侧硬拉，则可能将伤口拉开。注意不能使原来露在皮肤外面的缝线拉入针孔。

3. 再次用碘酊消毒创口及周围皮肤。

## [技能 113] 绷带包扎技术

绷带是用于动物体表的包扎材料。包扎是利用绷带等材料固定受伤部位以达到加压止血、保护创面、防止自我损伤、吸收创液、限制活动、使创缘接近、促进受伤组织愈合的治疗方法。

### 一、绷带材料及其应用

#### （一）敷料

常用敷料有纱布、海绵纱布及棉花等。

1. 纱布：纱布要求质软、吸水性强，多选用医用的脱脂纱布。根据需要剪叠成大小不同的纱布块，四边要光滑，没有脱落棉纱。其用以覆盖创口、止血、填充创腔和吸液等。

2. 海绵纱布：一种多孔皱褶的纺织品（一般是棉制的），质柔软，吸水性比纱布好，其用法同纱布。

3. 棉花：选用脱脂棉花。棉花不能直接与创面接触，应先放纱布块，棉花放在纱布上。可预制棉垫，即在两层纱布间铺一层脱脂棉，再将纱布四周毛边向棉花折转使其成方形或长方形棉垫，其大小按需要制作。其也是四肢骨折外固定的重要敷料。

### （二）绷带

绷带多由纱布、棉布等制作成圆筒状，故称卷轴绷带。根据绷带的临床用途及制作材料的不同，还有其他命名，如复绷带、夹板绷带、支架绷带、石膏绷带等。

## 二、包扎类型

根据敷料、绷带性质及其不同用法，包扎有以下几类：

1. 干绷带法：又称干敷法。凡敷料不与其下层组织粘连的均可用此法包扎。本法有利于减轻局部肿胀，吸收创液，保持创缘对合，提供干净的环境，促进愈合。

2. 湿敷法：对于严重感染、脓汁多和组织水肿的创伤，可用湿敷法。此法有助于去除内湿性组织坏死，降低分泌物黏性，促进引流等。根据局部炎症的性质，可采用冷敷、热敷包扎。

3. 生物学敷法：指皮肤移植。将健康的动物皮肤移植到缺损处，消除创伤面，加速愈合，减少瘢痕的形成。

4. 硬绷带法：指夹板和石膏绷带等。这类绷带可限制动物活动，减轻疼痛，降低创伤应激，缓解缝线张力，防止创口裂开和术后肿胀等。

根据绷带的使用目的，通常有各种命名，例如局部加压借以阻断或减轻出血及制止淋巴渗出，预防水肿和创面肉芽过剩为目的而使用的绷带，称为压迫绷带；为防止微生物侵入伤口和避免外界刺激而使用的绷带，称为创伤绷带；当骨折或脱臼时，为固定肢体或身躯某部，以减少或制止肌肉和关节不必要的活动而使用的绷带，称为制动绷带等。

## 三、绷带的种类与操作技术

### （一）卷轴绷带

卷轴绷带通常称为绷带或卷轴带，是将布剪成狭长的带条，用卷绷带机或手卷成。

1. 卷轴绷带种类：按其制作材料可分纱布绷带、棉布绷带、弹力绷带和胶带 4 种。

（1）纱布绷带：纱布绷带有多种规格，长度一般为 6 m，宽度为 3 cm、5 cm、7 cm、10 cm和 15 cm 不等，根据临床需要选用不同规格。

（2）棉布绷带：用本色棉布按上述规格制作。因其原料厚，坚固耐洗，施加压力不变形或断裂，常用以固定木板、肢体等。

（3）弹力绷带：是一种弹性网状织品，质地柔软，包扎后有伸缩力，故常用于烧伤、关节损伤等。此绷带不与皮肤、被毛粘连，故拆除时动物无不适感。

（4）胶带：也称胶布或橡皮膏。胶带使用时难撕开，需用剪刀剪断。胶带是包扎不可缺少的材料。通常局部剪剃被毛，盖上敷料后，多用胶布条粘贴在敷料及皮肤上将其固定。也可在使用纱布或棉布绷带后，再用胶带缠缚固定。

2. 基本包扎法：卷轴绷带多用于动物四肢游离部、尾部、角头部、胸部和腹部等。包扎时，一般左手持绷带的开端，右手持绷带卷，以绷带的背面紧贴肢体表面，由左向右缠绕。当第一圈缠好之后，将绷带的游离端反转盖在第一圈绷带上，再缠第二圈压在第一圈绷带上。然后根据需要进行不同形式的包扎法缠绕。无论用何种包扎法，均应以环形开始并以环形终止。包扎结束后将绷带末端剪成两条打个单结，以防撕裂。最后打结于肢体外侧，或以胶布将末端加以固定。卷轴绷带的基本包扎有以下方法：

（1）环形包扎法：用于其他形式包扎的起始和结尾，以及用于系部、掌部、跖部等较小创口的包扎。方法是在患部把卷轴绷带呈环形缠绕数周，每周盖住前一周，最后将绷带端剪开打结或以胶布加以固定。

（2）螺旋形包扎法：以螺旋形由下向上缠绕，后一圈遮盖前一圈的1/3～1/2，用于掌部、跖部及尾部等的包扎。

（3）折转包扎法：又称螺旋回反包扎，用于上粗下细、径圈不一致的部位，如前臂和小腿部。方法是由下向上做螺旋形包扎，每一圈均应向下回折，逐圈遮盖上圈的1/3～1/2 。

（4）蛇形包扎：又称蔓延包扎。斜行向上延伸，各圈互不遮盖，用于固定夹板绷带的衬垫材料。

（5）交叉包扎法：又称“8”字形包扎，用于腕、跗、球关节等部位，方便关节屈曲。包扎方法是在关节下方做一环形带，然后在关节前面斜向关节上方，做一周环形带后再斜行经过关节前面至关节之下方。如上述操作至患部完全被包扎住，最后以环形带结束。

3. 各部位包扎法：

（1）尾包扎法：用于尾部创伤或后躯、肛门、会阴部施术前、后固定尾部。先在尾根做环形包扎，然后将部分尾毛折转向上做尾的环形包扎后，将折转的尾毛放下，做环形包扎，目的是防止包扎滑脱，如此反复多次，用绷带做螺旋形缠绕至尾尖时，将尾毛全部折转做数周环形包扎后，绷带末端通过尾毛折转形成的圈内拉紧。

（2）耳包扎法：

垂耳包扎法：先在患耳背侧安置棉垫，将患耳及棉垫反折使其贴在头顶部。在本患耳耳郭内侧填塞纱布。然后绷带从耳内侧基部向上延伸到健耳后方，并向下绕过颈上方到患耳，再绕到健耳前方。如此缠绕3～4圈将耳包扎。

竖耳包扎法：多用于耳成形术。先用纱布或材料做成的圆柱形支撑物填塞于两耳郭内；再分别用短胶布条从耳根背侧内缠绕，每条胶布断端相交于耳内侧支撑上，依次向上贴紧；最后用胶带“8”字形包扎将两耳拉紧竖直。

### （二）复绷带和结系绷带

1. 复绷带：复绷带是按动物一定部位的形状而缝制，具有一定结构、大小的双层盖布，在盖布上缝合若干布条以便打结固定。复绷带虽然形式多样但都要求装置简便、固定确实。

2. 结系绷带：又称缝合包扎，是用缝线代替绷带固定敷料的一种保护手术创口或减轻伤口张力的绷带。结系绷带可装在畜体的任何部位，其方法是在圆枕缝合的基础上，利用游离的线尾，将若干层灭菌纱布固定在圆枕之间和创口之上。

### （三）夹板绷带

夹板绷带借助于夹板保持患部安静，发挥避免加重损伤、移位和使伤部进一步复杂化的作用，可分为临时夹板绷带和预制夹板绷带两种。前者通常用于骨折、关节脱位时的紧急救治，后者可作为较长时期的制动。

临时夹板绷带可用胶合板、普通薄板、竹板、树枝等作为夹板材料。小动物亦选用压舌板、硬纸壳、竹筷子作为夹板材料。预制夹板绷带常用金属丝、薄铁板、木料、塑料板等制成适合四肢解剖形状的各种夹板。另外，对于小动物，厚层棉花和绷带的包扎也能起到夹板作用。无论是临时夹板绷带或是预制夹板绷带，皆由衬垫的内层、夹板和各种固定材料构成。

夹板绷带的包扎方法：先将患部皮肤刷净，包上较厚的棉花、纱布棉花垫或毡片等衬垫并用蛇形或螺旋形包扎法加以固定；然后再装置夹板。夹板的宽度视需要而定，长度既应包括骨折部上下两个关节，使上下两个关节同时得到固定，又要短于衬垫材料，避免夹板两端损伤皮肤；最后用绷带螺旋包扎或用结实的细绳加以捆绑固定。铁夹板可加皮带固定。

### （四）石膏绷带

石膏绷带是在淀粉液浆制过的大网眼纱布上加上煅制石膏粉制成的。这种绷带用水浸后质地柔软，可塑制成任何形状敷于伤肢，一般十几分钟后开始硬化，干燥后成为坚固的石膏夹。根据这一特性，石膏绷带应用于整复后的骨折、脱位的外固定或矫形都可收到满意的效果。

1. 石膏绷带的装置方法：应用石膏绷带治疗骨折时，可分为无衬垫和有衬垫两种，一般无衬垫石膏绷带疗效较好。骨折整复后，消除皮肤上的污物，涂布滑石粉，然后于肢体上、下端各绕一圈薄纱布棉垫，其范围应超出装置石膏绷带卷的预定范围。根据操作时的速度逐个地将石膏绷带卷轻轻地横放在 30～35℃的温水中，使整个绷带卷被淹没，待气泡出完后，两手握住石膏绷带圈的两端取出，用两手掌轻轻对挤，除去多余水分。从病肢的下端先做环形包扎，后做螺旋包扎向上缠绕，直至预定的部位。每缠一圈绷带，都必须均匀地涂抹石膏泥，使绷带紧密结合。骨的突起部，应放置棉花垫加以保护。石膏绷带上、下端不能超过衬垫物，并且松紧要适宜。根据伤肢重力和肌肉牵引力的不同，可缠绕 6～8 层（大动物）或 2～4 层（小动物）。在包扎最后一层时，必须上下衬垫向外翻转，包石膏绷带的边缘，最后表面涂石膏泥，待数分钟后即可成型。但为了加速绷带的硬化，可用电吹风机吹干。犬猫石膏绷带应从第二、四指（趾）近端开始。

当开放性骨折或有创伤的其他四肢疾病时，为了观察和处理创伤，常应用有窗石膏绷带。“开窗”的方法，是在创口上覆盖灭菌的布巾，将大于创口的杯子或其他器皿放于布巾上，杯子固定后，绕过杯子按前法缠绕石膏绷带。在石膏未硬固之前用刀做窗，取下杯子即成窗口，窗口边缘用石膏泥涂抹平。有窗石膏绷带虽然有便于观察和处理创伤之优点，但其缺点是可引起静脉淤血和创伤肿胀。若窗孔过大，往往影响绷带的坚固性，此时可采用桥形石膏绷带。

在兽医临床上有时为了加强石膏绷带的硬度和固定作用，可在卷轴石膏绷带缠绕后的第一层、二层（小动物）暂停缠绕，修整平滑并置入夹板材料，使之成为石膏夹板绷带。

2. 包扎石膏绷带时的注意事项：

（1）将一切物品备齐，然后开始操作，以免临时出现问题延误时间。水的温度直接影响着石膏硬化时间（水温降低会延缓硬化过程）。

（2）患病动物必须保定确实，必要时可做全身或局部麻醉。

(3) 装置前必须整复到解剖位置，使病肢的主要力线和肢轴尽量一致。为此，在装置前最好应用X线摄影检查。

(4) 长骨骨折时，为了达到制动的目的，一般应固定上下两个关节。

(5) 骨折发生后，使用石膏绷带做外固定时，必须尽早进行。若在局部出现肿胀后包扎，则在肿胀消退后，皮肤与绷带间出现空隙，达不到固定作用，此时，可施以临时石膏绷带，待炎性肿胀消退后将其拆除重新包扎石膏绷带。

(6) 缠绕时要松紧适宜，过紧会影响血液循环，过松会失去固定作用。一般在石膏绷带两端以插入一手指为宜。

(7) 未硬化的石膏绷带不要指压，以免向下凹陷压迫组织，影响血液循环或发生溃疡、坏死。

(8) 石膏绷带敷缠完毕后，为了使石膏绷带表面光滑美观，可用干石膏粉少许加水调成糊，涂在表面，使之光滑整齐。石膏夹两端的边缘，应修理光滑并将石膏绷带两端的衬垫翻到外面，以免摩擦皮肤。

(9) 最后用铅笔或毛笔在石膏夹表面写明装置和拆除石膏绷带的日期，并尽可能标记出骨折线或其他。

3. 石膏绷带的拆除：石膏绷带拆除的时间，应根据不同的患病动物和病理过程而定，一般大动物3～8周，小动物3～4周。但遇下列情况，应提前拆除或拆开另行处理：石膏夹内有大出血或严重感染；患病动物出现原因不明的高热；肢体萎缩，石膏夹过大或严重损坏失去作用；包扎过紧，肢体受压，影响血液循环；患病动物烦躁不安，食欲减少，末梢部肿胀，蹄（指）温变冷。

拆除的方法：先用热醋、双氧水或饱和食盐水在石膏夹表面刻好拆除线，使之软化，然后沿拆除线用石膏刀切开、石膏锯锯开，或石膏剪逐层剪开。为了减少拆除时可能发生的组织损伤，拆除线应选择在较平整和软组织较多处。外科临床上也常直接用长柄石膏剪沿石膏绷带近端外侧缘纵行剪开，然后用石膏分开器将其分开。石膏剪向前推进时，剪的两叶应与肢体的长轴平行，以免损伤皮肤。

## 【测试模块】

1. 常用的外科消毒方法一般有哪几种？
2. 如何对施术动物进行术部准备？
3. 手术时常用的全身麻醉有哪几种？如何进行麻醉？
4. 组织分离时应遵循哪些原则？
5. 根据出血血管的不同，出血的种类有哪几种？手术过程中如何进行止血？
6. 缝合组织时应遵循哪些原则？
7. 练习常用外科器械高压蒸汽灭菌。
8. 练习术前手术人员的手臂消毒和手术衣的穿戴。
9. 练习动物皮肤的切开、缝合及拆线操作。
10. 用环形绷带包扎法对犬的患肢进行包扎。

# 任务 17　手术前后的措施

## [技能 114] 术前准备

术前准备常包括施术动物的准备、手术计划的拟订及施术人员的准备等一系列具体准备工作。

### 一、施术动物的准备

施术动物准备是外科手术的重要组成部分。施术动物术前准备工作的任务是尽可能使施术动物处于正常生理状态，各项生理指标接近于正常，从而提高动物对手术的耐受力。术前准备得如何，直接或间接影响手术的效果和并发症的发病率。

手术视疾病情况而分为紧急手术、择期手术和限期手术三种。紧急手术如大创伤、大出血、胃肠穿孔和肠胃梗阻等，手术前准备要求迅速和及时，不能因为准备而延误手术时机。择期手术是指手术时间的早与晚可以选择，又不致影响手术效果，如十二指肠溃疡的切除手术和慢性食滞的胃切开手术等，有充分时间做准备。限期手术如恶性肿瘤的摘除，当确诊之后应积极做好术前准备，不得拖延。通常施术动物的术前准备包括以下几个方面：

1. 术前对病畜的检查：术前对病畜进行仔细的检查，可提供诊断资料，并能决定保定及麻醉方法，是否可以施行手术，如何进行手术并作出预后判定等。

2. 术前给药：根据病情及手术的种类决定术前是否采取治疗措施。术前给予抗菌药物预防手术创感染，给予止血剂以防手术中出血过多，给予制酵剂防治术中臌气，也可强心补液以加强机体抵抗力。

3. 禁食：有许多手术要求术前禁食，如开腹术，充满腹腔的肠管形成机械障碍，会影响手术操作。另外，饱腹会增加动物麻醉后的呕吐机会。禁食时间不是一成不变的，要根据动物患病的性质和动物身体状况而定。小动物消化管比较短，禁食一般不要超过12 h，大动物禁食不超过 24 h，过长的禁食是不适宜的。禁食期间一般不禁止饮水。临床上有时为了缩短禁食时间而采用缓泻剂，但应注意激烈的泻剂可能造成动物脱水。

4. 畜体准备：术前刷拭动物体表，小动物可施行全身洗浴，以清除体表污物，然后向被毛喷洒 1%煤酚皂溶液或 0.1%新洁尔灭溶液。在动物的腹部后躯、肛门或会阴部手术时，术前应包扎尾绷带。会阴部的手术，术前应灌肠以免术中动物排粪尿，污染术部。

### 二、手术计划的拟订

手术计划的拟订是术前的必备工作。根据全身检查的结果，拟订手术实施方案。手术计划是外科医生判断力的综合体现，也是检查判断力的依据。手术计划一般应包括以下内容：

1. 手术人员的分工。

2. 手术保定方法和麻醉种类的选择（包括麻前给药）。

3. 手术通路及手术进程。

4. 术前应做的事项，如术前给药、禁食、导尿、胃肠减压等。

5. 手术方法及术中应注意事项。

6. 可能发生的手术并发症、预防和急救措施，如虚脱、休克、窒息、大出血等。

7. 手术所需器材和特殊药品的准备。

8. 术后护理、治疗和饲养管理。手术人员都要参与手术计划的制订，明确手术中各自的责任，以保证手术的顺利进行。手术结束后管理器械的助手要清点器械。

## 三、手术工作的组织

为了手术的顺利进行，要求参加手术的成员，术前要有良好的分工，充分理解手术计划，既要明确分工，又要互相配合，以便手术期间各尽其职，有条不紊地工作。一般可做如下分工：

1. 术者：手术治疗的组织者，负责术前对患病动物的确诊，提出手术方案并组织有关人员讨论决定，确定分工及术前准备工作。术者是手术的主要主持者，对手术应承担主要责任。

2. 手术助手：按手术大小和种类又分为第一、二、三助手。第一助手主要协助术者进行术前准备、手术操作和术后处理的各项工作。术者在术中因故不能完成手术时，第一助手必须负责将手术完成。第二、三助手主要协助显露术部，参加止血、传递、更换器械与敷料以及剪线等工作。在术者的指导下做一些切开、结扎、缝合等基本技术操作。

3. 麻醉助手：要全面掌握患病动物的体质状况，对手术和不同麻醉方法的耐受性，作出较客观的估计，使麻醉既可靠又安全。手术过程中，定时记录体温、脉搏、呼吸、血压等指数。患病动物全身情况发生突然变化，负责采取抢救措施。术中输液、输血等工作，也由麻醉助手负责。

4. 保定助手：负责患病动物的保定。必要时，可要求畜主协助进行。做好手术场所的消毒工作。术后协助清点器械、敷料。

5. 器械助手：为手术准备器械，术中及时给术者传递器械。

6. 巡回助手：准备及检查手术前后各种需要的药品及医疗设备，如无影灯、配电盘、电动手术台、电动吸引器、乙醇棉、碘酒棉，测量各种临床检查数据、协助输液等。

## 四、手术记录

术者或助手在手术过程中或手术后应详细填写手术记录。手术记录的主要内容包括：病畜登记、病史、病症摘要及诊断，手术名称、日期、保定及麻醉的方法，手术部位、术式、手术用药的种类及数量，患畜病灶的病理变化与手术前的诊断是否相符，术后病畜的症状、饲养、护理及治疗措施等（表 4-3）。

**表 4-3 手术记录**

手术号　　　　　　　　　　　　　　　　　　　　　　　　手术日期：　　年　月　日

| 畜主姓名 | 住址 | 电话 | |
|---|---|---|---|
| 畜别 | 性别 | 年龄 | 体重 |
| 初诊日期 | | 术前诊断 | |
| 病史摘要 | | | |
| 术前检查 | | | |
| 手术名称 | 手术时间 | 时　分～　时　分 | 术后诊断 |
| 手术者 | | 助手 | |
| 保定方法 | | | |
| 麻醉方法及效果 | | | |
| 手术方法 | | | |
| 术后处理 | | | |
| 医嘱 | | | |

兽医师：

## ［技能 115］术后管理

术前准备、手术治疗和术后管理是手术医疗的三个环节，缺一不可。俗话说“三分治疗七分护理”，可见术后管理的重要性。

### 一、术后一般护理

1. 麻醉苏醒：全身麻醉的动物，手术后宜尽快苏醒，过多拖延时间可能造成某些并发症。在全身麻醉未苏醒之前，设专人看管，苏醒后辅助站立，避免碰撞和摔伤。在吞咽功能未完全恢复之前，绝对禁止饮水、喂饲，以防止误咽。

2. 保温：全身麻醉后的动物体温降低，应注意保温，防止感冒。

3. 监护：术后 24 h 内严密观察动物的体温、呼吸和心血管的变化，若发现异常，要尽快找出原因。

4. 处理术后并发症：手术后注意早期休克、出血、窒息等严重并发症，有针对性地给予处理。

5. 安静和活动：术后要保持安静。开始活动时间宜短，然后逐步增多，以改善血液循环，促进功能恢复，并可促进代谢，增加食欲。虚弱的患病动物不得过早、过量运动，以免术后出血、缝线断裂，反而影响愈合。犬和猫的关节手术，在术后一定时期内要进行强制人工被动关节活动。

## 二、术后感染的预防与控制

手术创的感染决定于无菌技术的执行和患病动物对感染的抵抗能力，而术后的护理不当也是继发感染的重要原因。医护人员应防止动物自伤咬啃、舔、摩擦，采用伊丽莎白圈等保定方法施行保护。

抗生素对预防和控制术后感染，提高手术的治愈率有良好效果。在大多数手术病例中，污染多发生在手术期间，所以在手术结束后，全身应用抗生素不能产生预防作用。因为感染早已开始，而真正的预防用药应在手术之前给药，使在手术时血液中含有足够量的抗生素，并可保持一段时间。对严格执行无菌操作的手术，不一定使用抗生素。

## 三、术后饲养管理

手术后的动物要求适量的营养，所以不论在术前或术后都应注意食物的摄取。

蛋白质是成年动物组织损伤修补、免疫球蛋白产生和酶的合成来源，蛋白质供应不足，会削弱免疫功能，使愈合减慢，肌肉张力减少。

维生素和矿物质对患病动物机体的调整是不可缺少，而动物所需要的维生素大部分从饲料中获得，因此，在术后应给患畜多量的富含维生素和矿物质的食物，或在饲料中添加维生素和矿物质。

大动物的消化道手术后 1～3 d 禁止饲喂草料，静脉内输入葡萄糖和复方氯化钠注射液等，随后可喂给一定量的半流质食物。动物不能采食时，可用胃管投服流质食物。犬和猫的消化道手术，一般 24～48 h 禁食后，给半流质食物。而在食欲逐渐恢复后喂给适口性好的易消化的饲料，以后再逐步转变为日常饲喂。

对非消化道手术，术后食欲良好者，一般不限制喂饮，但一定要防止暴饮暴食，应根据病情逐步恢复到日常用量。

【测试模块】

1. 拟订手术计划时，要注意的内容有哪些？
2. 手术时，手术人员一般如何进行分工？
3. 手术后的动物如何预防和控制感染？

# 任务 18　犬猫常见外科手术

## ［技能 116］公犬去势术

【适应证】去势术即雄性犬绝育，可纠正和消除雄性犬的不良性行为。适应证为雄性激素分泌过剩，老龄犬睾丸发生的某种疾病（如前列腺肥大）。

【器械】手术刀、手术剪、手术镊、止血钳、持针钳、缝合针、缝线、创中钳、手术巾等。

【保定和麻醉】仰卧保定，两后肢分别向外方伸展固定，充分暴露会阴部。全身麻醉或局部麻醉。

【术式】阴囊部清洗、剪毛、消毒，术者左手将犬的睾丸挤入阴囊底部，使两个睾丸位于阴囊缝际两侧，用中指、食指和拇指固定睾丸，切口分别位于阴囊缝际两侧距阴囊缝际 0.5 cm 处，切开阴囊皮肤、内膜和总鞘膜，切口长 3 cm 左右，将睾丸挤出阴囊外。在睾丸上方 3～4 cm 处的精索上贯穿结扎，在结扎线下方 1～1.5 cm 处切断精索，摘除睾丸。将精索断端退出鞘膜管内，结扎鞘膜管，减少出血。按同样方法摘除另一侧睾丸。清理阴囊切口内的血凝块后，用 2%碘酊对创口进行消毒。

术后，如阴囊很快肿胀，可能是精索结扎线松脱，应及时全麻醉后重新结扎止血。

## ［技能 117］卵巢摘除术

【适应证】本手术适用于卵巢囊肿、卵巢肿瘤、靶器官性雌激素过剩症等的外科治疗；也可为了避孕，在性成熟之前摘除卵巢。

【器械】手术刀、手术剪、手术镊、止血钳、持针钳、缝合针、缝线、创巾钳、手术巾等。

【保定和麻醉】全身麻醉；仰卧保定，四肢张开，头部低，后躯高。

【术式】本手术可分为白线上纵切法、肷部切开法等。临床上常采取白线上纵切法。

术部选在脐后 3～6 cm 间的白线上，在此为中心大范围剃毛、消毒，于腹白线上切开皮肤 2～4 cm（根据犬的体格或者术者的熟练度决定切口的大小），依次切开筋膜和肌层，露出腹膜并剪一小口，用止血钳挟起小口两侧，逐渐剪开至创缘同长，然后用组织钳将其挟于肌层上固定。将小钝钩插入腹腔内（亦可以食指伸入腹腔），沿腹侧向背部找到子宫角。还可以在开大创口的条件下目视进行。探到子宫角后，右手指捏住子宫角，顺其向前寻找卵巢。助手用组织钳夹住卵巢和子宫角移行部（输卵管），将卵巢牵拉至切口处，这时为了避免强行牵引，可压迫创缘使创口接近卵巢；用同法取出对侧卵巢。两侧卵巢都导出切口后，用缝线分别结扎两侧卵巢悬吊韧带和输卵管后，除去卵巢。

腹壁创口先用缝线连续缝合腹膜和肌层，缝合部撒布抗生素，皮肤结节缝合，涂碘酒，装复绷带。

术后，全身抗感染处置，2～3 d 内给予易消化的食物，第 7～8 d 拆线。因犬易咬破创口，如不能第 1 期愈合，皮肤创应行开放治疗。

注意：术前 12 h 绝食，使消化道内容物排空，易于探查卵巢，同时也可预防进入麻醉期的呕吐。为了避免开腹时损伤膀胱，应术前排尿或切开腹膜后压迫排尿。术中找到卵巢后，不能强行牵引，以免损伤卵巢动脉。

## ［技能 118］瞬膜腺增生物切除术

【适应证】第三眼睑腺脱出（浅瞬膜腺增生）。

【器械】手术剪、止血钳、手术镊等。

【保定和麻醉】俯卧或侧卧保定，全身麻醉或局部麻醉。

【术式】用手术镊夹住增生的腺体，向眼外方牵拉。用止血钳夹在增生腺体和软骨之间，用手术剪沿止血钳切除增生物。为防止出血，可在切口滴注 0.1%肾上腺素溶液或轻微烧烙止血。

【术后护理】术后用抗生素药水滴眼 3～5 d。

## ［技能 119］眼睑内翻整复术

【适应证】部分或全部眼睑内翻，睫毛或被毛刺激眼球。先天性眼睑内翻见于松狮、沙皮犬、拉布拉多猎犬等品种犬，后天性眼睑内翻见于结膜炎等病继发眼轮匝肌痉挛。

【器械】手术刀、手术剪、手术镊、止血钳、持针钳、缝合针、缝线、创巾钳、手术巾等。

【保定与麻醉】侧卧保定，固定头部。全身麻醉。

【术式】眼周围剃毛、消毒。在距离眼睑缘 1.5～2.5 cm，与眼睑平行部位进行第一切口。切口的长度要比内翻部的两端稍长。然后再从第一切口与眼睑缘之间做一个半月状第二切口，其长度与第一切口长度相同。其半圆最大宽度应根据内翻的程度而定。将以切开的皮肤瓣包括眼轮肌的一部分一起剥离切除，而后将切口两缘拉拢，结节缝合。

【术后护理】术后带伊丽莎白圈防止犬猫抓挠伤口；连续注射和外用抗生素 5～7 d，防治伤口感染。10 d 后拆线。

## ［技能 120］眼球摘除术

【适应证】无治愈希望的眼球损伤，治疗无效的化脓性眼炎、眼球肿瘤、严重角膜炎、高度角膜变形、眼球突出。

【器械】手术刀、手术剪、手术镊、止血钳、持针钳、缝合针、缝线、创巾钳、手术巾等。

【保定和麻醉】俯卧保定，全身麻醉。亦可选用眼球表面麻醉或眼球周围浸润麻醉或眼窝裂沟传导麻醉。

【术式1】经结膜眼球摘除术。

开张两眼睑，露出结膜囊，外科刀刺入结膜囊，手术镊牵拉该部，用弯剪沿眼球周围剪断结膜囊，用钳子或锐钩牵拉眼球的同时，沿眼球剥离并剪断脂肪组织、肌肉附着部和深部组织，最后一起切断眼球肌和视神经。若术中出血多，摘除眼球后可用止血钳钳压止血，盐酸肾上腺素点眼，然后将上下眼睑做间断缝合，装眼绷带。

【术后护理】术后，每天更换止血纱布，全身投予抗生素，约2周治愈。

【术式2】经眼睑眼球摘除术。

手术时，将上下眼睑缝合在一起，距眼睑缘0.5 cm，沿眼睑裂圆形切开皮肤达结膜，剥离两眼睑的同时，钳压牵拉结膜囊部，与术式1的方法相同，用弯剪剥离并剪断，摘除眼球。完全止血后，结节缝合眼睑，在两眼睑中间留个开口排液，覆以依沙吖啶纱布，装眼绷带。

【术后护理】术后可能因眶内出血使术部肿胀，且从创口处或鼻孔流出渗出物，术后3～4 d渗出物可逐渐减少。局部温敷可减轻肿胀，缓解疼痛。对感染的眼，应用抗生素。术后7～10 d拆除眼睑缝线。

## [技能121] 声带摘除术

切除声带的目的是消除犬的吠叫或降低犬吠叫的音量。

【器械】开口器、长柄钳、长柄外科剪、手术刀、手术剪、手术镊、止血钳、持针钳、缝合针、缝线、创巾钳、手术巾等。

【保定和麻醉】仰卧（或胸卧位）保定，伸长颈部，施以全身麻醉。

【术式】可分为两种路径：

1. 口腔内喉室声带切除术：装上开口器，充分打开口腔，用钳子轻轻夹住会厌软骨的尖端并拉出，暴露喉部，呈“V”形的声带位于喉室内的喉腹侧基部。用长钳夹住声带部，边牵拉边依次切除声带黏膜；若出血严重，钳压止血或用小脱脂棉球蘸肾上腺素溶液压迫止血。创部涂薄层复方碘甘油。术后，在苏醒前要把头的位置放低于喉部，以防误咽。本手术不适于6月龄以下犬，因这时的声带基部尚未完全发育，术后效果不确实。

2. 腹侧喉室声带切除术：麻醉前用阿托品0.05 mg/kg肌内注射，15 min后用速眠新0.5～1.0 ml/kg，肌内注射，头部充分伸直行仰卧保定。在舌骨、喉及气管处的腹侧正中线上，以甲状软骨突起为切口中心，以此向前、后各切开皮肤3 cm。钝形分离胸骨舌骨肌至喉腹正中线两侧，暴露甲状软骨和环甲软骨韧带，并充分止血。以甲状软骨突起为标志，在喉正中线上切开甲状软骨3 cm左右，暴露喉室、声带。用镊子夹持喉侧室处声带黏膜，将声带切除，彻底止血，全层间断缝合甲状软骨和喉室黏膜，再连续缝合胸骨舌骨肌，结节缝合皮肤。术后保持低头姿势，减少外界刺激，适当给予止咳镇静剂。术后12 d

拆线。

术中易出现的问题与处理方法：

（1）对有少量出血的，可用浸 0.9%氯化钠溶液的小纱布填塞喉室前半部止血，不要填塞后半部。出血较多时，可钳压或者结扎止血。

（2）对喉室切开后有呛咳的，可向喉室内喷入少量 2%可卡因，行表面麻醉，并充分止血，已吸入气管的血液，应使其咳出或放低头部，让血液流出。

【术后护理】颈部包扎绷带。动物单独放置在安静的环境中，以免诱发鸣叫，影响创口愈合。为减少声带切除后瘢痕组织的增生，术后可用泼尼松龙 2 mg/（kg·d），连用 2 周。然后，剂量减少至 1 mg/（kg·d），连用 2～3 周。术后用抗生素 3～5 d。

## ［技能 122］气管切开术

【适应证】上呼吸道急性炎性水肿、鼻骨骨折、鼻腔肿瘤和异物、双侧返神经麻痹，或由于某些原因引起气管狭窄等；当上呼吸道施行某些手术时，也需要气管切开术。

【器械】手术刀、手术剪、手术镊、止血钳、持针钳、缝合针、缝线、创巾钳、手术巾、气管导管等。

【保定和麻醉】仰卧保定，伸长颈部，施以全身麻醉（或局部浸润麻醉）。

【方法】常在颈部上 1/3 和中 1/3 交界处，颈腹正中线上做切口，也可以在下颈部腹侧中线切开。

沿中线做 3～5 cm 的皮肤切口，切开皮肤、浅筋膜。用创钩拉开创口，进行止血并清除创内积血，在创的深部寻找两侧胸骨舌骨肌之间的白线并切开，张开肌肉，再切深层气管筋膜，则气管完全被暴露。气管切开之前再度止血，预防创口血液流入气管。

气管切开及气管导管安装方法：

1. 在邻近两个气管环上各作一半圆形切口（宽度不得超过气管环宽度的 1/2），形成一个近圆形的孔。切软骨环时要用镊子牢固夹住，避免软骨片落入气管中。将准备好的气管导管正确地插入气管内，用线或绷带固定于颈部。皮肤切口的上、下角各做 1～2 个结节缝合，有助于气导管的固定，若没有备用的气导管，可用铁丝制成双“W”形，代替气导管。

2. 切除 1～2 软骨环的一部分，造成方形“天窗”，用间断缝合将黏膜与相对的皮肤缝合，形成永久性的气管瘘，是一种永久性气管切开方法 。

【术后护理】术后护理非常重要，必须吸入湿润的空气，全身应用抗生素。创口和气管导管每天应清洁处置一次至数次，保持导管流畅。如发现分泌物堵塞导管，应及时除去分泌物，必要时取下导管，清洗后重新装上。还要注意气管的牢固性，有滑脱危险时，应予加固。为使空气湿润，每天可向导管内滴入数滴 0.9%氯化钠溶液或含青霉素的 0.9%氯化钠溶液。

当原发病得到解除后，即可拔管。拔管后 7～10 d，切口可愈合。

## ［技能 123］剖腹产术

【适应证】剖腹产是对难产最好的补救方法。剖腹时期适宜，则胎儿正常，预后良好。但阵痛开始后 24 h 以上的犬，如发生术中休克和急性子宫内膜炎等，多预后不良。

【器械】手术刀、手术剪、手术镊、止血钳、持针钳、缝合针、缝线、创巾钳、手术巾、肠钳等。

【术式】术部选在腹部腹正中线的脐部至耻骨前缘，纵向切开皮肤 5～10 cm，按常规开腹的操作要领，切开腹膜，露出妊娠子宫。将子宫的一部分牵拉至创口外，其创缘用 0.9％氯化钠溶液浸湿的纱布隔离，在子宫体和一侧子宫角（胎儿数多的一侧）的子宫大弯部纵行切开 4～6 cm。再切开胎膜，依次取出一侧角的胎儿。另侧子宫角的胎儿最好也从同侧子宫角取出。胎儿数多时，也可同时切开两侧子宫角。胎盘完全清除后，缝合子宫（先行子宫壁全层连续缝合，再行子宫壁浆膜肌层内翻缝合）。为防止感染，子宫内撒布抗生素（若子宫明显变色，应将子宫全部摘除）。子宫行双侧缝合，腹膜及肌层连续或结节缝合，皮肤结节缝合。为保护创面，可敷以纱布，7 d 后拆线。

术后，全身应用抗生素。子宫收缩不良时，注射缩宫素。术后应注意保暖，监护 12～48 h。

注意事项：术中尽量避免肠管脱出，并减少其暴露时间；严格防止子宫内液体流入腹腔，以免引起腹膜炎及肠粘连；子宫切口的缝合必须严密，以免子宫内液流入腹腔；待全部胎儿取出后，检查两侧子宫角内有无残留的胎水、血液及胎衣碎片，并将其排出。

## ［技能 124］胃切开术

【适应证】胃内异物取出等。

【器械】手术刀、手术剪、手术镊、止血钳、持针钳、缝合针、缝线、创巾钳、手术巾等。

【保定和麻醉】仰卧保定，全身麻醉。

【术式】于剑状软骨和脐之间的正中线切开皮肤，钝形分离肌层达腹膜，切开腹膜，充分止血，创口周围用浸有 0.9％氯化钠溶液的纱布湿敷，将胃的大半部拉到腹外，先在预定切开线两端各作一针引线，然后沿胃大弯部纵向切开（注意避开血管），创缘钳压固定，必要时可扩大创口。取出异物后，用 0.9％氯化钠溶液冲洗胃壁，胃壁切口的缝合，第一层行康乃尔氏缝合，第二层行连续伦勃特氏缝合。胃浆膜面浸入温热的 0.9％氯化钠溶液中，用纱布轻轻擦拭后还纳腹腔，连续缝合腹膜和肌层，结节缝合皮肤，最后系上复绷带。

【术后护理】术后 48 h，给予流质食物，静脉补充营养物质，全身投以抗生素，局部按一般创伤治疗。

## ［技能 125］肠管切开术

【适应证】肠腔内异物引起肠梗阻，肠黏膜溃疡、肠狭窄或肿瘤。

【器械】手术刀、手术剪、手术镊、止血钳、持针钳、缝合针、缝线、创巾钳、手术巾等器械两套，肠钳四把。

【保定与麻醉】仰卧保定，全身麻醉。

【术部】脐下腹中线上。

【术式】在脐下 1～2 cm 腹中线上切开腹壁各层组织，剪开腹膜，其创缘用 0.9%氯化钠溶液浸湿的纱布隔离，并应用腹腔牵引器扩大创口。手伸进腹腔探查病变肠段，发现病变肠段后，将病变肠管与其他内脏分离，引出腹腔，用浸有温 0.9%氯化钠溶液纱布保护肠管并隔离术部。先判断病变肠管是否有活力，若有活力，用肠钳夹持病灶两端的肠管管腔，在靠近异物一端的肠管背侧纵向一次全层切开肠管，切口以略大于异物横径为主。轻轻拉出异物，若为结粪可将之挤出。肠壁切口用温青霉素 0.9%氯化钠溶液冲洗后开始缝合，先做一层全层连续缝合，再做一层浆膜肌层内翻缝合，在缝合第二层前撤出隔离巾，彻底冲洗、消毒肠壁切口。肠管缝合完毕，用温 0.9%氯化钠溶液冲洗干净，并被覆部分大网膜于肠管上，将其还纳腹腔，缝合腹壁。腹壁按常规缝合处理。

【术后护理】术后 24 h 给予少量流食，静脉补充营养物质。连续应用抗生素 5～7 d。10 d 后拆线。

## ［技能 126］肠管切除及肠管吻合术

【适应证】适用于各种原因引起的肠坏死、广泛性肠粘连、不宜修复的广泛性肠损伤或肠瘘，以及肠肿瘤的根治手术。

【器械】手术刀、手术剪、手术镊、止血钳、持针钳、缝合针、缝线、创巾钳、手术巾等器械两套，肠钳四把。

【术前准备】由肠变位引起肠坏死的动物，大多伴有严重的水、电解质代谢紊乱和酸碱平衡失调，并常常发生中毒性休克。为了提高动物对手术的耐受性和手术治愈率，应在术前予以纠正。静脉注射胶体液（如全血、血浆）和晶体液（如林格氏液）、地塞米松、氯霉素等药物。插入胃导管进行导胃以减轻胃肠内压力，同时积极进行术部准备，准备器械、敷料和药品，进行紧急手术。

在非紧急情况下，术前 24 h 禁食，术前 2 h 禁水，并给以口服抗菌药物，如卡那霉素等，可有效地抑制厌氧菌和整个肠道菌群的繁殖。

【保定与麻醉】仰卧保定，全身麻醉。

【术部】脐下腹中线上。

【术式】于脐下 1～2 cm 腹中线上切开腹壁各层组织，剪开腹膜。全层切开腹壁后，腹腔探查，轻轻拉出病变肠段，经鉴定已发生坏死（在下列情况下可判断肠管已经坏死：

肠管呈暗紫色、黑红色或灰白色；肠壁很薄、变软无弹性，肠管浆膜失去光泽；肠系膜血管搏动消失；肠管失去蠕动能力等。若判定可疑，可用 0.9%氯化钠溶液温敷 5～6 min，若肠管颜色和蠕动仍无改变，肠系膜血管仍无搏动，可判定肠壁已经发生坏死）。将病变肠管隔离，确定切除范围，双重结扎向切除段的肠管供血的肠系膜动脉及其边缘分支，用肠钳分别钳夹持预定切除线外 5～10 cm 处的健康肠段，预定切除线应成一定角度以保证肠管有良好的血液供应。切除病变肠段，用剪刀剪去结扎线之间的肠系膜；肠管做断端缝合，采用肠壁全层连续缝合，浆膜肌层用丝线做间断内翻缝合。接着将肠系膜做螺旋连续缝合，用温 0.9%氯化钠溶液冲洗后送入腹腔，最后闭合腹壁切口，装结系绷带。

【术后护理】术后禁食 48 h，应静脉输液直至纠正脱水、水电解质平衡失调。连续应用抗生素 5～7 d，以防感染。如无呕吐，术后饲喂少量的流质食物，每日 3 次。早先提供食物可刺激肠收缩，减少肠梗阻或肠粘连的可能，也可提供水分和电解质。如出现连续的呕吐、发热、白细胞增多及腹壁紧张等，提示已发生腹膜炎，是由肠内容物从切口处漏出所致，应采取腹腔穿刺或腹腔灌洗进行治疗。必要时，应施剖腹探查和重新实施肠切除和断端吻合术。

## ［技能 127］膀胱切开术

【适应证】膀胱结石、膀胱肿瘤等。

【器械】手术刀、手术剪、手术镊、止血钳、持针钳、缝合针、缝线、创巾钳、手术巾、肠钳等。

【保定和麻醉】仰卧保定，全身麻醉。

【术式】从耻骨前缘到脐部剪毛消毒，雌犬在腹白线上，雄犬在阴茎侧方 2～3 cm 处局部麻醉。从耻骨前缘向脐部切开皮肤 5～10 cm，止血钳充分止血，整理皮下组织，把腹直肌与皮肤同方向切开达腹膜，手术镊夹住腹膜切一小口，用组织钳把腹膜固定在腹直肌上，以防止腹膜滑脱，再继续切开腹膜与皮肤创同长，用创钩向左右拉开。手指伸入腹腔探查，膀胱充满时，易触摸到膀胱体，膀胱空虚易退到骨盆腔内，手指伸向骨盆腔，若触摸到核桃大小表面有皱襞感的即为膀胱。将膀胱拉到创口，如尿充满，用装有细针头的注射器，避开膀胱血管刺入膀胱尖吸出尿液，膀胱缩小后用组织钳固定膀胱并向上牵拉，避开夹住膀胱壁血管，在膀胱背侧无血管处切开 2～3 cm。用茶匙或胆囊勺除去结石。若有膀胱肿瘤的，可在膀胱尖或膀胱体切开 4～6 cm，翻转膀胱黏膜面，除去肿瘤。膀胱黏膜不缝合或用肠线连续缝合。膀胱浆膜肌层先行连续缝合，后行间断或连续内翻缝合。缝合完毕，除去肠钳，用青霉素 0.9%氯化钠溶液冲洗后还纳腹腔。

腹壁按常规缝合处理，装结系绷带。

【术后护理】术后观察犬猫排尿情况，特别是在术后 48～72 h，有轻度血尿或尿中有血凝块。应用抗生素治疗，防治继发感染。

## [技能 128] 腹股沟疝手术

犬的腹股沟疝多发生于成年犬或老年犬，主要由外伤所致。疝内容物有小肠、大网膜、膀胱、子宫角等，把这些内容物还纳后，结扎并切除疝囊基部即可治愈。

【器械】手术刀、手术剪、手术镊、止血钳、持针钳、缝合针、缝线、创巾钳、手术巾等。

【保定和麻醉】仰卧保定，后身抬高，全身麻醉。

【术式】

母犬腹股沟疝：在疝孔部位皱襞纵向切开皮肤，分离皮下组织即可暴露由腹膜包裹的疝内容物，小心剪开腹膜袋，仔细分辨内容物，剥离还纳或剪除部分网膜及腹膜。

公犬腹股沟阴囊疝：在腹股沟管外环处纵向皱襞切开皮肤，切口长 4～6 cm，分离暴露总鞘膜。根据需要采取以下两种处理：

1. 如不需保留手术犬的生殖功能，则在还纳总鞘膜内的疝内容物后，将总鞘膜和睾丸一起沿精索纵轴捻转，然后用丝线在外环处贯穿结扎总鞘膜和精索，在结扎线下方 0.5 cm处切断精索和总鞘膜，除去睾丸；将断端塞入腹股沟管内，缝合外环，使其密闭。腹壁按常规缝合处理。

2. 如需保留手术犬的睾丸或无法还纳疝内容物时，小心剪开总鞘膜，暴露疝内容物及精索，扩大疝孔，小心逆向还纳疝内容物，如发生嵌闭，则必须切除坏死网膜及肠管，进行肠管吻合术。疝孔做纽孔状缝合封闭，最后留一大小适度的小孔作为精索通道，然后用丝线缝合总鞘膜，结节缝合皮肤切口。

## [技能 129] 尿道切开术

前方尿道切开术：尿道结石、异物、肿瘤。

【保定和麻醉】仰卧保定，局部浸润麻醉或全身麻醉。

【器械】导尿管、小锐匙、探针、手术刀、手术镊、止血钳、持针钳、缝合针、缝线等。

【术式】包皮下面剪毛消毒。导尿管或探针插入尿道内，确定尿道阻塞部位是阴茎骨后方。左手握住阴茎，在阴茎骨后方和阴囊之间的正中线上做 3～4 cm 切口，依次切开皮肤、皮下结缔组织、阴茎后提肌、尿道海绵体和尿道黏膜，在结石处做 1～2 cm 尿道切口，用小锐匙插入尿道内除去结石。然后用导尿管向前进一步推进到膀胱，检查是否疏通，冲洗创口。创口可以开放或用细肠线缝合，留置导尿管。对于阴茎伸出包皮的可以不做皮肤创口。

后方尿道切开术：犬多发生下部尿道结石，上部发生的结石较少。

【保定和麻醉】仰卧，两后肢向前方缠住保定，露出会阴部。

【术式】术部为坐骨弓与阴囊中间，正中线切开。术前用导尿管插入尿道。切开皮肤，分离皮下组织，大的血管必须结扎止血，在结石部位切开尿道，取出结石，用0.9%氯化钠溶液冲洗尿道，清洗结石碎块。其他与前法相同，尿道创口用肠线缝合。

术后注意排尿状况，再出现排尿困难或尿闭时，马上解除缝合，探诊尿道，仔细检查有无结石嵌留。缝合创化脓或尿向组织内浸润的应立即拆线实行开放疗法，拆线时可使炎症恶化，开放的手术创要注意创面及其周围的清洗和消毒。

## ［技能 130］立耳术

本手术多用于矫正德国牧羊犬耳形，常见于耳郭不能直立，向耳背侧或耳副侧偏斜、弯曲而影响该品种标准耳形者。

耳郭偏向耳背侧的手术方法，在耳郭背侧基部与颅骨连接处，距耳郭后缘约 6 mm、前缘 12～16 mm，纵向切开皮肤及皮下组织，暴露盾软骨；钝性分离盾软骨后将其向头顶中央稍偏耳郭前缘的方向牵引，用水平褥式缝合法把它固定到颞肌筋膜上，缝合后耳郭要稍偏向头外侧；修整皮肤切口，常规闭合皮肤，将一个圆锥形的纱布棉拭放在外耳道中。把耳郭卷到棉拭上，用1～2 根橡皮筋固定。

耳郭从中部以上折向耳腹侧的手术方法：在耳郭背侧发生弯曲的部位用弯头止血钳夹持皮肤，使耳郭弯曲部分能重新直立；沿止血钳夹痕处切除一椭圆形的皮肤块，结节缝合闭合切口，缝合时缝线要穿过部分耳软骨（但不能穿透）。将一圆锥形纱布棉拭放在耳郭背侧基部，把耳郭卷到棉拭上，用 1～2 根橡皮筋固定。

耳郭从根部折向耳腹侧的手术方法：按耳郭偏向耳背侧的手术方法的操作方法，把盾软骨固定到颞肌筋膜上；将皮肤切口修整为椭圆形，然后做三针改进的间断垂直褥式缝合，在抽紧缝线的同时把耳郭拉偏向头外侧方向 10°为宜；结节缝合皮肤切口。把一圆锥形纱布棉拭放在切口的位置，将耳郭卷到棉拭上，用 1～2 根橡皮筋固定。

术后隔日用碘甘油涂擦术部，3 d 后拆除棉拭，用纱布包扎犬的脚爪，防止其搔抓耳部。

## ［技能 131］断尾术

【适应证】尾部肿瘤、损伤，或以美容为目的修整适为某种特征的尾形。本手术根据犬种不同，断尾的部位也不同。于出生后 7～10 d 内断尾为宜，此时仔犬对应激反应小，手术出血少。断尾长度参照美国养犬俱乐部的标准。

【器械】手术刀、手术剪、手术镊、持针钳、缝合针、缝线等。

【保定和麻醉】仔犬断尾一般不需要麻醉，助手握着尾根部保定。成年犬断尾施以全身麻醉。

【术式】术部剪毛、常规消毒，用止血带扎紧幼犬尾根部，确定断尾位置后，用手术刀分别从背腹两侧斜向尾根方向切断，形成“V”字形背腹皮瓣。将两皮瓣结节缝合，15 min后解除止血带。因仔犬尾椎骨尚未硬化，切除部位不需要确定尾椎间隙处。成年犬断尾术部要选择在尾椎间隙稍后方，大、中型犬距尾根 1～2 cm；扎上止血带，从背、腹两侧将皮肤剪成“V”字形皮瓣，并使皮瓣基点正好位于尾椎间隙内；然后结扎血管，暴露关节，切断连接尾椎骨的相应肌肉和韧带，去掉断尾，松开止血带，断端充分止血，修整皮肤创缘，包埋骨端，连续缝合皮下组织，结节缝合皮肤。

术后防止创部感染和犬舔咬，若愈合较好，7～10 d 后拆线。

## 【测试模块】

1. 叙述犬胃切开的操作过程。
2. 叙述肠管切开的注意事项。
3. 叙述尿道切开的操作过程。

# 项目五　犬猫外科及产科疾病

**【知识目标】**

1. 掌握犬猫外科疾病的病因、临床症状、诊断、治疗方法及护理注意事项。
2. 掌握犬猫产科疾病的病因、临床症状、诊断与治疗方法。

**【技能目标】**

1. 能进行犬猫外科疾病的临床检查与诊断。
2. 能进行犬猫外科疾病的治疗。
3. 能进行犬猫产科病的诊断与治疗。

## 任务 19　犬猫耳病、眼病及骨科疾病

### ［技能 132］耳血肿

耳血肿是由剧烈的外力使耳部血管破裂所引起的内出血，多发生在耳郭内侧面，偶有外侧面血肿。

【病因】主要是外耳炎等对耳朵的异常刺激，使犬摇头、抓耳，在犬舍墙壁或其他建筑物上摩擦或拍打耳朵所致，多见于老龄犬和大型垂耳犬种。

【症状】耳郭局部突然肿胀，发热呈紫色，有疼痛反应，触之有弹性和波动感，穿刺可排出血液。病程长的犬，体温升高，食欲减退。血肿感染后可形成脓肿。

【治疗】主要以外科疗法为主。

1. 穿刺疗法：适于老龄犬和早期血肿的治疗。

方法：局部清洗、剪毛、消毒，局部麻醉后，用连接注射器的 16 号针头刺入波动感最强的部位，吸出血性渗出物，然后用灭菌 0.9%氯化钠溶液冲洗血肿腔，敷以雷夫诺尔纱布，用绷带压迫包扎或放置引流物，停止渗出后，去掉引流物，伤口很快愈合。

2. 切开疗法：切口选择有三种。

（1）于血肿正中沿长轴直线切开皮肤和软骨，切口与血肿等长。

（2）在患部中央做“X 形”切口，剥离皮肤和软骨至可移动状态。这种切口可防止切开创的瘢痕收缩。

(3) 血肿中心纵行切开 3～4 cm，修整切口边缘。此法适于整个耳郭内侧的血肿和竖耳犬种的耳血肿。

方法：全身麻醉，耳郭两侧剪毛、消毒，切开血肿，手指挤压切口两边，尽可能排空血肿腔渗出液，同时用止血钳卷上浸有 0.9%氯化钠溶液的棉球经切口伸入内腔清洗，除去内部血凝块及纤维蛋白沉着。然后剪去创缘两侧皮肤 2～3 mm，使切口成梭形，行水平穿透性褥式缝合。缝合线分别于两侧穿针，即耳外侧面进针穿过耳郭全层，再于内侧面进针，外侧面出针打结，尽量使血肿腔创口不要留有空隙，以免重新潴留渗出液。创口撒布青霉素粉或磺胺结晶粉。创口上面放置泡沫塑料垫，以压迫血肿腔，制止渗出。也可用纱布绷带卷直接固定在耳郭内侧。术后，每天对创口进行消毒，7 d 后拆线。

3. 保守疗法：血肿面积为 1～2 $cm^2$ 时，可口服泼尼松 5～15 mg/d，氨甲环酸 50～150 mg/d。

## [技能 133] 中耳炎和内耳炎

中耳炎：本病是由耳道或咽鼓管感染的蔓延而引起的鼓室黏膜炎症。

【病因】血源性感染、外耳炎或异物穿破鼓膜等可引发本病。

【症状】中耳炎与外耳炎的症状相似。患卡他性中耳炎的犬听力减退，精神沉郁，头歪向患侧。耳镜检查，鼓膜轻度充血和内陷。化脓性中耳炎，体温升高，耳根部有压痛，鼓膜穿孔，流脓，并有臭味。触摸颈部周围有抵抗。

【诊断】中耳炎无特征性症状，有严重化脓性外耳炎或耳道内发现穿通性植物芒刺等时，可疑似中耳炎。麻醉后用检耳镜观察，若鼓室已破，即可诊断为中耳炎。

【治疗】为了防止损伤听觉和前庭器官，可先用红霉素 20～40 mg/ (kg·d)，分 3 次口服；氯霉素 25～50 mg/ (kg·d)，分 3 次口服。抗生素治疗效果不明显时，并用地塞米松 5～10 mg 皮下注射；局部清洗，除去耳垢，插管至鼓膜，用 0.9%氯化钠溶液清洗，然后注入氯霉素点耳液或抗生素软膏。对化脓性中耳炎可用硼酸甘油滴耳液滴耳，每日 3 次。

卡他性中耳炎，可耳部温敷，以促进中耳液的吸收。鼓室异常的中耳炎，用 50%尿素 0.5～1 ml、透明质酸酶 1 000 IU 溶于 0.5～1 ml 0.9%氯化钠溶液中，注入鼓室。为排出炎性渗出物和缓解疼痛，可切开鼓室。

【预后】具有完整鼓室的中耳炎，全身抗感染治疗效果较好。若转为慢性，鼓膜已破时，多疗效不佳。偶有继发脑膜炎或小脑脓肿而致死的病例。

内耳炎：内耳炎也叫迷路炎，多为中耳炎或外耳炎继发所致；也有因血源性、外伤及其外感染引起本病的。内耳炎常为单侧性。

【症状】体温升高，干呕间或呕吐，眼球震颤，头颈倾斜，向患侧转圈，运动失调。

【诊断】对咽鼓管感染，检耳镜可观察到鼓膜变色和凸起，和 X 线摄影发现鼓膜腔潴留液体和鼓室泡骨发生硬化性变化时，可疑似本病。

【治疗】1%～2%酚甘油或氧氟沙星滴耳液滴耳。应根据药敏试验选择抗生素，长期治疗。对鼓膜穿孔大，分泌物较少的慢性化脓性中耳炎，可用耳炎散吹入耳内，每日 1

次，7 d为一个疗程。

## ［技能 134］眼睑内翻

眼睑内翻是指眼睑缘向眼球方向内卷，睫毛刺激角膜和球结膜的异常状态，其可导致结膜和角膜的炎症、溃疡，甚至角膜穿孔。眼睑内翻分为先天性和后天性。

【病因】眼睑内翻是由眼睑缘瘢痕性收缩及眼睑裂变形使眼窝、眼睑缘及眼球的相互位置发生异常而引起的。此外，患结膜炎或角膜炎时，眼轮匝肌痉挛性收缩也可引起本病。

1. 先天性眼睑内翻：轻型病例仅下眼睑缘外侧内翻，也有上眼睑或下眼睑部分乃至全部内翻，常见于拳狮犬、拉布拉多猎犬、戈登猎犬、爱尔兰塞特犬等仔犬的正常发育过程中，内眼角内翻常发于小型贵宾犬、京巴犬、巴哥犬等。但成年犬随体重和肌力的变化，内翻开始消退。也有因眼睑裂小面引起外眼睑内翻。

2. 后天性眼睑内翻：见于角膜溃疡、异物及虹膜炎等剧烈疼痛的继发。化学物质（酸、碱等）、烫伤、烧伤等的瘢痕收缩，均可造成眼睑内翻。

【症状】主要表现为流泪，频频眨眼，眼睑痉挛，分泌物增加，角膜血管增生，结膜充血。病程久的犬常形成溃疡、角膜炎，甚至出现角膜色素浸润等。

【诊断】根据眼睑向内侧弯曲即可确诊。

【治疗】矫正眼睑内翻，治疗角膜、结膜的疾病。

## ［技能 135］结膜炎

结膜表面或实质的炎性浸润，称为结膜炎。结膜是覆在眼睑内面和眼球表面（除角膜外）薄而透明的膜，由眼结膜、结膜穹窿及球结膜构成。结膜炎的炎症主要发生于眼结膜和穹隆部结膜。根据病理性质，将其分为卡他性、化脓性及急性和慢性结膜炎。

【病因】卡他性结膜炎多由机械性（尘埃、异物）、化学性（烟雾、酸碱）、紫外线、放射线等的刺激而引起。某些眼病（眼睑炎、鼻泪管阻塞）和传染病（犬瘟热、犬传染性肝炎）及衣原体、支原体、真菌、革兰阳性菌等感染也可引起本病。化脓菌感染可引起化脓性结膜炎；也有因阿托品、庆大霉素、新霉素、硫磺制剂等长期点眼造成的过敏或流泪症，或由睑板腺炎、干性球结膜炎等继发。

【症状】急性结膜炎表现为结膜充血，主要是睑结膜和穹隆部结膜充血。如炎症波及球结膜时，炎症反应强烈，可见少量浆液性、脓性乃至伪膜样分泌物的眼屎，结膜肿胀、疼痛，眼睑狭窄或闭锁。慢性炎症时，眼结膜表面形成乳头和滤泡，肿胀不明显，缺少光泽。泪液分泌减少引起的干性球结膜炎，表现眼睑痉挛。

化脓性结膜炎，眼睑皮肤发生湿疹，并有痒觉。病程长可引起角膜混浊。

【临床病理】急性炎症期，嗜中性粒细胞增多。慢性炎症出现淋巴细胞和浆细胞。衣原体感染时，结膜上皮细胞质内有包涵体。支原体感染的吉姆萨染色标本，可见结膜上皮细胞的原生质膜密切连接着的球菌或球杆菌状的嗜碱性小体。

【诊断】根据结膜充血、眼睑痉挛以及眼分泌物的细胞学检查和细菌检查结果，可以确诊。

【治疗】

1. 急性结膜炎充血严重时，用3%硼酸溶液或0.1%依沙吖啶溶液洗眼，冷敷涂布消炎眼膏，每日4次。疼痛严重时，可用2%可卡因点眼。对慢性结膜炎可热敷，局部用较浓的硫酸锌或硝酸银溶液点眼。乳头增生和形成滤泡的，可用结晶硫酸铜烧烙。

2. 犬瘟热及犬传染性肝炎并发的结膜炎，应在治疗原发病的基础上，结膜囊内涂布氯霉素软膏，每日1～3次。支原体、衣原体所致，选氯霉素点眼液点眼，每日2～3次。细菌感染应根据药敏试验选药。真菌性结膜炎，用两性霉素B 125 μmol，隔日结膜下注射，连用2周，本药对结膜组织有毒性，不可用于点眼。

3. 由理化因素刺激造成的结膜炎，应首先除去病因。未损伤角膜组织的，可结膜囊内涂布0.05%地塞米松眼膏，每日1～3次；酸、碱侵入时，一定要彻底洗眼5～10 min。

4. 对由过敏造成的结膜炎，要除去致敏源，硫柳汞点眼，每日5～6次。或硫酸亚铅液点眼，每日3～5次。根据情况并用广谱抗生素。

5. 顽固化脓性结膜炎，应选用1%碘仿软膏涂布，同时用盐酸普鲁卡因、青霉素于眼底封闭。

## ［技能136］泪道阻塞

泪道阻塞是泪液的排泄系统障碍，使泪液从眼睑缘溢出，主要见于泪点、泪小管或鼻泪管的狭窄或阻塞。

【病因】先天性常由泪孔闭锁或结膜皱襞覆盖泪孔所引起。后天性由脱落睫毛、沙粒等异物落入泪道或外伤、炎症引起管腔黏膜肿胀或脱落。另外一些眼球较大犬种，如北京叭犬、马尔济斯犬等，泪孔或泪小管受眼球的压迫，泪液不能向鼻泪管排泄也可出现单侧或两侧性流泪。

【诊断】泪液从一侧或双侧眼睑缘溢出，内眼角下方可见茶褐色泪液痕迹或集聚成黏稠的分泌物。由于该部皮肤长期受泪液的浸渍，可能发生湿疹。

可将1%荧光素溶液滴于结膜囊内，10 min之内染料在鼻孔出现，证明泪道通畅。也可在被检眼表面麻醉后，将4～6号钝圆针头插入上泪点及泪小管，连接装有0.9%氯化钠溶液的注射器缓慢冲洗，若液体经下泪点排出，证明上、下泪点及泪小管通畅。指压下泪点及泪小管时，若液体流入咽喉（动物有吞咽或逆呕表现）或从鼻孔排出，即证明鼻泪管通畅。

【防治】

1. 对引起泪溢的先天性下泪点闭锁，可施行泪点重建手术。先如上法做泪道冲洗；冲洗开始时在内眼角下眼睑缘内侧出现的局限性隆起即为下泪点正常位置，然后在该处切除一小块圆形或卵圆形结膜。术后滴用氯霉素眼药水和醋酸氢化可的松眼药水，每天6～8次，连用10～14 d。

2. 为排出泪道内可能存在的异物或炎性产物，用含青霉素的0.9%氯化钠溶液做强力泪道冲洗。

3. 对顽固性泪道狭窄或阻塞，可施行鼻泪管插管，使泪道狭窄部永久性扩张，由于肿瘤压迫的要切除肿瘤。

## [技能 137] 角膜炎

角膜炎是角膜组织发生炎症的总称，以角膜混浊，角膜周围形成新生血管，或睫状体充血，眼前房内纤维素样物沉着，角膜溃疡、穿孔、留有角膜斑翳为特征。角膜炎通常分为表层性、色素性、深层性及溃疡性四种。

【病因】常由角膜创伤、物理和化学刺激、感染、变态反应或角膜营养失调而引起，其他眼病也可继发角膜炎。

【症状】

1. 外伤性角膜炎，在角膜表面可见外伤痕迹，损伤部粗糙不平。角膜上皮损伤如继发感染，则局部形成白色隆起——角膜浸润。角膜形成溃疡时，表现出畏光流泪，视物模糊。或眼睑痉挛，角膜呈淡黄色或纯黄色混浊。大面积溃疡时，可见角膜白斑翳，甚至造成角膜瘘管。

2. 炎性刺激引起的角膜炎，多呈角膜混浊。角膜穿孔时，房水急剧涌出，虹膜可被冲至伤口处，引起虹膜局部脱出、虹膜与角膜粘连、瞳孔缩小。

【诊断】通过临床症状可以诊断。荧光素染色可根据染成绿色的部位确定组织缺损程度。

【治疗】

1. 选择刺激性小、近于体温的林格氏液洗眼。对酸浸入的用3%的碳酸氢钠溶液，碱浸入的用1%的醋酸点眼，主要清洗结膜囊和瞬膜内面。pH试纸检查至中性为清洗干净。然后荧光素染色，如有组织缺损，则按角膜溃疡处理。选择油性溶液点眼以防结膜愈合。

2. 结合对原发病的治疗。由眼睑内翻、倒睫等继发的要予以矫正。

为防止虹膜粘连，可用1%硫酸阿托品溶液点眼，每日1~3次，或用其软膏于结膜囊内涂布。为消退新生血管和控制角膜混浊，可用青霉素、盐酸普鲁卡因、地塞米松混合液注入患病动物眼眶外上方的凹陷处，并斜向后内下方刺入2~3 cm。注射后眼肿胀加剧，2~3 d后即可消肿。犬传染性肝炎等继发虹膜炎的，病初不能用皮质类固醇制剂点眼，可选择易透过血液-房水屏障的氯霉素和庆大霉素肌内注射。辅酶型维生素 $B_2$，可促进角膜代谢，结膜囊内涂布，每日1~3次，对有血管新生和角膜混浊等的眼病有效。干性角膜炎可口服维生素A、维生素B、维生素C、维生素D。

## [技能 138] 瞬膜腺脱出

瞬膜腺脱出是第三眼睑（瞬膜）从内眼角露出或反转，使眼分泌物增多，呈结膜炎症状的疾病，包括浅瞬膜腺肥大、瞬膜肥大、瞬膜外翻或内翻、瞬膜肿瘤等。临床上常见浅瞬膜腺肥大，多为两侧性发病。

【病因】

1. 浅瞬膜腺（浅第三眼睑腺）肥大，主要由瞬膜血流分布丰富，腺体分泌过剩所致，多发于美国叭喇犬、叭喇梗、獚、狮子犬、拳狮犬及比哥犬等眼球突出型犬种。

2. 瞬膜肥大是眼窝蜂窝织炎继发，造成瞬膜高度水肿和充血。也有人认为是部分大型犬种的遗传性异常所致。

3. 瞬膜外翻或内翻多是由于瞬膜软骨缺损或形成不良，见于丹麦大猎犬、苏格兰牧羊犬等大型犬的幼犬时期。

4. 瞬膜肿瘤主要有瞬膜组织腺瘤、脂肪瘤、癌肿及淋巴肉瘤等。

【症状】共同症状为分泌浆液性或黏液性眼屎，内眼角露出异常的瞬膜，结膜充血。浅瞬膜腺肥大的发病率最高。瞬膜内侧有黄豆或小指头大的半球状肿物，大型犬由瞬膜外缘露出。肿物表面充血、肿胀、密集小滤泡状物。瞬膜肥大的病犬，整个瞬膜发红、肥大，露出的瞬膜覆盖眼球的一部分，间或伴有眼球运动障碍。瞬膜外翻或内翻时，可见瞬膜前半部向外或向内折曲。

【临床病理】组织学观察，浅瞬膜腺肥大，腺泡扩张，腺胞上皮脱落，分泌液潴留。继发细菌感染时，呈轻度卡他性变化。

【治疗】

1. 浅瞬膜腺肥大的犬，局部麻醉后切除腺组织。为防止出血，用0.1%肾上腺素溶液于切口部滴2～3滴，或轻微烧烙止血，术后用抗生素及肾上腺皮质激素类眼药点眼，持续1周。

2. 轻度瞬膜肥大的病犬，如用抗生素和肾上腺皮质激素类药物点眼不消退，应考虑瞬膜摘除。伴有眼窝蜂窝织炎的应全身投予抗生素。

3. 瞬膜外翻成内翻的犬，应手术摘除软骨。

## ［技能139］白内障

白内障也叫晶状体混浊，是几种眼病的综合表现。Magrane把白内障分为发育性白内障和变性白内障，前者又分为先天性、青年性、营养性，后者分为老年性、糖尿病性、外伤性、放射线性、并发性、中毒性等。

【病因】尚不明确。按病型大致有以下几种：

1. 先天性白内障，始于胚胎期，出生就已发病，常为两侧性。

2. 青年性白内障，主要与遗传有关或代谢障碍，多见于1～6岁的阿富汗猎犬、比格犬、西班牙长耳犬、戈登猎犬、拉布拉多猎犬、向导猎犬等。

3. 营养性白内障，由维生素和必需氨基酸缺乏所致。犬很少见。

4. 老年性白内障，系晶状体的退行性变化。8岁以上的犬，其晶状体都有不同程度的混浊。

5. 糖尿病性白内障，由血糖升高，使晶状体中的葡萄糖量增加，糖代谢产物山梨醇因不能从晶状体中游离出来，而使晶状体纤维化引起。

6. 外伤性白内障，晶状体囊被破坏后，眼前房液浸透晶状体使其混浊。混浊程度取决于伤口大小。

7. 放射线性白内障，多为X线、β射线、红外线及高压电流等的辐射所致。

8. 并发性白内障，为各种眼病（虹膜炎、眼内肿瘤、青光眼及视网膜脱落）造成晶状体营养障碍所致。

9. 中毒性白内障，主要是萘及铊中毒。

【症状】病初晶状体混浊时视力正常。当晶状体失去透明性，瞳孔变为蓝白色或灰色，具有珍珠样光泽，视力降低或消失，检眼镜观察眼底模糊，引起晶状体吸水和膨胀时，为继发性青光眼的时期。病后期，晶状体变硬，失去多余的水分，检眼镜检查看不到眼底。随着水分进一步丢失，晶状体表现凹凸不平，皱缩变小，可自然发生脱位。

变厚的晶状体囊阻止水分丢失，皮质趋于液化，核下沉，晶状体囊的上半部透明。液化的晶状体皮质经自然破坏的前囊游离到眼房液中，引起吞噬细胞吞噬。如游离的晶状体皮质被再吸收，视力可以恢复。

【诊断】充分散瞳后，把直像检眼镜的视度调到OD，离开10～30 cm，与视线呈15°角，光由瞳孔照入眼底，经检眼镜观察病犬的瞳孔。如果透光体不混浊，瞳孔区域脉络膜放光；如果混浊，可见黑色阴影。晶状体被固定在眼球内（晶状体不脱位时）产生的晶状体内混浊物（黑色阴影）因眼球运动面不浮动，玻璃体混浊时易浮动。

【治疗】目前尚无理想的药物抑制白内障发展或使混浊减轻。对晶状体周围部分透明的犬，通过散瞳可改善视力。犬本来就是色盲，且近视和视力模糊，若摘除混浊的晶状体，仍可使犬把握外界物体的位置关系。因此，选择好的手术时机还是可行的。

## ［技能140］眼球脱出

本病是由外力作用造成眼球突出眶窝及眼组织的损伤，继发严重的角膜炎、结膜炎及全眼球炎，多见于小型观赏犬。

【症状】多数病犬一侧眼球突出眶窝，左右侧眼球明显不对称。少数病例双侧眼球均突出眶窝。其临床症状与受伤时间及严重程度有关。凸出的眼球表现不同程度的结膜、角膜出血、上下眼睑和周围组织炎性反应。严重病犬由于角膜破损造成房液外流，眼球塌陷。陈旧性病例，凸出的眼球呈现角膜翳、角膜增生突出，结膜充血，眼球及周围组织炎性肿胀。更严重者出现全眼球炎及眼组织坏死，并发全身症状。

【诊断】根据外伤史及临床表现即可确诊。

【治疗】从尽可能保留眼球的角度，首先采取保守疗法。清洗凸出的眼球，在全麻状态下，牵开上、下眼睑，压迫眼球复位。眼球外伤突出时，易造成眼球后血管破裂出血或渗出物积聚，此时可试行球后抽吸减压，促进眼球的复位及固定。对已整复或无法整复的眼球施以眼绷带，然后以15 min间隔交替选用抗生素眼药水和皮质激素类眼药水点眼，通过绷带纱布的渗透，作用于眼部，每日更换眼绷带。为了避免局部炎症对全身的影响，可酌情进行全身抗感染疗法。保守治疗无效，要尽快施以眼球摘除术（见外科手术法）。

## ［技能 141］骨折

骨的连续性和完整性遭受破坏，称之为骨折。骨折常伴发不同程度的软组织损伤，如神经、血管、肌肉的挫伤、断裂以及骨膜分离和皮肤破裂等。

【病因】

1. 直接外力作用或间接外力作用。前者见于车祸、枪击、打击、从高处摔下等，其中车祸为最常见的病因；后者见于奔跑、跳跃、急停、急转、失足踏空或爪子突然嵌入洞穴或裂缝等通过折弯力、扭力、压缩力或牵引力等引起骨折。

2. 内在因素作用。动物患骨营养不良、骨髓炎、骨软症、佝偻病、骨肿瘤等疾病时在较小外力作用下易发生骨折。

3. 应激作用。骨反复应激是骨折的诱因，如猫指爪疲劳性骨折就属于这种类型。

【骨折类型】骨折有不同的分类方法：

1. 开放性骨折和闭合性骨折：这是根据骨折处皮肤、黏膜的完整与否划分。

2. 全骨折和不全骨折：这是根据骨折断端是否完全分离划分。全骨折根据骨折线的方向又分为横骨折、纵骨折、斜骨折、螺旋骨折等，如果骨断离成两段以上，称粉碎性骨折。不完全骨折又可分为青枝骨折（幼年动物）和骨裂。

3. 骨干骨折和骨骺骨折：这是根据骨折部位划分。骨骺骨折多指幼年动物骨折，成年动物多为骨干骨折。

4. 外伤性骨折和病理性骨折：这是按骨折病因划分。

【症状】

1. 功能障碍：功能障碍由疾病和机械支持力丧失或减弱引起，是骨折最突出的症状。例如，四肢骨折引起跛行，椎体骨折可引起外周神经麻痹，颅骨骨折可引起意识障碍，颌骨骨折引起咀嚼障碍。

2. 疼痛：自动或被动运动时，动物不安、痛叫，局部敏感及顽抗。直接触痛不易区别软组织痛和骨痛，间接触痛即握住骨长轴两端向中央压迫引起的疼痛表明是骨痛。

3. 局部肿胀：骨折时骨膜、骨髓及周围软组织的血管破裂出血，经创口流出或在局部发生淤血或血肿。由于软组织损伤、水肿，使局部肿胀更明显。但在四肢远端骨折，局部肿胀不甚明显。

4. 骨变形：完全骨折后骨断端发生成角、旋转、延长、重叠等移位，使患肢弯曲、扭转、伸长或缩短。

5. 骨摩擦音：活动骨折断端可听到断端间摩擦声响，但不全骨折或骨折端分离较远时无骨摩擦音。

6. 异常活动：四肢长骨全骨折后，骨干可在骨折点异常伸屈扭转。

其他症状包括骨折 1～2 d 后血肿分解引起体温升高、失血性贫血、休克、骨折远端外周神经麻痹、骨折点局部组织缺血性坏死等。

【诊断】依据病史和上述症状一般不难作出初步诊断，但确诊需进行 X 线检查。X 线检查可见骨折处有骨折线（压缩、嵌入、凹陷性骨折除外）、骨骼变形和软组织肿胀等征

象。X 线检查不仅可确定骨折类型及程度，而且还能指导整复、监测愈合情况。

【急救】骨折往往伴有重症危急。在深入检查骨折局部之前，首先检查有无严重威胁生命的全身反应，检查头、脊柱、胸部、腹部、内脏等有无严重损伤。若有，则应先予以急救，稳定病情，如支持呼吸、改善循环、制止出血、防止休克、控制感染、整复胸腹透创和内脏破裂等。对骨折局部，也应先止血消肿、保护创口、临时固定或保护患肢，然后再深入检查，以防局部软组织损伤加重或骨折加重。

【治疗】

1. 闭合性整复与外固定：骨骺、肘、膝关节以下的骨折经手术整复复位者，可施加一定的外固定材料进行固定。闭合性整复应尽早实施，一般不晚于骨折 24 h，以免血肿及水肿过大影响整复。整复前动物应全身麻醉或局部麻醉配合镇痛或镇静，确保肌肉松弛和减少疼痛。整复时，术者手持近侧骨折段，助手纵轴牵引远侧段。保持一定的对抗牵引力，使骨断端对合复位；有条件者，可在 X 线透视监视下进行整复。整复完成后立即进行外固定，常采用夹板、罗伯特·琼斯绷带、石膏绷带、金属支架等。固定部位剪毛，衬垫棉花。固定范围一般应包括骨折部上、下两个关节。

2. 开放性整复与固定：这包括开放性骨折和某些复杂的闭合性骨折，如粉碎性骨折、嵌入骨折等。该方法能使骨断端达到解剖对位，促进愈合。根据骨折性质和不同骨折部位，常选用髓内针、骨螺钉、接骨板、金属丝等内固定材料进行内固定。为加强内固定，在内固定之后，配合外固定。新鲜开放性骨折或新鲜闭合性骨折做开放性处理时，应彻底清除创内血凝块、碎骨片。骨折断端缺损大，应进行自体骨移植（多取自肱骨或髂骨结节网质骨或网质皮质骨），以填充缺陷，加速愈合。对陈旧开放性骨折，应按感染创处理，清除坏死组织和死骨片，安置外固定器以整复固定骨折，或用石膏绷带固定，保留创口开放，便于术后清洗。

【术后护理】

1. 全身应用抗生素预防或控制感染。

2. 适当应用消炎止痛药，加强营养，饮食中补充维生素 A、维生素 D、鱼肝油及钙剂等。

3. 限制动物活动，保持内、外固定材料牢固固定。

4. 叮嘱畜主适当对病犬猫患肢进行功能恢复锻炼，防止肌肉萎缩、关节僵硬及骨质疏松等。

5. 外固定时，术后及时观察固定远端，如有肿胀、变凉，应解除绷带，重新包扎固定。

6. 定期进行 X 线检查，掌握骨折愈合情况，适时拆除内、外固定材料。

## [技能 142] 骨髓炎

骨髓炎是骨及骨髓的炎症。按其病因，骨髓炎可分为细菌性骨髓炎、真菌性骨髓炎和非感染性骨髓炎。临床上以细菌感染为多见。

【病因】

1. 外源性感染：多数骨髓炎病例经此途径感染。病原菌经创口或手术切口感染骨组织，见于直接伤及骨的咬创、深刺创、枪伤和开放性骨折、骨矫形手术后等。感染也可经骨周围软组织的化脓性炎症蔓延引起。

2. 血源性感染：主要发生于幼龄犬猫，系身体其他部位感染灶的病原菌通过血液循环转移到骨组织后引起的感染。常见原发性感染灶有脐带炎、肺炎、胃肠炎、关节炎等。

3. 内源性感染：在骨质破坏的同时或先后，发生骨质增生和修复反应，在慢性炎症阶段增生反应明显。病灶周围骨质硬化以阻止感染扩散，死骨片周围的骨硬化带称为“包壳”。骨脓肿腔可通过肉芽组织填充后再钙化修复，骨膜呈现不规则骨化。

【症状】急性骨髓炎患部热痛肿胀，患肢跛行，常伴有体温升高、精神沉郁、食欲不振、中性粒细胞增多、核左移，血沉加快等全身反应。严重者可转为败血症。久不愈者患部某处肿胀变软有波动感，切开或自行破溃后形成脓窦。此时，全身反应一般减轻，疼痛和跛行减弱，但经常有脓汁流出。创伤直接引起的骨髓炎创口久不愈合，骨延迟愈合或不愈合。血源性骨髓炎病的病灶位于干骺端，且常呈多肢发病或同一肢多处发病。

【诊断】结合病史、症状、X 线征象及病原体分离鉴定诊断。X 线检查在早期仅见患部软组织肿胀，大约 2 周后患部骨质出现蚕食样破坏区或斑片样局灶性空洞，骨膜不规则骨化。浸润性病变骨质破坏区及骨膜骨化的边缘模糊，界限不清。慢性病例骨破坏区周围骨质致密，骨皮质处可能有死骨片。有脓窦的，探诊可感知骨表面粗糙甚至可探入骨髓腔，冲洗可能冲出骨碎屑。注意与骨肿瘤和其他类型的骨髓炎相鉴别。

【治疗】

1. 全身应用足量抗生素。病初选用广谱抗生素，持续用药直至炎症消失后 1 周。

2. 局部出现脓肿或持续数日用药无效者应扩创排脓，冲洗引流。疑有髓腔积脓者应手术钻通骨皮质排脓减压。探诊或 X 线检查发现有死骨片或洞腔者手术取除死骨、刮除窦壁。

3. 若系骨折内固定感染，不应该去除内固定材料，固定不稳者应加强固定。

4. 对慢性骨髓炎坚持全身用药和局部处理。

5. 无法控制炎症或阻止炎症蔓延者在四肢可考虑从病灶近端截肢。

## [技能 143] 罗－卡－佩氏病

罗－卡－佩氏病是以股骨头和股骨颈缺血性坏死为特征的一种综合征。本病又称幼年骨软骨炎、无血管性坏死和扁平髋等。3～13 月龄小型品种犬易发病，无性别差异，多为单侧性。

【病因】病因不详。通常认为是继发于股骨上端周围软组织的病变，导致股骨头部分或全部供血中断，产生股骨头缺血性坏死。凡能导致髋关节腔压力升高的因素，诸如暂时性滑膜炎、感染性关节炎、外伤性关节腔积血以及影响滑液循环的伸展内旋等，均可造成血管受压而危及股骨头骨骺的供血。另外，环境、内分泌、代谢和遗传等因素均可引起本病。

【症状】开始动物常表现不安现象，不断啃咬腹肋部和臀部，尤其动物后肢外展时，疼痛明显，以后可感觉或听到噼啪音。跛行逐步加重直至拖拽行走。活动范围变小，患肢变短。臀部肌肉和股四头肌萎缩。

【诊断】X线检查是诊断股骨头缺血性坏死的主要手段和依据。X线征象包括关节间隙增宽，股骨头和股骨颈局灶性骨密度降低，与髋臼缘接触的股骨头变平，随后不规则，干断区股骨颈变短和增宽。有时股骨头和股骨可见骨刺、不全脱位和骨折等。

【治疗】施保守疗法，每日口服消炎止痛药如阿司匹林，病犬置入笼内限制活动。如股骨头、颈畸形或发生退行性关节病，应施股骨头切除术。手术疗效好，恢复快，术后动物均可行走，无痛，但有轻度跛行。这是因为股骨头、颈切除后肢体变短，大腿和臀部肌肉仍有轻度萎缩。

## ［技能 144］关节脱位

关节脱位是指关节受机械外力、病理等作用引起骨间关节面失去正常对合。犬猫常发生髋关节、髌骨、肘关节和肩关节脱位。

【病因】临床上多因强烈的外力作用，包括间接或直接作用（犬猫直接外力作用多见），先天性因素在犬中较常见，如骸骨脱位，多与遗传有关。

【症状】关节脱位主要症状如下：

1. 关节变形：原来关节解剖学上的隆起与凹陷改变。

2. 异常固定：因关节错位，加之肌内和肌肉异常牵引，使关节在非正常位置固定，表现出基本不动或活动限制。

3. 关节肿胀：严重外伤时，周围软组织受损，关节出血、炎症、疼痛及肿胀。

4. 肢势改变：在脱位关节下方发生肢势改变，如内收、外展、屈曲或伸展等。

5. 功能障碍：由于关节异常变位、疼痛，运动时患处出现跛行。

【诊断】根据临床症状可作出初步诊断，确诊需经X线检查。X线检查可了解关节变位程度，有无骨折和关节畸形。

【治疗】关节脱位治疗原则：整复、固定和功能锻炼。

1. 整复。对新发生的关节脱位应尽早整位，否则炎症发展影响复位。为减少肌肉、韧带的张力和疼痛，整复时应全身麻醉。整复有闭合性整复和开放性整复两种。轻度关节脱位，可采用闭合性整复。但小动物常因肥胖和好动，采取闭合性整复常难以整复或易复发。闭合性整复和方法视不同关节脱位而异，但一般将动物侧卧位保定，采用牵拉、按压、内旋、外展、伸屈等方法，使关节复位。如复位正确，手触可感觉到一种音响。对于中度或严重的关节脱位，多采用开放性整复。开放性整复可在直视情况下，利用牵拉、旋转或杠杆作用，易于正确复位。

2. 固定。整复后，为防止再发，应立即进行固定。固定有外固定和内固定两种。外固定是在闭合性整复下进行，可根据关节部位的特点采用不同的外固定方法。常选择夹板绷带、可塑型绷带（包括石膏绷带）、托马斯支架、罗伯特·琼斯绷带和外固定器等。内固定是在开放性整复时进行，也可根据脱位性质选择断裂的韧带，用髓内针、钢针缝合和固定等；同时配合外固定以加强内固定。

## ［技能 145］苏格兰折耳猫骨软骨发育异常

苏格兰折耳猫骨软骨发育不良是一种具有遗传性的疾病，主要发生于苏格兰折耳猫的纯种猫，以骨骼变形为主要特征，导致四肢远端和尾部畸形，可能涉及尾椎骨、掌骨、跖骨、趾骨。

【病因】本病具有遗传性，呈常染色体显性遗传，发病年龄从 1 月龄到 6 月龄不等，一般从 2 月龄开始发病，且没有明显的性别差异。父母代均为折耳猫时则下一代折耳猫出现症状的年龄较小，表现的症状也更为严重，但几乎所有的苏格兰折耳猫都有不同程度的骨软骨发育不良。

【发病机理】生长板骨骼形成缺失，骺板软骨内骨化紊乱，第 2 骨化中心活跃与跗关节跖骨的外生骨疣有关。

【临床症状】发病初期猫不爱活动，间歇性两后肢交替跛行。也有病例最初不表现为行动障碍，而以尾椎中上段弯曲和关节僵硬为特征。随着病情发展，可能出现尾巴变厚、变短，不能弯曲，四肢都可能出现跛行，爪变短，掌跖部呈现硬性肿胀，可能累及腕、跗和趾，偶见踩高跷样跛行，弹跳能力下降。表现为独特的以臀腰部受力的斜侧卧姿势或两后肢后展的坐姿。患侧关节的继发性病变可能引起严重的运动障碍。

【诊断】根据品种、发病年龄、临床症状和 X 线检查可以确诊。X 线检查中可见到尾椎骨、掌骨、跖骨、趾骨的异常，骨变短和畸形，尾椎终板变宽，椎骨缩小，以及对称性腕、跗关节强直。前后肢掌骨、跖骨可能出现外生性骨疣，跗关节变性。

【治疗】治疗的目的主要是改善临床症状：缓解疼痛。皮下注射戊聚糖多硫酸或者同时口服氨基聚糖可以缓解跛行和不适。可以给病猫长期应用维生素 $D_2$ 戊酮酸钙注射液、地塞米松磷酸钠注射液以及盐酸曲马多片剂，症状可能有一定改善；但一段时间后应进行 X 线检查，结果多显示病情继续发展。病情严重时，可去除损害软组织的外生骨疣，进行腕、跗关节固定术以减轻疼痛，也可采用姑息放射线治疗法来治疗。预防此病的最好方法就是限制折耳猫的繁殖。

## ［技能 146］髋关节发育异常

犬的髋关节发育异常是以髋臼变浅、股骨头不全脱臼、跛行、疼痛和肌肉萎缩为特征的多基因所致的复合性疾病。发生于德国牧羊犬、纽芬兰犬和英国塞特犬等犬型品种的 4～6月龄以后犬，7～9 月龄最多，其发病率高达 50%以上，危害严重。

【病因】关于犬髋关节发育异常的病因尚无确切定论。多数人认为本病是多因子或多基因遗传性疾病。动物体内存在许多基因缺陷，当受到环境因素影响时就改变了基因的表现型。也有人把本病称为“生物动力学疾病”。病犬髋关节周围肌肉和其他软组织不能协调地固定髋关节，主要表现为肌肉和骨骼发育不一致，骨生长过快，肌肉不能与骨骼以相似的速度发育成熟，致使主要依赖肌肉组织固定的髋关节不能保持稳定。

【症状】最明显的症状是后肢跛行。随髋关节弛缓和继发骨关节炎的程度不同，跛行的轻重也不等。初期较轻，随病程的发展，逐渐限制髋关节的活动。随着病情逐渐恶化，2～3 岁时可发展为典型的骨关节炎。但并发骨骼骨软骨病的于发病后 10～12 个月也有跛行减轻的。当触压髋关节时，疼痛反应明显。病犬不愿行走，坐姿异常，上下台阶困难。

【诊断】

1. 触诊：Bardns (1968) 用以下方法诊断本病。

(1) 要将 4～8 周龄的仔犬深麻醉横卧保定。站在犬的后方，一只手的拇指和中指分别放在坐骨结节和髋骨上向下压，食指放在股骨犬转子上；另一只手从前方握住股骨中央提举。这时用食指测定股部上方的变位程度。健康的髋关节的活动是在 1 mm 以内，髋关节发育异常的活动范围达 3～4 mm。

(2) 将犬仰卧位保定，握住左右后肢的膝关节下部，使股骨与脊椎成直角后，将两后肢外转。正常的髋关节不特别用力，两膝部就可接近桌子表面。若桌子面与膝部之间离开 1 指（约 2 cm）以上，说明此肢的外转受到限制，耻骨肌缩短。

以上触诊法需要有相当的经验，触诊后再用 X 线检查。

2. X 线检查：取仰卧伸展位摄影，即病犬仰卧位，充分伸展膝关节和踝关节，将膝盖骨分别正确置于股骨远侧位的上方中央，使肢体稍内转进行摄影。这时骨盆必须左右对称。

# 任务 20　犬猫产科疾病

## ［技能 147］阴道炎

阴道炎是指阴道黏膜的炎症，可分为原发性和继发性两种。

【病因】原发性多发生于某些成熟前的大型犬猫，如德国牧羊犬、拳师犬等。继发性多见于成年犬猫，诱因为发情过长、交配不洁、分娩时感染，以及继发于子宫、膀胱、尿道及尿道前庭感染。

【症状及诊断】原发性阴道炎多为性成熟前犬猫阴道持续流出大量脓性分泌物；而继发性阴道炎除可见阴道流出异物外，病犬猫常舔舐外阴，并有尿频与少尿症状。阴道黏膜充血肿胀，有黏稠分泌物，全身症状不明显。分泌物检验，可见大量脓细胞及上皮细胞，并有 β 溶血性链球菌和类大肠杆菌。发情间期犬猫表现正常，随后可见脓性分泌物。根据上述症状结合实验室检验即可作出诊断。

【治疗】原发性阴道炎可不治疗或用 0.1％三氧化铁等收敛剂口服，剂量为犬 0.06～0.3 g/d，猫 0.03～0.2 g/d，连服 2 周，耐过第一发情期可自愈。对继发性阴道炎可进行阴道冲洗，洗前麻醉，洗后注入抗生素，或于交配前 2～4 d 给猫口服氨苄西林或三甲氧苄啶，至交配后 4 d 止。由邻近器官波及的阴道炎着重治疗原发病。

## ［技能 148］阴道脱出

阴道脱出是指阴道壁部分或全部脱出于阴门之外。本病多发生于拳师犬和波士顿梗等短头品种犬。

【病因】本病病因复杂。遗传性阴道周壁组织无力可能是一种致病因素。便秘、公母犬交配时公犬强行分离、育种动物间个体差异太大以及难产均可引起本病。另外，雌激素分泌过多（如发情期）及病理性雌激素过多（卵巢囊肿）也可引发阴道脱出。

【症状】部分阴道脱出者，阴道周壁包括尿道乳头外翻，脱出于阴门；全阴道脱出者，子宫颈也外翻，呈"轮胎"形。外翻时间长时，阴道黏膜发绀、水肿、干燥和损伤。

【治疗】轻度阴道脱出，无需治疗，因为短期可自行消失。阴道严重脱出者，经全身麻醉，局部用2%明矾溶液或3%硼酸溶液清洗后进行整复。黏膜严重水肿，难以整复时，除用手压迫组织外，可用高渗溶液（50%葡萄糖溶液）外敷，有助于减少肿胀。用手指或涂上润滑剂的塑料注射器活塞帮助整复。为方便整复，可做外阴切开术。阴道整复原位后，应插入导尿管（防止阴道水肿，尿反流到阴道内），阴门缝合袋口固定，至肿胀消除后拆除。如果难以整复，可施行剖腹牵引子宫整复，并将子宫壁或子宫阔韧带缝合于后腹壁上，以防再脱。如脱出的阴道因长期暴露在外，严重出血、感染或坏死，必须采用阴道截除术。先切开外阴，以暴露阴道和便于插入导尿管，然后环形切除 1～2 cm 厚的外层黏膜，接着切除内层未内翻的黏膜。为减少出血，应采取部分阴道切除方法，待止血和缝合之后，再做另一部分的切除，直至全部切除。妊娠犬患阴道脱出会引起分娩困难，需手术将其脱出的阴道切除，有助于新生幼犬的产出。这类病犬不宜再繁殖，因本病有遗传性，故可用卵巢子宫切除术以根治本病。

## ［技能 149］子宫内膜炎

子宫内膜炎是指由于分娩时或产后子宫内膜发生细菌感染而引起的炎症，按病程可分为急性和慢性两种。

【病因】急性子宫内膜炎主要病因为分娩或难产时消毒不严的助产、产道损伤、子宫破裂、胎盘及死胎滞留引起感染；还可见于产后子宫复旧不良及长毛品种会阴不洁、过度交配或人工授精消毒不严，阴道炎上行感染可诱发本病。而慢性子宫内膜炎除由急性转化外，也可见于发情期子宫内膜的囊状增生。

【症状】急性子宫内膜炎的最初症状出现于分娩后 12 h 至 4 d，拒绝哺乳或伴发乳腺炎，乳汁含有大量细菌。同时病犬猫体温高达 39.5℃以上，精神委顿，食欲不振或废绝，呕吐，腹泻，甚至脱水。阴道流出大量暗灰或暗红色黏稠分泌物，伴有恶臭，细菌培养可见大肠杆菌等。腹部触诊可触知子宫松弛，继发腹膜炎时因疼痛而拒绝触诊。血液学检验显示中性粒细胞轻度增多。慢性子宫内膜炎的临床特征为阴道长期流出脓性黏液，未产母犬猫发情不规则或受孕后 2～3 周内流产或死胎，经产犬猫产仔数减少或发情征兆不明显，子宫体增大。

【诊断】依据病史、临床症状并结合血液学检验。发情期可自子宫颈采取黏液或收集子宫内容物进行细菌培养确定诊断。对疑有死胎残留者可用X线检查。

【治疗与预防】使用抗生素进行全身治疗。子宫颈口开张者，冲洗子宫后注入抗生素，同时用催产素等使子宫收缩加速内容物排出。根据临床症状纠正水及电解质平衡紊乱，必要时静脉注射营养液。对没有明显好转者，尽早切除子宫。存活幼仔进行人工喂养。慢性子宫内膜炎病例进行长期抗生素治疗，无效者摘除子宫及卵巢。对有异常繁殖史的犬猫，产后2～3 d内严密监视以防感染。治愈后6个月内禁止交配。

## [技能150] 子宫蓄脓

子宫蓄脓指子宫腔内脓液积聚。按子宫颈开放与否可分为闭锁与开放两种类型，多见于犬，猫也时有发生。

【病因】子宫蓄脓继发于化脓性子宫内膜炎及急、慢性子宫内膜炎，化脓性乳腺炎及其他部位化脓灶转移。子宫因感染而敏感，子宫颈持续闭锁或子宫肌肉松弛为发病原因。

【症状】发病常在发情后期。患病犬猫体温急剧上升，慢性积脓时体温无变化，食欲不振，呕吐，脱水。闭锁型病例腹围增大，子宫角胀满，触诊可触及子宫。开放型病例阴道流出大量灰黄或红褐色脓液，无臭或有强烈腥臭味。中性粒细胞增多，核左移。不及时治疗可继发子宫溃疡或穿孔、贫血、肾小球肾炎及毒血症等而表现相应症状。

【诊断】除依据病史、临床症状特别是腹部触诊外，结合X线检查、血液学检验或超声波判断子宫内是否积脓。注意与妊娠、膀胱炎、腹膜炎及猫传染性腹膜炎等相区别。继发肾衰时的多尿与频渴应注意与糖尿病相区别。

【治疗】应用广谱抗生素进行全身治疗，对开放型病例可行子宫冲洗再给予宫缩药以促进脓液排出。闭锁型病例严禁使用宫缩药，以免子宫破裂。宫缩药可用催产素肌内注射或静脉注射，每30 min重复1次，犬为5～10 IU，猫为0.5～3 IU。根治最好行子宫切除术。

## [技能151] 假孕

假孕是指配种后未孕或未经配种的母犬猫出现腹部膨大、乳房发育等妊娠症状。

【病因】由于排卵后黄体持续分泌孕激素和少量雌激素使子宫内膜和乳房发育所致。

【症状及诊断】除腹部膨大、乳房发育等症状外，尚可见母性行为、构巢及为其他幼仔猫哺乳等行为，早期还有呕吐、腹泻，后期多食及阵痛等症状。诊断主要依据异常行为及临床症状进行。

【治疗】可给予睾酮制剂调节内分泌平衡，对精神异常兴奋的犬猫可给予缓慢镇静剂。

## ［技能 152］流产

流产是指各种原因所致的妊娠中断，包括胚胎被母体吸收及产出死胎与未足月胎儿等。

【病因】流产分感染性与非感染性两大类。前者见于大肠杆菌、葡萄球菌、胎儿弧菌及流产布氏杆菌等感染，亦可见于弓形虫、犬猫血巴尔通体感染及某些病毒（如猫泛白细胞减少病毒、白血病病毒）等感染。后者多见于孕激素不足，若黄体形成不足，妊娠2～5周流产；黄体消退过早6～7周流产，7周以上流产多由胎盘功能不足所致。胎盘结构或胎儿本身异常，母体营养不良或年龄过大（犬超过6岁，猫超过4岁），妊娠毒血症，外伤及某些不明原因亦可造成流产。

【症状】流产是在无任何先兆的情况下产出不足月胎儿，若为妊娠毒血症引起，母犬猫有贫血症状；习惯性流产可见阴道血样分泌物持续5～6 d。流产母猫常因口渴吃掉胎儿，除注意观察外，亦可经X线检查，母猫胃内见有胎儿骨骼。

【诊断】主要依据临床症状，流产的病原体需经血液学及寄生虫虫卵检验才能确定。

【治疗】流产一般无保胎治疗价值，但需积极预防，不与弓形虫阳性公犬猫交配。

## ［技能 153］难产

难产是指产程延长，胎儿娩出困难。

【病因】难产有母体与胎儿两方面的原因。母体最常见的为硬产道即骨盆异常，如发育不全、骨折愈合等。软产道异常可见单角子宫、阴道狭窄或畸形等。母体营养不良及贫血使宫缩无力及过度肥胖或老龄子宫无力。分娩时子宫破裂或母体过于年幼均易难产。胎儿畸形如脑水肿、双头或双臂等，胎儿过大或胎位不正亦是造成难产的重要因素。

【症状及诊断】难产病犬猫可由于产程过长痛苦鸣叫，精神不振，频频举尾排尿，分娩第一期后要经4 h才娩出第1个胎儿，间隙4～6 h娩出第2个。难产的诊断主要根据分娩时间判定。

【治疗】对难产犬猫，宫颈开张后给予催产素或缓慢静脉注射10%葡萄糖酸钙，犬10～30 ml，猫5～10 ml，以增强子宫收缩力，宫颈未开者严禁用宫缩药。产道狭窄或胎位不正、羊水流失者，施行剖腹产术取出胎儿。对狂躁不安者给予少量镇静剂。胎死宫中者可用截胎术取出，同时需预防子宫内膜炎。

**【测试模块】**

### 一、选择题

1. 下列可用于骨折内固定材料的是（　　）。

A. 脱脂棉花　　B. 石膏绷带　　C. 不锈钢丝

2. 下列属于骨折外固定材料的是（　　）。

A. 接骨板　　B. 不锈钢丝　　C. 骨螺钉

3. 关于关节脱位症状叙述错误的是（　　）。

A. 关节而变形　B. 异常活动　　C. 关节肿胀

## 二、简述题

1. 简述骨折临床症状、诊断与治疗方法。
2. 简述骨髓炎的治疗方法。
3. 简述化脓性关节炎的治疗方法。
4. 简述犬难产时的助产方法。

# 项目六 实训指导

## 实训一 犬猫保定及常用临床诊断方法

### 一、目的要求

通过实训掌握临床诊断方法，会根据不同犬猫特点和诊治需要选择应用各种保定方法。

### 二、材料用具

1. 动物：犬、猫。

2. 器材：保定绷带、犬口笼、保定绳、犬夹、棍套保定器、伊丽莎白项圈、体壁保定支架、诊疗台、保定布卷、猫保定袋、猫保定架、注射器、叩诊锤、听诊器等。

### 三、方法步骤

#### （一）保定

1. 犬的保定：

（1）扎口保定法：

①长嘴犬的扎口保定法：用绷带或细的软绳，在绳中间绕过，打一活结，套在犬嘴后颜面部，并在下颌间隙系紧。然后将绷带或绳两游离端沿下颌拉向耳后，在颈背部收紧打结。

②短嘴犬的扎口保定法：用绷带或细的软绳，在其 1/3 处打活结圈，套在犬嘴后颜面部，于下颌间隙处收紧。将其两游离端向后拉至耳后枕部打一个结，将长的游离绷带经额部引至鼻背侧穿过绷带圈，再返转至耳后与另一游离端收紧打结。

（2）口笼保定法：犬口笼用牛皮革或塑料制成。根据犬大小用适宜的口笼给犬套上，将其带子绕过耳并扣牢。

（3）徒手犬头保定法：保定者站立于犬侧方，面向犬头，两手从犬头后部两侧伸向其面部。两拇指朝上贴于鼻背侧，其余手指抵于下颌，合拢握紧犬嘴。

（4）站立保定法：

①地面站立保定法：犬站立于地面时，保定者蹲于犬右侧，左侧手抓住犬脖圈，右手用牵引带套住嘴。再将脖圈及牵引带移交右手，左手托住犬腹部。

②诊疗台保定法：保定者站在犬一侧，一手臂托住胸前部，另一手臂搂住臀部，使犬靠近保定者胸前。为防止犬咬，可先做扎口保定。

(5) 徒手侧卧保定法：犬扎口保定后，将犬置于诊疗台按倒。保定者站于犬背侧，两手分别抓住前臂部和大腿部，其两手臂分别压住犬颈部和臀部，并将犬背紧贴保定者腹前部。

(6) 手术台保定法：有侧卧、仰卧和胸卧保定三种。先对犬进行全身麻醉，然后用保定带将犬四肢固定在手术台上。仰卧保定，在其颈、胸腹部两侧要垫以沙袋，以保持犬身体平稳。

(7) 颈钳保定法：颈钳柄长 90～100 cm，钳端为两个半圆形钳嘴，使之恰好能套住犬的颈部。用颈钳夹持犬颈部，强行将犬按倒在地，并由助手按住犬四肢。

(8) 棍套保定法：使用棍套保定器时，保定者握住铁管，对准犬头用绳圈套住颈部，然后收紧绳索固定在铁管后端。

(9) 伊丽莎白项圈保定法：伊丽莎白项圈是一种防止自我损伤的保定装置，有圆盘形和圆筒形两种，可根据犬头型及颈粗细选择使用。

2. 猫的保定：

(1) 布卷裹保定法：将帆布或人造革缝制的保定布铺在治疗台上。保定者抓起猫肩背部皮肤放在保定布近端 1/4 处，按压猫体使之伏卧。随即提起近端帆布覆盖猫体，并顺势连布带猫向外翻滚，将猫卷裹系紧。

(2) 猫袋保定法：将猫头从近端袋口装入与猫身等长的圆形保定袋，使猫头从远端袋口露出，将袋口带子抽紧，使头不能缩回袋内。最后抽紧近端袋，使两肢露在外面。

(3) 扎口保定法：方法与短嘴犬扎口保定法相同。

(4) 保定架保定法：用金属或木材制成保定架支架，用金属或竹筒制成两瓣保定筒固定在支架上，将猫放在两瓣保定筒之间，合拢保定筒，使猫躯干固定在保定筒内，其余部位均露在筒外。

### (二) 临床诊断方法

1. 问诊：

(1) 基本情况调查：包括年龄、体重、性别，是否已经驱虫，是否已经注射疫苗，有无与病犬、病猫接触史，生活环境与食物种类等。

(2) 病史调查：何时发病，病初情况，病情发展情况，有无呕吐、腹泻、疼痛症状，摄食与饮水情况，体温、呼吸变化，有无排便排尿，是否流涎，有无抽搐症状，是否让人触摸等。

(3) 治疗情况：在哪里看过病，诊断结果，用过什么药物，用药方式与药量，用药后效果如何，用药时间等。

2. 视诊：对犬猫全身情况的检查和对病症有关局部的检查。

3. 触诊：徒手检查、器械触诊等。

4. 皮肤与被毛的检查。

5. 头部检查：包括口腔黏膜、齿、舌、鼻、咽、唇、眼、耳、唾液腺、淋巴结的检查等。

6. 颈胸部检查：包括喉、颈椎、胸椎、肋骨、食管、心脏、气管和肺脏的检查等。

7. 腰腹部检查。

8. 泌尿系统检查：包括排尿状态的检查和泌尿器官的检查。

9. 生殖系统检查：主要是检查雄性犬猫的睾丸和雌性犬猫的子宫和卵巢。

【测试模块】

1. 试述进行犬猫保定的体会。

2. 试述临床诊断的方法及其注意事项。

# 实训二　常用临床治疗技术

## 一、目的要求

通过实训掌握临床常用的治疗技术。

## 二、材料用具

见各项治疗技术。

## 三、方法步骤

### （一）注射技术

1. 注射器消毒、使用和吸取药液的注意事项。

（1）针管与基部连接处，用手拉拔，不应有松动现象。

（2）注射器必须清洗消毒，针头要尖锐、通气，大小适宜。

（3）废弃严重弯曲变形的针头。

（4）注射针套在注射器的连接头上，经过90°旋转紧紧套上。在压缩注射器内的液体时，应不漏液。

（5）将坐口用手指堵住，轻轻抽拉针栓，应不漏气。

（6）根据需要吸取药液，注射前排出气泡，调整药液至准确的用量。

（7）注射器一般应平拿，否则需用手指（无名指、中指）轻扶针栓，以防滑落打碎或进入空气。

2. 注射方法。

（1）皮下注射。注射部位剪毛、消毒。用左手拇指、食指及中指轻轻捏起大腿外侧、背侧或颈侧皮肤，右手持注射器将针头刺入，固定后回抽注射器活塞未见回血，即可进行注射。

（2）皮内注射。注射部位剪毛、消毒。用左手拇指与食指将注射部位的皮肤捏成皱襞，右手持连接针头的1 ml注射器，针孔斜面向上与皮肤呈5°～15°刺入皮内，推药时感到阻力很大，缓慢地注入0.5～1 ml的溶液，使局部形成小丘疹状隆起，皮肤变白，变大。注射完毕，拔出针头。

(3) 肌内注射。注射部位在颈侧、背部或臀部，注射部位剪毛、消毒。左手固定注射部位，右手持连接针头的注射器，用腕力将针头由皮肤表面垂直刺入肌肉，回抽无血，即可注射。

(4) 腹腔注射。腹腔内注射，可由助手抓住犬猫，上提两后肢，使其腹部向上，在腹部下方约 1/3 处略靠外侧将注射器针头垂直刺入腹腔，然后将针筒回抽，观察是否插入脏器或血管，确定插入腹腔后固定针头，进行注射。腹腔注射时应注意：针头刺入部不宜太近上腹部或太深，针头与腹腔的角度不宜太小，用的针头不能太粗，注射后用棉球按压注射部位。

(5) 静脉注射。

①后肢外侧面小隐静脉注射法：由助手将犬侧卧保定。注射部位剪毛、消毒。将胶带绑在犬股部，或由助手用手握紧犬股部，暴露此静脉。右手持连有针头的注射器，将针头向血管旁的皮下先刺入，而后与血管平行刺入静脉，回抽针筒。如有回血，放松对静脉近心端的压迫，并将针尖顺血管腔再刺进少许，固定针头，另一手徐徐将药液注入静脉。此法注射要点在于确实固定静脉。

②前肢内侧头静脉注射法：此静脉在前肢内侧面皮下，靠前肢内侧外缘行走，比后肢小隐静脉粗，比较容易固定。注射方法与后肢外侧小隐静脉注射法相同。

### (二) 胃内灌药方法

1. 猫胃内注入：用 14 号导尿管作为胃导管，配以开口器。灌胃时，将猫保定确实，把开口器放入上下腭之间，猫自然会咬住开口器；术者用左手抓住猫嘴，稍加用力即可固定开口器，然后右手取胃导管，由开口器中央小孔插入，导管经口沿颌后壁慢慢送入食管内。用一羽毛在导管口看有无随猫呼吸而摆动现象，确定已进入胃内后，即在导管口连接装有药液的注射器，将药慢慢灌入胃内。

2. 犬胃内注入：将犬抱上操作台，将其头和嘴保定确实。术者用左手握住犬嘴，右手取胃导管并用温水润湿后，中指将犬右侧嘴角轻轻翻开，摸到最后一对大臼齿的空隙，中指固定在这空隙下，然后用右手拇指和食指将胃导管插入此空隙，并顺食管方向慢慢送入。确认导管在胃内后即可灌药。注意一次灌药量不宜超过 200 ml，否则会引起犬恶心呕吐。

# 实训三　血液常规检验

## 一、目的要求

通过实训掌握血样采集和血液常规检验方法。

## 二、材料用具

详见各项检验。

## 三、方法步骤

### （一）血液采集与处理

1. 血样的采集：采血的用具均应事先消毒灭菌、干燥处理。根据检验项目及需要血液量的多少，采血部位可选在颈静脉、前肢的头静脉、后肢的隐静脉、耳缘静脉等处。

2. 血液的抗凝：血检项目不需要血液凝固的，都应加入一定量的抗凝剂。血液采取后放入含有抗凝剂的瓶中振摇均匀，备用。

3. 血样的处理：不立即检验的血样，首先应把血片涂好并予以固定。其余血液放入冰箱冷藏。需要血清的，应将凝固血液放入室温或37℃恒温箱内，待血块收缩后，分离出血清，并将血清冷藏。需要血浆的，将抗凝的全血及时电动离心，分离出血浆冷藏。

采血注意事项：

（1）采血室要有充足的光源；室温，夏季保持在25～28℃，冬季15～20℃为宜。

（2）采血用具及采血部位需要消毒。

（3）采血用的注射器和试管要清洁干燥。

（4）若需抗凝，在注射器或试管内预先加入抗凝剂。

### （二）血细胞比容容量的测定

1. 器材：血细胞比容容量的测定管（温氏管）、毛细玻璃吸管、带胶皮乳头的长针头（磨平）、毛细玻璃管或长针头、水平电动离心机（要求转速为3 000～4 000 r/min）。

2. 试剂：10％乙二胺四乙酸二钠溶液、草酸盐合剂。

3. 方法：

（1）电动离心法：用毛细玻璃吸管或长针头吸取抗凝全血，插入温氏血细胞比容容量测定管底部，自下而上注入血液至刻度“10”处，将测定管置入电动离心机内，3 000 r/min离心20～40 min，离心后管内的血柱分为3层。上层为淡黄色或白色的血浆；中层灰白色，完全不透明，为白细胞及血小板；下层为红细胞。读取红细胞柱层的刻度数，即为血细胞比容容量数值，数值用百分率表示。

（2）自动血球仪法：将抗凝全血输入自动血球仪，可直接测定比容。

4. 注意事项：吸管口或长针头针尖在挤血过程中不要提出液面，以免液面形成气泡，影响结果。

### （三）红细胞沉降速率（ESR）的检测

1. 器材：魏氏血沉管与血沉架、“六五”型血沉管。

2. 试剂：3.8％枸橼酸钠溶液、10％乙二胺四乙酸二钠溶液。

3. 方法：魏氏法。魏氏血沉管全长30 cm，内径约为2.5 mm，管壁有0～200刻度，刻度间距离为1 mm，容量大约1 ml，附有特制的血沉架。测定时先取一小试管，依照要血量按比例加入抗凝剂。自颈静脉采血，轻轻混合，随后用魏氏血沉管吸取抗凝全血至刻度“0”处，于温室内垂直固定在血沉架上，经15 min、30 min、45 min、60 min，分别记录红细胞沉降数值。

4. 注意事项：血沉管必须垂直静立；测定时的室温最好是在 20℃左右；血液柱面不应覆盖气泡；采血后应尽快测定，采血与测定的间隔最长不要超过 3 h；经过冷藏的血液，应先把血液温度回升到室温再进行测定；抗凝剂要与血液量相适应；抗凝全血测定血沉之前必须耐心地把血混匀。

### （四）血细胞计数

1. 红细胞计数。

（1）器材：改良式血细胞计数板血盖片、专用于计数板的盖玻片、沙利氏吸血管、5 ml刻度吸管、试管、显微镜等。

（2）稀释液：有两种，可任选一种。①0.9%氯化钠溶液；②升汞食盐溶液：氯化钠 1 g，结晶硫酸钠 5 g，氯化汞 0.5 g，加蒸馏水至 200 ml。

（3）方法：①用 5 ml 刻度吸管吸取红细胞稀释液 4 ml，置于试管中。②用沙利氏吸血管或一次性定量采血管吸取血液至 20 $mm^3$ 刻度处（也可用稀释液 2 ml，吸血至 10 $mm^3$刻度处），擦去吸管外壁多余的血液，将此血液吹入试管底部，再吸吹数次，以洗出吸血管内黏附的血液，然后试管口加盖，颠倒混合数次。③用毛细吸管取已稀释好的血液，置于计数板与盖玻片边缘，即可将液体自然引流入计数室内。放置 3 min 后，即可计数。④计数时，先用低倍镜，光线不要太强，找到计数室的格子后，把中央的大方格置于视野之中，然后转用高倍镜，在此中央大方格内选择四角与中间的 5 个中方格。按“数左不数右，数上不数下”的计数法则计数。

（4）计算：

$$红细胞总数 = x \times 10\,000（个/mm^3）$$

式中：$x$ 为 5 个中方格内的红细胞总数。

在填写检验报告单时，用红细胞数$\times 10^{12}$/L 来表示。例如，550 万个/$mm^3$ 换算成 $5.5\times 10^{12}$个/L。

（5）注意事项：①防凝、防溶，取样准确。②稀释液充入计数室的量不可过多或过少。③显微镜工作台应保持水平，否则计数室内的液体流向一侧而计数不准。④血细胞计数板用蒸馏水冲洗后，用绸布轻轻擦干即可，切不可用粗布擦拭。⑤如有条件，可用血细胞自动计数仪进行计数，用法详见其使用说明。

2. 白细胞计数：有自动血球计数仪法及试管法两种。此处主要介绍试管法。

（1）器材：血细胞计数板、沙利氏吸血管、0.5 ml 或 1 ml 吸管、小试管、显微镜等。

（2）稀释液：3%冰醋酸，内加数滴结晶紫或亚甲蓝染液使之呈淡紫色，以便与红细胞稀释液相区别。

（3）方法：①于小试管内加入白细胞稀释液 0.38 ml 或 0.4 ml。②用沙利氏吸血管吸取血液至 20 $mm^3$ 刻度处，用干棉球擦去管外黏附的血液，吹入试管中，反复吸吹数次，以洗净管内黏附的血液，充分振荡混合。③用毛细吸管吸取被稀释的血液，沿计数板与盖玻片的边缘充入计数室内，静置 1～2 min 后，低倍镜观察。④将计数室四角 4 个大方格内的全部白细胞依次数完，注意将压在左线和上线的白细胞计算在内，压在右线和下线者不计算在内。

（4）计算：

$$白细胞总数=x\times 50（个/mm^3）$$

式中：$x$ 为四角大方格内的白细胞总数。

填写报告单时，用白细胞数$\times 10^9$/L 来表示。例如，10 000 个/$mm^3$ 换算后为$10\times 10^9$个/L。

（5）注意事项：①应严格按照红细胞计数的注意事项进行操作。②初学者容易把尘埃、异物与白细胞混淆，可用高倍镜观察白细胞形态结构加以区别。

3. 血小板计数。

（1）器材：同白细胞计数（试管法）。

（2）稀释液：血小板计数所用的稀释液种类很多，其中复方尿素稀释液为尿素10 g，枸橼酸钠 0.5 g，40%甲醛溶液 0.1 ml，加蒸馏水至 100 ml。待上述试剂完全溶解后，过滤，置冰箱可保存 1～2 周，在 22～32℃条件下可保存 10 d 左右。当稀释液变质时，溶解红细胞的能力就会降低。

（3）方法：①吸取稀释液 0.4 ml 置于小试管中。②用沙利氏吸血管吸取末梢血液或加有乙二胺四乙酸二钠抗凝剂的新鲜静脉血液至 20 $mm^3$ 刻度处，用干棉球擦去管外黏附的血液，插入试管，吹吸数次，轻轻振摇，充分混匀，静置 20 min 以上，使红细胞溶解。③充分混匀后，用毛细吸管吸取 1 小滴，充入计数室内，静置 10 min，用高倍镜观察。④任选计数室的 1 个大方格面积为 1 $mm^2$，按细胞计数法则计数。在高倍镜下，血小板为椭圆形、圆形或不规则的折光小体。

（4）计算：

$$血小板总数=x\times 200（个/mm^3）$$

式中：$x$ 为一个大方格中的血小板总数。

在填写检验单时，用血小板数$\times 10^9$/L 作为血小板的单位，例如 50 万个/$mm^3$，换算后应为 $500\times 10^9$个/L。

（5）注意事项：稀释液必须新鲜无沉淀；采血要迅速，以防血小板离体后破裂、聚集；滴入计数室时要充分振荡，使红细胞充分溶解，但不能过久或太过剧烈，以免血小板破坏；血小板体积小、质量较轻，不易下沉，常不在同一焦距的平面上，计数时要利用显微镜的细调节器调节焦距才能看清。

4. 血细胞形态学的检查。

（1）血液涂片的制作：取无油脂的清洁载玻片，选一张边缘光滑的（或用血细胞计数板专用盖玻片）作为推片。取被检血一小滴，放在载玻片的右端，用左手的拇指与食指夹持载玻片，右手持推片，将推片倾斜呈 45°角，使其一端与载玻片接触并放在血滴之前，向右拉推片使与血滴接触，待血液扩散形成一条线后，以均等的速度轻轻向左推动，此时血液被涂于载玻片上形成一薄膜。将涂好的血片迅速左右摇晃，促使血膜干燥，注意：①载玻片应事先处理干净，用清洁液（硫酸与重铬酸钾配成）浸泡，冲洗，置于无水乙醇中备用，临用前擦干即可。②推制血片时，用力要均匀，使血片既不太薄也不太厚。③血膜的两端应留有空隙，以便用玻璃蜡笔注明编号和日期。

（2）血液涂片的染色：

①瑞特氏染色法：又称瑞氏染色法。

试剂：瑞氏染液、缓冲液。

方法：用蜡笔在血膜两端各划一道横线，以防染液外溢。将血片平放在染色容器的水平架上，滴加瑞氏染液，以盖满血膜为度。染色 5～8 min 后，再往血膜上滴加等量的缓冲液，用洗耳球或嘴轻轻吹动，使缓冲液与瑞氏染液充分混合，再染 3～6 min。用水冲洗，滤纸吸干后，油镜观察。

注意：滴加瑞氏染液的量，一张血片可滴加 2～3 滴染液，不能太少。滴加缓冲液后要混合均匀，以免染出的血片颜色深浅不均。冲洗时应将蒸馏水直接向血膜上倾倒，使液体从血片边缘溢出，沉淀物从液面除去。切勿先将染液倾去再冲洗，否则沉淀物附着于血膜上不易冲掉。

②吉姆萨染色：

方法：于血膜上滴加甲醇 2～3 滴，固定血膜 3～5 min，待甲醇挥发后直立于吉姆萨应用液（1∶20）染色缸中染色。根据室温的高低，染色 20～30 min，必要时可延长至 60 min。用蒸馏水或常水冲洗，干后用油镜观察。

③瑞氏－吉姆萨复合染色法：单纯的瑞氏或吉姆萨染色法各有优缺点，为取两者之长，把两者结合起来应用。

方法：于血片上滴加瑞氏染液一厚层，染色 1～2 min，水洗后将血片直立于吉姆萨应用液染色缸中染色 8～10 min，水洗，干燥，油镜检查。复合染色后，也可在临染时向瑞氏染液中加入适量的吉姆萨原液（每 10 ml 瑞氏染液中，可加入 0.5～1 ml 吉姆萨原液），制成复合染色液，按瑞氏染色法的步骤进行染色。

（五）血液分析仪及临床应用

血液分析仪是目前临床血液检验常用的检测仪器。其特点是检测速度快、精确度高、操作简便。目前，各类血液分析仪主要能完成细胞计数和细胞分类两大功能。血液分析仪检测原理主要是电阻抗法。使用详见说明书。

**【测试模块】**

1. 试述血样采集的操作方法。
2. 试述血液常规检验的注意事项。
3. 试述血液常规检验的临床意义。

# 实训四　尿常规检验

## 一、目的要求

通过实训掌握尿样采集方法和常规检验技术。

## 二、材料用具

详见各项检验。

## 三、方法步骤

### （一）尿液的采集

可用清洁容器在犬猫排尿时直接接取。也可用塑料或胶皮制成接尿袋，固定在公犬、公猫阴茎的下方或母犬、母猫的外阴部接取尿液，必要时也可人工导尿。

### （二）尿液物理学检验

1. 器材：试管、量筒、吸管、尿比重计、温度计等。

2. 方法：项目有混浊度即透明度、颜色、气味、相对密度。

其测定方法：①将尿液振荡后，放于量筒内（如液面有泡沫，可用胶头吸管或用吸水纸吸出泡沫）。先用温度计测尿液温度。②小心地将尿比重计浸入尿液中，使之不与瓶壁相接触。③经 1 min，待尿比重计稳定后，读取液面半月形面的最低点与尿比重计上相对的刻度，即为尿的相对密度数。④如尿量不足，可将尿液用水稀释后测定，然后，将测得相对密度的读数乘以稀释倍数，即得原尿的相对密度。⑤比重计上的刻度，是以尿液温度在 15℃（或 20℃）为标准制定的，故当尿液温度每高于标准温度 3℃时，所测密度加 0.001；每低于标准温度 3℃时，所测密度减 0.001。

### （三）尿液化学检验

1. 酸碱度测定：用广范围 pH 试纸测定尿液酸碱度，是将被检尿液涂于尿液试纸条上，约 30 s 后与标准比色板比色，得出被检尿液的 pH 值。

2. 蛋白质定性试验：有试纸法和煮沸加酸法两种。

（1）试纸法：

①器材：尿蛋白检验试纸、吸管。

②方法：用尿蛋白检验试纸。取试纸 1 条，用吸管吸取被检尿液涂于尿蛋白检验试纸上，约 30 秒后与标准比色板比色，按表 6－1 判定结果。

**表 6－1　尿蛋白检验试纸结果判定**

| 颜色 | 结果判定 | 蛋白含量（g） |
| --- | --- | --- |
| 淡黄色 | — | <0.01 |
| 淡黄绿色 | ±（微量） | 0.01～0.03 |
| 黄绿色 | + | 0.03～0.10 |
| 绿色 | ++ | 0.10～0.30 |
| 绿灰色 | +++ | 0.30～0.80 |
| 蓝灰色 | ++++ | >0.80 |

③注意事项：尿蛋白检验试纸为淡黄色，带色部分不可触摸，试纸应干燥密封贮存；被检尿液应新鲜；尿液 pH 值在 8 以上可呈假阳性，应滴加稀醋酸校正 pH 值为 5~7 后再测定。

（2）煮沸加酸法：

①试剂：10%硝酸液、10%醋酸液。

②方法：取酸化的澄清尿液（酸性及中性尿不需酸化，如混浊则静置过滤或离心沉淀使之透明），加入试管内至 1/2 处，将尿液的上部置于乙醇灯上慢慢加热至沸。如果煮沸部分的尿液变混浊，下部未煮沸的尿液不变，待冷却后，原为碱性尿的加 10%硝酸液 1~2 滴；原为酸性或中性尿的，滴加 10%醋酸液 1~2 滴。如混浊物消失，是磷酸盐类；混浊物不消失，证明尿中含有蛋白质。根据混浊的程度，用下列符号报告结果：

－　仍澄清不见混浊，为阴性。

＋　白色混浊，但不见颗粒状沉淀。

＋＋　明显的白色颗粒混浊，但不见絮片沉淀。

＋＋＋　大量絮状混浊，但不见凝块。

＋＋＋＋　见到凝块，且有大量絮状沉淀。

3. 血液及血红蛋白检查：

（1）邻联甲苯胺法：

①试剂：A. 1%邻联甲苯胺甲醇溶液：取 0.5 g 邻联甲苯胺溶于 50 ml 甲醇中，储于棕色磨口瓶。B. 过氧化氢乙酸溶液：取冰乙酸 1 份，3%过氧化氢 2 份，混合储于棕色磨口瓶中。

②方法：取 1 支小试管，加入 1%邻联甲苯胺甲醇溶液和过氧化氢乙酸溶液各 1 ml，再加入被检尿液 2 ml，呈现绿色或蓝色为阳性（即有血红蛋白）。若保留原来试剂颜色，为阴性，表示无血红蛋白。根据显色的快慢和深浅，用符号表示反应的强弱：

＋＋＋＋　立刻显黑蓝色。

＋＋＋　立刻显深蓝色。

＋＋　1 min 内出现蓝绿色。

＋　1 min 以上出现绿色。

－　3 min 后仍不显色。

③注意事项：试验用器材必须清洁。过氧化氢溶液要新鲜。尿中盐类过多，妨碍反应的出现时间，可加冰醋酸酸化后再做试验。

（2）氨基比林法：

①试剂：5%氨基比林乙醇溶液与 50%冰醋酸溶液等量混合液、3%过氧化氢溶液。

②方法：取尿液 3 ml 放入试管内，加入 5%氨基比林乙醇溶液与 50%冰醋酸溶液等量混合液 1 ml，再加 3%过氧化氢溶液 1 ml，混合。尿中有多量血红蛋白时呈紫色；少量时，经2~3 min呈淡紫色。

4. 肌红蛋白检查：

（1）试剂：10%醋酸溶液、硫酸铵、1%邻联甲苯胺甲醇溶液、3%过氧化氢溶液。

（2）方法：按尿中血液及血红蛋白检查，确定尿中含有色素蛋白后，进一步鉴别是血红蛋白还是肌红蛋白。用 10%醋酸溶液将尿液 pH 值调至 7.0~7.5，以 3 000 r/min 离心

6 min，取上清尿液 5 ml 于小烧杯中，加入 2.8 g 硫酸铵，达到 80%的饱和度溶解后，用定性滤纸过滤，滤液应清澈，而后转入离心管，以 3 000 r/min 离心 10 min。若有肌红蛋白存在，在硫酸铵沉淀上层有微量红色絮状物，用水吸管吸去上层清液，然后吸取红色絮状物于离心管中，3 000 r/min 离心 10 min，吸去上清液，于沉渣中加入 1%邻联甲苯胺甲醇溶液 2 滴及 3%过氧化氢溶液 3 滴，若出现绿色或蓝色为阳性，若不显色为阴性。

5. 葡萄糖检查：

（1）试纸：尿糖单项试纸，附有标准色板（自 0～2 g/dl，分 5 种色度），为桃红色，应保存在棕色瓶中。

（2）方法：取试纸 1 条，浸入被检尿液内，5 s 后取出，1 min 后在自然光或日光灯下将所呈现的颜色与标准色板比较，判定结果。

（3）注意事项：

①尿标本应新鲜。

②服用大量抗坏血酸和汞利尿剂等药物后，可呈假阴性反应。因本试纸起主要作用的是葡萄糖氧化酶和过氧化氢酶，而抗坏血酸和汞利尿剂可抑制酶的作用。

③试纸应在阴暗干燥处保存，不得暴露在阳光下，不能接触煤气，有效期 1 年。试纸变黄，即已失效。

6. 尿胆原检查：

（1）试剂：

①对二甲氨基苯甲醛试剂：对二甲氨基苯甲醛 2 g，加蒸馏水至 100 ml，混合后再缓缓加入 20 ml 浓盐酸以促进其溶解，贮于棕色瓶中。

②100 g/L 氯化钙试剂：取 100 g 氯化钙，加蒸馏水至 1 000 ml，混合后贮于胶塞瓶中。

（2）方法：被检尿液中若有胆红素，应先除去胆红素再检验尿胆原。即取氯化钙试剂 1 份，加被检尿液 4 份混合，离心取上清液备检。

取新鲜无胆红素的尿液 5 ml，加对二甲氨基苯甲醛试剂 0.5 ml，混合后静止 10 min，观察结果。

（3）结果判断：

+++　立即呈桃红色，为强阳性。

++　放置 10 min 后呈红色，为阳性。

+　放置 10 min 后成淡红色，为弱阳性。

－　放置 10 min 后，不呈红色，经加温后，仍不显红色，为阴性。

7. 尿沉渣的显微镜检查：

（1）试剂：5%卢戈氏液——碘片 5 g，碘化钾 15 g，蒸馏水 100 ml。

（2）器材：试管、离心机、吸管、显微镜等。

（3）方法：

①离心沉淀：将新鲜尿液混匀，取 5～10 ml 置于沉淀管中，以 1 000 r/min 离心沉淀 5～10 min，吸去上清液，留 0.5 ml 尿液。摇动沉淀管，使沉淀物均匀地混悬于少量剩余尿液中。用吸管吸取沉淀物置载玻片上，加 1 滴卢戈氏液，盖上盖玻片即成。

②镜检：将集光器降低，缩小光圈，使视野稍暗，便于发现无色而屈光力弱的成分

(透明管型等)。先用低倍镜全面观察标本的情况，找出需要详细检查的区域后，再换高倍镜，仔细辨认细胞成分和管型等。如遇尿液内有大量盐类结晶，遮盖视野而妨碍对其他物质的观察时，可微加温或滴加 1 滴 5%乙酸，除去这类结晶后，再镜检。

③报告检查结果：细胞成分按各个高倍视野内最少至最多的数值报告，管型及其他结晶成分，按偶见、少量、中等量及多量报告。偶见为整个标本中仅见几个，少量为每个视野几个，中等量为每个视野数十个，多量为占据每个视野的大部，甚至布满视野。

8. 尿液分析仪的应用：

尿液分析仪是测定尿液中某些化学成分的自动化仪器，它是医学实验室尿液自动化检查的重要工具。依据测试项目将其分为两类，第一类主要用于初诊病畜及健康检查使用的 8～11项筛选组合尿试带。8 项检查项目包括蛋白、葡萄糖、pH 值、酮体、胆红素、尿胆原、红细胞（潜血）和亚硝酸盐，9 项检查项目除上述 8 项检查外增加了尿白细胞检查，10 项尿液分析检查项目在 9 项基础上增加了尿比重检查，11 项检查项目又增加了维生素 C 检查。第二类主要用于已确诊疾病的疗效观察，如肾疾患可用 pH 值、蛋白、隐血（红细胞）组合试带，糖尿病用 pH 值、糖、酮体组合试带，肝病患者用胆红素、尿胆原组合试带。

【测试模块】

1. 试述尿常规检验的注意事项。
2. 试述尿常规检验的临床意义。

# 实训五　粪便寄生虫检验

## 一、目的要求

通过实训掌握粪便寄生虫检验方法。

## 二、材料用具

1. 试剂：甘油、饱和食盐水（在 1 000 ml 水中加食盐 380 g，相对密度约为 1.18)、硫代硫酸钠溶液（1 000 ml 水中加硫代硫酸钠 1 750 mg，相对密度约为 1.4）等。

2. 器材：载玻片、牙签、烧杯、镊子、40 目和 60 目铜筛、ϕ5～10 mm 铁丝圈、试管、显微镜等。

## 三、方法步骤

### （一）直接涂片检查法

先在载玻片上滴一些甘油与水的等量混合液，用牙签或火柴棍挑取少量粪便加入其中，混匀，除去较大的或过多的粪渣，使玻片上留有一层均匀的粪液，其浓度以将此玻片放于报纸上，能通过粪便液膜模糊地辨认其下的字迹为宜。在粪便液膜上覆以盖玻片，置显微镜下检查。检查时应按顺序查遍盖玻片下的所有部分。

（二）集卵法

1. 沉淀法（特别适用于检查吸虫卵）：取粪便 5 g，加清水 100 ml 以上，搅匀成粪便溶液，通过 40～60 目铜筛过滤，滤液收集于烧杯中，静置沉淀 20～40 min，倾去上层液，保留沉渣，加水混匀，再沉淀，如此反复操作，直到上层液体透明后，吸取沉渣检查。

2. 漂浮法：取粪便 10 g，置 100 ml 饱和食盐水中混合，经 60 目铜筛，滤液入玻璃瓶中，静置 30 min，则虫卵上浮。用 ϕ5～10 mm 铁丝圈与液面平行接触以蘸取表面液膜，抖落于载玻片上检查。或取粪便 1 g，加饱和食盐水 10 ml，混匀，筛滤，滤液注入试管中，补加饱和食盐水溶液使试管充满，上覆以盖玻片，并使液体与盖玻片接触，其间不留气泡，静立 30min 后，取下盖玻片，覆于载玻片上检查。

【测试模块】

讲述粪便中寄生虫检验的操作过程。

# 实训六　真菌及螨的检验

## 一、目的要求

通过实训掌握真菌及螨的检验方法。

## 二、材料用具

1. 试剂：0.9%氯化钠溶液、乳酸酚棉蓝染色液（石炭酸 10 g、甘油 20 ml、乳酸 10 g、甲基蓝 0.025 g、蒸馏水 10 ml）、10%氢氧化钾（或氢氧化钠）溶液、50%甘油、60%硫代硫酸钠溶液等。

2. 器材：组织分离针、白金耳、载玻片、胡特氏滤光板、凸刃小刀、棉签、培养皿、酒精灯、离心机、试管、盖玻片、显微镜等。

## 三、方法步骤

（一）真菌的检验

1. 显微镜检查法：根据致病真菌种类，采取不同的检验材料和检查方法。

（1）无染色压片标本检查法：

①脓汁：取洁净载玻片数片，各加入灭菌 0.9%氯化钠溶液 1 滴，然后以白金耳蘸取少许脓汁，混匀后，盖好盖玻片，直接镜检。

②被毛、皮屑和角质：将材料置于载玻片上，滴加 10%氢氧化钾（或氢氧化钠）溶液1～2滴，盖好盖玻片，静置 5～10 min，再将此玻片在酒精灯上微微加热，待轻压盖玻片能将毛发等物压扁而透明时，即可镜检。

③培养物：以灭菌的组织分离针取菌落的一小部分，置于预先滴有0.9%氯化钠溶液的载玻片上，轻轻扩散，盖上盖玻片，即可镜检。如为小玻片培养物，直接放显微镜下观察即可。

(2) 真菌染色检查法——乳酸酚棉蓝法：常规方法制片，于标本面上滴1滴试剂，盖好盖玻片，放置10～15 min后镜检。

2. 伍氏灯检验方法：应用伍氏灯照射某些真菌会显示特殊的荧光色泽，以此鉴别真菌：糠秕马拉色氏菌呈黄棕色，奥杜盎氏小芽孢菌或大小芽孢菌呈亮绿色，许兰氏毛发癣菌呈暗绿色。

### （二）螨的检验

1. 病料采集：

(1) 检查皮肤疥螨，可在患病与健康皮肤交界处剪毛，用消毒过的凸刃小刀蘸上一滴清水或50%甘油后刮取皮屑，至皮肤轻微出血。若患部在耳道，可用棉签采取病料。

(2) 检查蠕形螨，可在患部用力挤压，挤出皮脂腺的分泌物、脓汁。

2. 检查：

(1) 直接法：在没有显微镜条件下，对于较大的痒螨检查可刮取干燥皮肤屑，放入培养皿内，并衬以黑色背景，在日光下暴晒或加热至40～50℃，30～40 min后，移去皮屑，用肉眼观察，可看到白色虫体在移动。

(2) 虫体浓集法：将采集的病料置于试管中，加入10%氢氧化钠溶液，置于酒精灯上煮沸至皮屑溶解，冷却后以2 000 r/min离心5 min，虫体沉于管底，弃上层液，吸取沉渣于载玻片上待检。或在沉渣中加入60%硫代硫酸钠溶液，试管直立5 min，待虫体上浮，用白金耳蘸取表层溶液置于载玻片上加盖玻片镜检。

(3) 显微镜直接检查法：将采刮取的病料，置于载玻片上，加一滴清水或50%甘油，加以盖玻片用于按压载玻片，使病料展开，用显微镜观察到虫体和虫卵，若虫体是活体，可见虫体的活动情况。

**【测试模块】**

1. 叙述真菌检查的操作过程。
2. 叙述蠕形螨检查的操作过程。

# 实训七　血液生化项目检验

## 一、目的要求

通过实训掌握常用血液生化项目检验方法。

## 二、材料用具

见各项检验。

## 三、方法步骤

### （一）血清钠含量测定（醋酸铀镁试剂法）

1. 试剂：

（1）醋酸铀镁试剂：醋酸铀 4 g，醋酸镁 15 g，冰醋酸 15 ml，蒸馏水 75 ml，加热煮沸 2 min，冷却后加蒸馏水至 100 ml。将上液移入 500 ml 容量瓶中，加无水乙醇至 500 ml，混匀，冰箱过夜除去微量沉淀，上清液保存于棕色瓶中，冷藏备用。

（2）1%冰醋酸、10%亚铁氰化钾溶液。

（3）钠贮存标准液（1 mol/L）：精确称取干燥氯化钠 5.84 g 置于 100 ml 容量瓶中，加蒸馏水至刻度。

（4）钠应用标准液Ⅰ(0.15 mol/L)：精确吸取钠贮存标准液 15 ml 置于 100 ml 容量瓶，加水至刻度。

（5）钠应用标准液Ⅱ(0.25 mol/L)：精确吸取钠贮存标准液 25 ml 置于 100 ml 容量瓶中，加水至刻度。

2. 方法步骤：按表 6—2 操作。

**表 6—2　血清钠含量测定法**

| | 标准管 | 测定管 | 空白管 |
|---|---|---|---|
| 血清（ml） | — | 0.1 | — |
| 钠应用标准液Ⅰ（ml） | 0.1 | — | — |
| 钠应用标准液Ⅱ（ml） | — | — | 0.1 |
| 醋酸铀镁试剂（ml） | 5 | 5 | 5 |
| 充分混合，使生成沉淀，室温下静置 10 min，离心 | | | |
| 上清液（ml） | 0.2 | 0.2 | 0.2 |
| 1%冰醋酸（ml） | 8 | 8 | 8 |
| 10%亚铁氰化钾溶液（ml） | 0.4 | 0.4 | 0.4 |

按上表操作进行，混匀，5～30 min 内在 520 nm 处比色，以空白管调零。

计算：

$$钠（mmol/L）=250-\frac{测定管光密度}{标准管光密度}\times 100$$

3. 注意事项：

醋酸铀镁试剂一旦混浊，应重新配制。

细胞内含钠极少，轻微溶血，对结果影响不大。

### （二）血清钾含量的测定

1. 试剂：

（1）缓冲液：0.2 mol/L 磷酸氢二钠溶液（溶液 A）、0.1 mol/L 枸橼酸溶液（溶液

B)。应用时，取溶液 A 19.45 ml，加 0.55 ml 溶液 B 混合而成。

（2）1%四苯硼钠溶液：称取四苯硼钠 1.0 g，溶于 20 ml 缓冲液中，加双蒸水至 100 ml。

（3）0.2 mmol/L 钾贮存标准液（1 ml 含有 2 mg 钾）：精确称取干燥的硫酸钾 0.446 g 于 100 ml 容量瓶中，蒸馏水稀释并溶解至刻度。

（4）钾应用标准液（1 ml 含有 0.02 mg 钾）：取钾贮存标准液 1 ml 置于 100 ml 容量瓶中，蒸馏水稀释至刻度。

（5）钨酸蛋白沉淀剂：取 1 mol/L 硫酸 18.5 ml，加 10%钨酸钠 55.6 ml、蒸馏水 926 ml 和 85%硫酸 0.055 ml，混匀。

2. 器材：离心机、滴定管。

3. 方法步骤：吸取血清 0.2 ml 加入 1.4 ml 双蒸水中，加 1.8 ml 钨酸蛋白沉淀剂，混匀，10 min 后离心沉淀，取上清液，按表 6−3 操作。

**表 6−3　血清钾含量测定**

| | 标准管 | 测定管 | 空白管 |
|---|---|---|---|
| 无蛋白血清液（ml） | — | 1.0 | — |
| 钾应用标准液（ml） | 1.0 | — | — |
| 蒸馏水（ml） | — | — | 1.0 |
| 1%四苯硼钠溶液（ml） | 4.0 | 4.0 | 4.0 |

计算：

$$钾（mg/100ml 血清）=\frac{测定管光密度}{标准管光密度}\times 0.02\times\frac{100}{0.1}$$

4. 参考值：犬 4.60 mmol/L（4.36～5.64 mmol/L），猫 3.07 mmol/L（2.81～4.09 mmol/L）。

### （三）血糖含量的测定

1. 仪器试剂：

（1）特制的血糖测定管。

（2）碱性硫酸铜溶液：取无水碳酸钠 40 g 溶于 400 ml 蒸馏水中。另将酒石酸 7.5 g 溶于300 ml蒸馏水中，结晶硫酸铜 4.5 g 溶于 200 ml 蒸馏水中。先将酒石酸溶液倾入碳酸氢钠溶液中，而后再倾入硫酸铜溶液中，加蒸馏水至 1 000 ml。

（3）磷钼酸试剂：取氢氧化钠 40 g 溶于 800 ml 蒸馏水中，加入钼酸 70 g、钨酸钠 10 g，煮沸 20～50 min，放冷后移入 1 000 ml 容量瓶，并用少许蒸馏水洗涤原容器，合并洗液，加入 85%浓磷酸 250 ml，加蒸馏水至刻度。

（4）0.25%苯甲酸溶液和 10%钨酸钠。

（5）1/3 mol/L 硫酸。

（6）葡萄糖贮存标准液（1 ml 含 10 mg 葡萄糖）：精确称取葡萄糖 1 g 置于 100 ml 容量瓶中，加 0.25%苯甲酸至刻度，混合均匀使之完全溶解。

（7）葡萄糖应用标准液（1 ml 含 0.1 mg 葡萄糖）：精确吸取葡萄糖贮存标准液 5 ml 于500 ml容量瓶中，加 0.25%苯甲酸至刻度。

2. 方法步骤：

（1）制备无蛋白血滤液 50 ml。取抗凝血样 1 ml，加 7 ml 蒸馏水使其溶血，再加 10%钨酸钠溶液 1 ml，混匀，缓缓滴加 1/3 mol/L 硫酸 1 ml，边加边摇动，静置 5～10 min，待血液变成棕褐色凝块后，过滤，滤液即为无蛋白血滤液。

（2）取 3 支血糖测定管，即标准管、空白管和测定管，按表 6−4 步骤操作。

**表 6−4　血糖含量测定**

| | 标准管 | 测定管 | 空白管 |
|---|---|---|---|
| 无蛋白血滤液（ml） | — | 2 | — |
| 葡萄糖应用标准液（ml） | 2 | — | — |
| 蒸馏水（ml） | — | — | 2 |
| 碱性硫酸铜溶液（ml） | 2 | 2 | 2 |
| 混匀，沸水中煮沸 8 min，取出后于冷水中 2～3 min（不可摇动） | | | |
| 磷钼酸试剂（ml） | 2 | 2 | 2 |
| 混匀，室温下静置 2 min | | | |
| 加蒸馏水所至体积（ml） | 25 | 25 | 25 |

混匀，待管内二氧化碳逸出后，用 620 nm 滤光板进行比色。

计算：

$$\text{血糖含量（mg\%）}=\frac{\text{测定管光密度}}{\text{标准管光密度}}\times 0.2\times\frac{100}{0.2}$$

3. 参考值：犬 3.30～6.70 mmol/L，猫 3.89～7.50 mmol/L。

### （四）血清钙含量的测定（乙二胺四乙酸二钠滴定法）

1. 试剂：

（1）乙二胺四乙酸二钠溶液：取乙二胺四乙酸二钠 150 mg、1 mol/L 氢氧化钠溶液 2 ml，加蒸馏水至 1 000 ml。

（2）钙红指示剂：取钙羧酸 0.1 g 溶于 20 ml 甲醇中。

（3）0.2 mol/L 氢氧化钠溶液。

（4）钙标准液（1 ml 含 0.1 mg 钙）：精确称取干燥的碳酸钙 250 mg 置于烧杯中，加水40 ml和 1 mol 稀盐酸 5 ml 溶解，置于 1 000 ml 容量瓶中，洗涤烧杯数次，洗液并入容量瓶，加蒸馏水至 1 000 ml。

2. 方法步骤：取 3 支试管，分别加 0.2 ml 血清、钙标准液和蒸馏水，再加 0.2 mol/L 氢氧化钠溶液 1 ml 及钙红指示剂 1 滴，立即用乙二胺四乙酸二钠溶液滴定至呈浅蓝色。记录各管所用乙二胺四乙酸二钠溶液的量。

计算：

$$\text{钙（mg\%）}=\frac{\text{测定管用量}-\text{空白管用量}}{\text{标准管用量}-\text{空白管用量}}\times 0.02\times\frac{100}{0.2}$$

3. 参考值：犬 2.53±0.51 mmol/L，猫 1.55±0.24 mmol/L。

### （五）血清无机磷含量的测定

1. 试剂：

（1）10%三氯醋酸溶液。

（2）磷酸盐贮存标准液（1 ml 含 0.1 mg 磷）：精确称取无水磷酸二氢钾 0.438 9 g 置于 1 000 ml 蒸馏水中溶解，加氯仿数滴防止发霉。

（3）磷酸盐应用标准液（1 ml 含 0.01 mg 磷）：取磷酸盐贮存标准液 10 ml，用蒸馏水稀释至 100 ml。

（4）钼硫酸试剂：取 7.5%钼酸铵 50 ml 和 5 mol/L 硫酸 50 ml，混匀备用。

（5）氯化亚锡贮存液：取氯化亚锡 10 g 于 25 ml 浓盐酸中溶解，于棕色瓶中放冰箱保存。

（6）氯化亚锡应用液：取贮存液 1 ml，以蒸馏水稀释至 200 ml。

2. 方法步骤：取血清 1 ml，加 10%三氯醋酸溶液 4 ml 混匀，静置 1～2 min，过滤。每2 ml滤液中含血清 0.4 ml，按表 6—5 步骤操作。

**表 6—5　血清无机磷含量测定**

| | 标准管 | 测定管 | 空白管 |
|---|---|---|---|
| 无蛋白血滤液（ml） | — | 2 | — |
| 磷酸盐应用标准液（ml） | 2 | — | — |
| 蒸馏水，混匀（ml） | 5 | 5 | 7 |
| 钼硫酸试剂（ml） | 2 | 2 | 2 |
| 混匀后，立即加入氯化亚锡应用液（ml） | 10 | 1 | 1 |

立即混匀，静置 1 min，用 640～700 nm 滤光片，以空白管校正光密度至 0，分别测定各管之光密度。

计算：

$$磷含量（mg\%）=\frac{测定管光密度}{标准管光密度}\times 0.02\times\frac{100}{0.4}$$

### （六）血清谷丙转氨酶活力的测定

1. 试剂：

（1）谷丙转氨酶基质液：精确称取 α—酮戊二酸 29.2 mg、丙氨酸 1.78 g 置于 100 ml 容量瓶内，先加入 pH 值 7.4 磷酸盐缓冲液约 30 ml，再加入 1 mol/L 氢氧化钠溶液 0.5 ml，待完全溶解后再加磷酸盐缓冲液至 100 ml 刻度处。加入氯仿数滴防腐，冰箱保存。

（2）2，4－二硝基苯肼液：称取 2，4－二硝基苯肼 1.98 mg，加 1 mol/L 盐酸 100 ml，混匀，待完全溶解后过滤于棕色瓶中保存。

（3）pH 值 7.4 磷酸盐缓冲液：取磷酸氢二钠 9.47 g 于蒸馏水中溶解，加蒸馏水

1 000 ml（简称甲液）。另取磷酸二氢钾 9.078 g 于 1 000 ml 蒸馏水中溶解（简称乙液）。临用前，取甲液 825 ml、乙液 175 ml，混匀，测 pH 值为 7.4 即可。

（4）丙酮酸标准液：精确称取丙酮酸钠 22 mg 置于 100 ml 容量瓶中，加缓冲液至 100 ml 刻度处。

2. 操作方法：

（1）标准曲线的绘制：按表 6−6 操作。

**表 6−6　标准曲线的绘制**

| | 1 | 2 | 3 | 4 | 5 |
|---|---|---|---|---|---|
| 胆红素标准液（ml） | 0.1 | 0.2 | 0.4 | 0.6 | 0.8 |
| 蒸馏水（ml） | 4.9 | 4.8 | 4.6 | 4.4 | 4.2 |
| 相当于每 100 ml 胆红素的毫克数 | 0.4 | 0.8 | 1.6 | 2.4 | 3.2 |
| 37℃感作 10 min | | | | | |
| 2，4−二硝基苯肼液（ml） | 0.5 | 0.5 | 0.5 | 0.5 | 0.5 |
| 37℃感作 20 min | | | | | |
| 0.4 mol/L 氢氧化钠溶液（ml） | 5.0 | 5.0 | 5.0 | 5.0 | 5.0 |
| 相当于谷丙转氨酶单位（100 ml） | — | 100 | 200 | 300 | 400 |

混匀后，以 520 nm 或绿色滤光板比色，用空白管调零，读取各管光密度。以浓度为横坐标，光密度为纵坐标，绘制标准曲线。

（2）测定：如表 6−7。

**表 6−7　血清谷丙转氨酶活力测定**

| | 标准管 | 测定管 | 空白管 |
|---|---|---|---|
| 血清（ml） | 标准液 0.1 | 0.1 | 0.1 |
| 谷丙转氨酶基质液（ml） | 0.5 | 0.5 | — |
| 混匀，37℃水浴 60 min | | | |
| 谷丙转氨酶基质液（ml） | — | — | 0.5 |
| 2，4−二硝基苯肼液（ml） | 0.5 | 0.5 | 0.5 |
| 混匀，37℃水浴 20 min | | | |
| 0.4 mol/L 氢氧化钠溶液（ml） | 5.0 | 5.0 | 5.0 |

混匀，放置 5 min 后以空白管调零，用波长 520 nm 的滤光板比色，读取光密度，查标准曲线。

### （七）血清谷草转氨酶活力的测定

1. 试剂：谷草转氨酶基质液（pH 值 7.4），精确称取 DL−天门冬氨酸 2.66 g、α−酮戊二酸 29.2 mg 于烧杯中，加 1 mol/L 氢氧化钠 20.5 ml，溶解后放于 100 ml 容量瓶中，加 pH 值 7.4 的磷酸盐缓冲液至刻度。其他试剂与血清谷丙转氨酶活力测定相同。

2. 方法：除基质液不同外，其他均与血清谷丙转氨酶活力测定相同。

### （八）全自动生化分析仪

全自动生化分析仪是根据光电比色原理来测量体液中某种特定化学成分的仪器，可以给临床上对疾病的诊断、治疗和预后及健康状态评价提供信息依据。由于其测量速度快、准确性高、消耗实际量小，现已广泛使用。

**【测试模块】**

试述常用血液各项生化检验的临床意义。

# 实训八　胸腹腔液检验

## 一、目的要求

通过实训掌握胸腹腔液检验的操作技术。

## 二、器材用具

1. 试剂：5%柠檬酸钠溶液、冰醋酸、10%乙二胺四乙酸二钠抗凝剂、革兰染色液、碘酊、乙醇等。

2. 器材：试管、穿刺针、剪毛剪、量筒、载玻片、显微镜等。

## 三、方法步骤

### （一）采取胸腹腔液

行胸腹腔穿刺术采取胸腔积液、腹腔积液。

1. 保定：横卧保定。

2. 胸腔液采取方法：

（1）部位：在第 5～7 肋间，肋骨前缘，胸外静脉上方。

（2）方法：术部剪毛、消毒。一手将术部皮肤稍向前方移动；另一手持穿刺针，在紧靠肋骨前缘处垂直刺入至感到无抵抗时。一手固定套管，另一手将针芯拔出，如胸膜腔有积液，即有液体沿套管流出。用量筒接取流出的液体备检。操作完毕，将针芯插入，拔出套管针，术部涂以碘酊。

3. 腹腔液采取方法：

（1）部位：在脐部稍前方白线上或侧方。

（2）操作：术部剪毛、消毒。将注射针头与腹壁垂直刺入 2～4 cm，腹膜腔有积液时，即见液体从针孔流出，或用注射器抽吸，盛于试管或量筒内供检查用。操作完毕，拔出针头，术部用碘酊消毒。

### （二）胸腹腔液物理学检验

胸腹腔液的物理学检验，包括穿刺液的颜色、透明度、气味、相对密度、凝固性等的检验鉴别是漏出液还是渗出液。

### （三）胸腹腔液化学检验

浆液黏蛋白试验：取 15～25 cm 大试管一支，注入蒸馏水 50～100 ml；加入冰醋酸 1～2滴，充分混合，滴加穿刺液 1～2 滴。如沿穿刺液下沉路径显白色云雾状混浊，并直达管底，为阳性反应，是渗出液；无云雾状痕迹，或微有混浊，且于中途消失，为阴性反应，是漏出液。

### （四）胸腹腔液显微镜检验

（1）取新鲜穿刺液，置于盛有乙二胺四乙酸二钠抗凝剂试管中，离心沉淀，上清液分装于另一试管中。

（2）取一滴沉淀物放于载玻片上，覆以盖玻片，在显微镜下观察间皮细胞、白细胞及红细胞等。

（3）需要做白细胞分类时，则取沉淀物做涂片，染色镜检。

（4）结果判定：

①漏出液：细胞较少，主要是来自浆膜腔的间皮细胞（常是 8～10 个排成一片）及淋巴细胞，红细胞和其他细胞甚少。少量的红细胞，常由于穿刺时受损所致。多量红细胞则为出血性疾病或脏器破损伤所致。大量的间皮细胞和淋巴细胞，见于心、肾等疾病。

②渗出液：细胞较多。中性粒细胞增多，见于急性感染，尤其是化脓性炎症。在结核性炎症（结核性胸膜炎初期）时，反复穿刺可见中性粒细胞也增多。淋巴细胞增多，见于慢性疾病，如慢性胸膜炎及结膜性胸膜炎等。间皮细胞增多，为组织破坏过程严重。

### （五）胸腹腔液细菌检验

1. 制片：按每 5 ml 胸腹腔液加入 10％乙二胺四乙酸二钠抗凝剂 0.1 ml 加入胸腹腔液和乙二胺四乙酸二钠抗凝剂，混合均匀，2 000 r/min 离心 5 min，取沉渣涂片。

2. 革兰染色法染色：①涂片经火焰固定后滴加结晶紫染液，静置 1 min，水冲洗染液。②加碘染液 1 min，水冲去碘染液。③加 3％盐酸乙醇脱色液，不时摇动 30 s，至紫色脱落为止，不冲洗。④加沙黄水溶液复染 30 s，清水冲洗。⑤干后镜检。

3. 判断：油镜观察，若有紫色细菌为革兰阳性菌，若有红色细菌为革兰阴性菌。

## 【测试模块】

试述胸腹腔液采样及检验的操作过程。

# 实训九　脑脊髓液检验

## 一、目的要求

通过实训掌握脑脊髓液的检验技术。

## 二、材料用具

1. 动物：犬、猫。

2. 器材：脊髓穿刺针、小型尿比重计或特制比重管、试管、试管架、血细胞计数板。

3. 试剂：饱和硫酸铵溶液、10%乙二胺四乙酸二钠抗凝剂、卢卡氏碘液。

## 三、方法步骤

### （一）采取脑脊髓液

1. 器械：脊髓穿刺针、器械及容器用前均需煮沸或高压灭菌消毒。

2. 犬猫的准备：穿刺前，应对犬猫做检查。横卧保定，注意将后肢尽量向前牵引。术部剪毛，用碘及乙醇充分涂擦消毒。

3. 部位及穿刺方法：①颈椎穿刺：在第一、二颈椎间穿刺。在颈椎棘突正中线与两环椎翼后角的交叉点，垂直皮肤刺入针头。针头刺入肌肉层时阻力稍大，在穿过脊髓硬膜后阻力突然消失，再推进 2～3 mm，达蛛网膜下腔，拔出针芯，即有水样的脑脊髓液滴出。穿刺后，术部涂擦碘酊或火棉胶封盖。第二次穿刺需要间隔两天以上。②腰椎穿刺：在腰椎孔穿刺。在腰椎棘突正中线与髋结节内角连线的交叉点垂直皮肤刺入针头。

用分别编号 1、2、3 的三支试管接取穿刺所得的脑脊髓液。第 1 管，最初流出的脑脊髓液可能含有红细胞，用于细菌学检验；第 2 管用于化学检验；第 3 管用于细胞计数。

### （二）脑脊髓液物理学检验

1. 颜色：最好背向自然光线观察。

2. 透明度：观察透明度时，应以蒸馏水作对比。

3. 相对密度：①用特制比重管，于分析天平上先称取 0.2 ml 蒸馏水重量，再称取 0.2 ml 脑脊髓液重量，则脑脊髓液的相对密度等于脑脊髓液的重量除以蒸馏水的重量。②如脑脊髓的量有 10 ml，可采用小型尿比重计，直接测定其相对密度。

### （三）脑脊髓液化学检验

1. 蛋白质检查（硫酸铵定性试验）：

（1）试剂：饱和硫酸铵溶液：取硫酸铵 85 g，加蒸馏水 100 ml，水浴加热使之溶解，冷却后过滤备用。

（2）方法：取 1 ml 脑脊髓液于试管中，加饱和硫酸铵溶液 1 ml，颠倒试管使之混合，在试管架上放置 4～5 min。

（3）结果判定：

＋＋＋＋　显著混浊。

＋＋＋　中等度混浊。

＋＋　明显乳白色。

＋　微乳白色。

－　透明。

2. 葡萄糖检查：脑脊髓液中的葡萄糖检查同尿中葡萄糖的检查。

3. 脑脊髓液显微镜检验：

（1）细胞计数。做细胞计数的脑脊髓液，在采集时按每 5 ml 脑脊髓液加入 10％乙二胺四乙酸二钠抗凝剂 0.05～0.1 ml，混合均匀后备检。脑脊髓液中白细胞与红细胞计数方法与血细胞计数法相同。

（2）细胞分类。

①直接法：在白细胞计数后，换用高倍镜检查，此时白细胞的形态，如同在新鲜尿标本中的一样。可根据细胞的大小、核的多少和形态来区分。

②瑞氏染色法：将白细胞计数后的脑脊髓液，立即离心沉淀 10 min，将上清液倒入另一洁净试管，用于化学检验用。把沉淀物充分混匀，于载玻片上制成涂片，尽快在空气中风干。然后滴加瑞氏染液 5 滴，染 1 min 后，立即加新鲜蒸馏水 10 滴，混匀，染 4～6 min，用蒸馏水漂洗，干燥后镜检。

（3）细菌检查。与胸腔液、腹腔液细菌检查相同。

**【测试模块】**

1. 试述采集脑脊髓液的操作方法。

2. 叙述脑脊髓液检验的操作方法。

# 实训十　X线检查

## 一、目的要求

通过实训熟悉 X 线机的性能，掌握 X 线检查技术。

## 二、材料用具

1. 器材：X 线机、X 线胶片、洗片夹、增感屏、遮线管、暗盒、滤线器、铅字码、测量尺、铅板、洗片槽、观片灯、安全红灯、显影粉、定影粉等。

2. 试剂：硫酸钡、二酚碘苯酸钠、40％碘化油等。

## 三、方法步骤

### （一）透视检查

1. 准备：

（1）按照说明书的要求连接好X线机及附属设备。

（2）透视前详细阅读透视单，明确其透视的部位和目的。

（3）做好病犬、病猫的登记工作。

（4）清洁犬猫身体，除去随身物品。必要时给予镇静剂。

（5）调整机器的设置：50～70 kV，2～3 mA。

（6）医务人员佩戴好防护用具，做好暗适应。

2. 检查：

（1）检查时，使X线机靠近（紧贴）被检犬猫的被检查部位，必要时改变其体位，了解被检部位全貌。

（2）开启机器，间断曝光，每次曝光3～5 s，间歇2～3 s；尽量缩短检查时间。

（3）按要求全面检查。

### （二）摄影检查

（1）登记编号。阅读摄影申请单，了解犬猫基本情况及摄影部位和目的。

（2）清洁犬猫身体，除去随身物品，确定摄影部位。

（3）根据摄影部位选择大小适当的胶片，测量投射部位厚度，确定电压、电流、曝光时间和距离等投照条件。

（4）固定暗盒位置，使X线束的中心、被检查机体部位中心与暗盒中心在一条直线上。

（5）曝光：做好上述准备后开启机器，在被检犬猫安静时曝光即可获得潜影。

（6）曝光后的X线胶片立即送暗室冲洗，包括显影、洗影、定影、冲洗、晾干几个步骤。显影一般为3～5 min（常温下），定影15 min。

### （三）造影检查

1. 消化道造影：

（1）被检犬猫造影检查前禁食、禁水12 h以上。

（2）先将硫酸钡和阿拉伯胶混合，加入少量热淡水调匀，再加适量温水。食管造影使用60%硫酸钡，内服；胃肠造影使用15%硫酸钡，经口服钡剂，剂量为2～5 ml/kg。

（3）观察可根据情况采取侧位、背腹位、腹背位。

2. 泌尿道造影：

（1）膀胱造影时，先插入导尿管，排尿后，向膀胱内注入无菌空气或5%～10%泛影酸钠6～12 ml/kg。

（2）肾盂造影时，应先禁食24 h，禁水12 h，仰卧保定，在下腹部加压迫带防止造影剂进入膀胱而使肾盂充盈不良，静脉缓慢注射50%泛影酸钠，注毕7～15 min后进行腹背位摄片，并立即冲洗；肾盂显像后除去压迫带，再进行膀胱摄影。

3. 支气管造影：

（1）犬猫被检测部位取下卧位保定。

（2）经口插管或气管内注射引入造影剂 40%碘化油 15 ml 左右。造影剂沿下侧支气管流入被检部位，在透视下可以看到造影剂按心叶支气管、膈叶支气管和尖叶支气管顺序流入，待造影剂完全流入支气管内，进行 X 线摄影。

（3）每次只能检查一侧肺脏支气管。要做对侧支气管造影时，应在造影剂排尽后再进行。

【测试模块】

叙述 X 线检查的操作过程。

# 实训十一　去势术

## 一、目的要求

通过实训掌握公犬、公猫的去势术。

## 二、材料用具

1. 动物：公犬、公猫。
2. 器材：手术刀、持针钳、缝针、缝线、医用脱脂棉球等。
3. 试剂：麻醉药、2%碘酊、75%乙醇等。

## 三、方法步骤

（1）实训前拟订手术计划。

（2）犬猫去势术的术前准备、保定、术部处理及术式等具体操作方法见教材相关部分内容。

（3）术后护理：术后应保持创口干燥，防止犬自己舔咬。注意观察阴囊变化，以防出血或感染。一周后拆线。

【测试模块】

叙述公犬（猫）去势术的操作方法。

# 实训十二　卵巢摘除术

## 一、目的要求

通过实训掌握母猫（犬）卵巢摘除术。

## 二、材料用具

1. 动物：母猫、母犬。
2. 器材：手术刀、剪毛剪、止血钳、持针钳、缝针、缝线、医用脱脂棉球、注射器。
3. 试剂：麻醉药、2%碘酊、75%乙醇等。

## 三、方法步骤

（1）实训前拟订手术计划。

（2）犬猫卵巢摘除术的术前准备、保定、术部处理及术式等具体操作方法见教材相关部分内容。

（3）术后护理：严密监视其全身反应。

【测试模块】

叙述母猫（犬）卵巢摘除术的操作方法。

# 实训十三　肠管切开术

## 一、目的要求

通过实训掌握肠管切开术。

## 二、材料用具

1. 动物：犬、猫。
2. 器材：剪毛剪、外科剪、外科刀、止血钳、肠钳、持针钳、注射器、纱布、创巾、缝针、缝线、医用脱脂棉球等。
3. 试剂：麻醉药、2%碘酊、75%乙醇等。

## 三、方法步骤

（1）实训前拟订手术计划。

（2）肠管切开术的术前准备、保定、术部处理及术式等具体操作方法见教材相关部分内容。

（3）术后护理：

①输液直至纠正脱水、水电解质平衡失调。

②应用抗生素 3～5 d，以防感染。

③饲喂少量流质食物，每日 3 次。

④如发生腹膜炎，应采取腹腔穿刺或腹腔灌洗进行治疗，必要时进行剖腹探查。

【测试模块】

叙述肠管切开术的操作方法及注意事项。

# 附　　录

## 附录 1　犬猫正常生理值

| 项目 | 参考值 | |
|---|---|---|
| | 犬 | 猫 |
| 寿命 | 10～20 岁 | 8～20 岁 |
| 性成熟 | 雄性 10～12 月龄<br>雌性 7～9 月龄 | 雄性 7～9 月龄<br>雌性 5～8 月龄 |
| 繁殖适龄期限 | 1～2 岁 | 10～12 个月 |
| 繁殖期 | 6 年 | 6 年 |
| 发情持续时间 | 4～13 d | 3～10 d |
| 排卵时间 | 发情后 2～3 d | 多在交配刺激后 24 h |
| 妊娠期 | 58～63 d | 58～63 d |
| 产仔数 | 1～20 只 | 3～6 只 |
| 新生仔体重 | 200～500 g | 90～140 g |
| 哺乳期 | 50～60 d | 45～60 d |
| 体温（股内侧） | 37.5～39.0℃ | 38.0～39.0℃ |
| 呼吸频率 | 10～30 次/分 | 20～30 次/分 |
| 心率 | 70～120 次/分 | 120～140 次/分 |

# 附录 2　犬猫血液常规检验项目及正常值

| 血液项目和单位 | 参考值 | |
| --- | --- | --- |
| | 犬 | 猫 |
| 红细胞（RBC）（$\times10^{12}$/L） | 5.5～8.5 | 5.0～10.0 |
| 血细胞比容（HCT）（L/L） | 0.37～0.55 | 0.24～0.45 |
| 血红蛋白（HGB）（g/L） | 120～180 | 80～150 |
| 平均红细胞容积（MCV）（$10^{-15}$/L） | 60～77 | 39～55 |
| 平均红细胞血红蛋白质量（MCH）（$10^{12}$g） | 19.5～24.5 | 13.0～17.0 |
| 平均红细胞血红蛋白浓度（MCHC）（g/dl） | 32～36 | 30～36 |
| 白细胞（WBC）（$\times10^{9}$ 个/L） | 6.00～17.00 | 5.50～19.50 |
| 叶状中性粒细胞（Segneutr）（%） | 60～77 | 35～75 |
| 杆状中性粒细胞（Band neutr）（%） | 0～3 | 0～3 |
| 单核细胞（Mon）（%） | 3～10 | 0～4 |
| 淋巴细胞（Lym）（%） | 12～30 | 20～55 |
| 嗜酸性粒细胞（Eos）（%） | 2～10 | 0～12 |
| 嗜碱性粒细胞（Bas）（%） | 少见 | 少见 |
| 血小板（P）（%） | 200～900 | 300～700 |

# 附录3　犬猫血液生化常规检验项目及正常值

| 生化项目和单位 | 参考值 | |
|---|---|---|
| | 犬 | 猫 |
| 总蛋白（TP）（g/L） | 54～78 | 58～78 |
| 白蛋白（ALB）（g/L） | 24～38 | 26～41 |
| 丙氨酸氨基转移酶（ALT）（30℃U/L） | 4～66 | 1～64 |
| 天门冬氨酸氨基转移酶（AST）（30℃U/L） | 8～38 | 0～20 |
| 碱性磷酸酶（ALP）（30℃U/L） | 0～80 | 2.2～37.8 |
| 肌酸激酶（CK－NAC）（30℃U/L） | 8～60 | 50～100 |
| 乳酸脱氢酶（LDH）（30℃U/L） | 100 | 63～273 |
| 淀粉酶（Amy）（30℃U/L） | 185～700 | 502～1 843 |
| 脂肪酶（Lipase）（30℃U/L） | 0～258 | 0～143 |
| γ－谷氨酰转移酶（GGT）（30℃U/L） | 1.2～6.4 | 1.3～5.1 |
| 葡萄糖（GLU）（mmol/L） | 3.3～6.7 | 3.9～7.5 |
| 总胆红素（T. Bili）（μmol/L） | 2～15 | 2～10 |
| 直接胆红素（D. Bili）（μmol/L） | 2～5 | 0～2 |
| 尿素氮（BUN）（mmol/L） | 1.8～10.4 | 5.4～13.6 |
| 肌酐（CRE）（μmol/L） | 60～110 | 62～190 |
| 胆固醇（CHOL）（mmol/L） | 3.9～7.8 | 1.9～6.9 |
| 甲状腺激素（$T_4$）（μg/ml） | 10～40 | 15～20 |

# 参考文献


[1] 蔡宝祥．家畜传染病学［M］．北京：中国农业出版社，2001.

[2] 陈玉库，孙维平．宠物疾病防治［M］．北京：中国农业大学出版社，2018.

[3] 高得仪，韩博．宠物疾病：实验室检验与诊断［M］．北京：中国农业出版社，2004.

[4] 韩博．犬猫疾病学［M］．北京：中国农业出版社，2011.

[5] 李志．宠物疾病诊治［M］．北京：中国农业出版社，2006.

[6] 林政毅．猫博士的猫病学［M］．北京：中国农业出版社，2015.

[7] 刘广文．宠物疾病防治［M］．北京：北京师范大学出版社，2011.

[8] 王力光，董君艳．新编犬病临床指南［M］．长春：吉林科学技术出版社，2001.

[9] 吴敏秋，李国江．动物外科与产科［M］．北京：中国农业出版社，2006.

[10] 谢富强．兽医影像［M］．北京：中国农业出版社，2010.

[11] 章红兵，丁岚峰．兽医临床诊疗基础［M］．北京：科学出版社，2012.

[12] 中国农业大学．家畜外科手术学［M］．北京：中国农业出版社，2003.